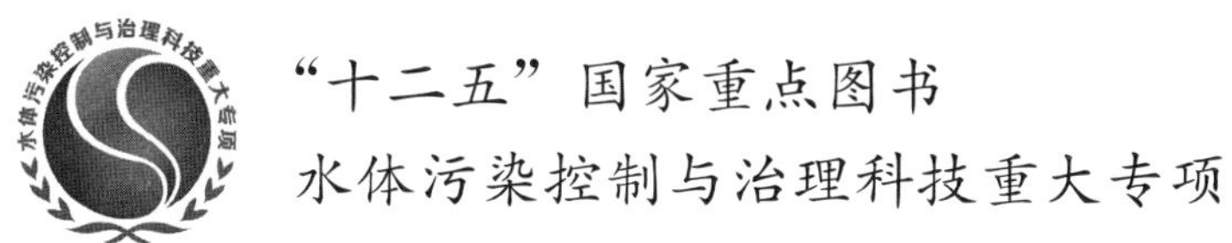

小城镇水污染控制与治理技术

王晓昌　袁宏林　陈　荣　编著

中国建筑工业出版社

图书在版编目(CIP)数据

小城镇水污染控制与治理技术/王晓昌等编著. —北京：中国建筑工业出版社，2016.10

“十二五”国家重点图书. 水体污染控制与治理科技重大专项

ISBN 978-7-112-19705-7

Ⅰ. ①小… Ⅱ. ①王… Ⅲ. ①小城镇-水污染防治-研究-中国 Ⅳ. ①X52

中国版本图书馆 CIP 数据核字（2016）第 196837 号

本书为国家水污染控制与治理科技重大专项城市主题研究成果之一。国家科技重大专项“水污染控制与治理”城市主题“十一五”期间在多个项目中设置了小城镇水污染控制与治理的相关课题，针对太湖、海河、三峡库区、巢湖等重点流域小城镇以及其他地区小城镇的共性问题开展了技术研发，完成了一批示范工程建设，为我国小城镇水污染控制与治理事业的推进积累了经验，提供了理论和技术支撑。本书就是在这些成果的基础上编著的。

本书共分为 7 章。第 1 章概述了小城镇的基本概念和我国小城镇的发展概况；第 2 章分析了我国小城镇的水环境现状；第 3 章从系统构成的角度分析了小城镇水污染控制与治理系统模式与规划要点；第 4 章论述了适合于小城镇治污的污水收集、处理、水体修复与污泥处理技术；第 5 章从技术评价与筛选的角度论述了小城镇水污染控制与治理技术的综合评价方法；第 6 章介绍了水专项实施的一批典型示范工程；第 7 章分析了小城镇水污染控制与治理系统运行管理体制的构建方法。

责任编辑：俞辉群　石枫华

责任校对：王宇枢　李美娜

“十二五”国家重点图书

水体污染控制与治理科技重大专项

小城镇水污染控制与治理技术

王晓昌　袁宏林　陈　荣　编著

*

中国建筑工业出版社出版、发行（北京西郊百万庄）

各地新华书店、建筑书店经销

北京红光制版公司制版

北京圣夫亚美印刷有限公司印刷

*

开本：787×1092 毫米　1/16　印张：16　字数：369 千字

2016 年 12 月第一版　　2016 年 12 月第一次印刷

定价：**68.00** 元

ISBN 978-7-112-19705-7

（29176）

国家水体污染控制与治理科技重大专项

丛书编委会

前　言

我国建设和发展的一个重要特点是城镇化的推进，其中建制镇或更小规模的城镇化人口聚居区的数量不断增加，甚至一些乡村也呈现向城镇化迈进的趋势。与包括县城在内的城市，以及一些规模较大，且已经基本按城市的模式发展起来的建制镇或工业区城镇不同，多数小城镇通常缺乏统一的建设发展规划，基础设施建设薄弱，污水收集、处理与排放往往还处于以改善卫生条件为主要目标的初级阶段。然而，由于数量多、分布广，这些小城镇所产生的污染负荷总量不可忽视，对流域水体水质污染的影响不容低估。为此，国家科技重大专项“水污染控制与治理”城市主题“十一五”期间在多个项目中设置了小城镇水污染控制与治理的相关课题，针对太湖、海河、三峡库区、巢湖等重点流域小城镇以及其他地区小城镇的共性问题开展了技术研发，完成了一批示范工程建设，为我国小城镇水污染控制与治理事业的推进积累了经验，提供了理论和技术支撑。《小城镇水污染控制与治理技术》一书就是在这些成果的基础上编著的。

本书共分为七章，第 1 章概述了小城镇的基本概念和我国小城镇的发展概况，第 2 章分析了我国小城镇的水环境现状，第 3 章从系统构成的角度分析了小城镇水污染控制与治理系统模式与规划要点，第 4 章论述了适合于小城镇治理污染的污水收集、处理、水体修复和污泥处理技术，第 5 章从技术评价与筛选的角度论述了小城镇水污染控制与治理技术的综合评价方法，第 6 章介绍了水专项实施的一批典型示范工程，第 7 章分析了小城镇水污染控制与治理系统运行管理体制的构建方法。为了增强本书的针对性和适用性，在各章的编著中摒弃了普适于各种规模水污染控制与治理的一般性内容，重点根据小城镇的特点进行了选材。鉴于我国小城镇水污染控制与治理无论在系统规划、技术标准化还是在设施建设与管理方面均还处于探索阶段，本书特别注重了国外相关资料和发达国家相关经验的介绍。

在本书第 6 章的典型案例中，利用了水专项城市主题“十一五”课题“水乡城镇水环境整治技术研究与综合示范”（2008ZX07313-006）、“华北缺水地区小城镇水环境治理与水资源综合利用技术研究与示范”（2008ZX07314-006）、“三峡库区山地小城镇水污染控制关键技术研究与示范”（2009ZX07315-005）、“巢湖流域城镇污水处理功能提升及污泥处理技术与示范”（2008ZX07316-002）、“小城镇水污染控制与治理共性关键技术研究与工程示范”（2009ZX07317-008）的建设与运行资料，这里谨向上述课题的承担单位和研究人员致谢。

北京市政工程设计研究院杭世珺教授级高级工程师对本书的编著提出了宝贵的意见，并进行了全书的审核，在此表示衷心感谢！

本书由西安建筑科技大学王晓昌、袁宏林、陈荣编著，参编人员包括李倩（第 1 章、第 4 章）、罗丽（第 2 章、第 5 章）、马晓妍（第 3 章、第 4 章）、胡以松（第 4 章）、姬晓琴（第 2 章），王文东、吴鹃、杨生炯参与了主要章节的校核，胡以松负责了全书的编排工作，在此表示感谢。

目　　录

第1章 概　　述

1.1 小城镇的基本概念

1.1.1 小城镇的定义

1. 国外小城镇的概念

在国外，小城镇一般被称作“Small Town”，对于城市化水平较高的欧美等国家，小城镇拥有完善的配套设施和行政管理机构，与大城市的差异主要体现在服务人口和城市规模上，而并非行政区划的不同。

欧美等发达国家的小城镇往往是由居民住宅区演变而来，因此也有“Community”的说法；在一些地区，一般社区人数达到200就可申请设“镇”。美国国家环境保护局（United States Environmental Protection Agency，USEPA）将小城镇（Small Communities）定义为“人口不超过1万并且平均日污水排放量不超过100万加仑（约3800m^3/d）的社区”。澳大利亚统计局（Australian Bureau of Statistics，ABS）将小城镇（Small Town）定义为拥有1000～19999人口的居住地。根据USEPA和ABS对小城镇的定义，小城镇的界定标准主要是依据其服务的人口数量以及污水的日排放量。

2. 国内小城镇的概念

在国内，小城镇泛指规模不及大中城市，但具有城市的基本性质和功能，有一定的地域面积和居住人口并达到一定的人口密度且大部分从事非农业生产者或服务类的人群聚集，介于城市和乡村之间的过渡型社区。小城镇可包括国家已批准的建制镇和尚未设立建制镇的相对发达的农村集镇。从广义角度讲，所有规模较小的城市聚落都属于小城镇。

根据2000年国务院《关于促进小城镇健康发展的若干意见》，“小城镇”是指“国家批准的建制镇，包括县（市）政府驻地镇和其他建制镇”。但学术界对于“小城镇”的界定始终存在争论。费孝通先生在《论中国小城镇的发展》一文中将小城镇定义为“新型的正在从乡村性的社区变成多产业并存的，向着现代化城市社区转变的过渡性社区，它基本上已脱离了乡村社区的性质，但还没有完成城市化的过程”。这一定义也提到了“社区”一词，强调的是小城镇的基本属性及其服务人群。

综合上述国内外对小城镇的认识，可将小城镇按行政区划或服务人口和污水处理规模来进行界定。

1）按行政区划界定

凡县级政府机关所在地的城关镇、乡政府驻地的居民集镇、少数民族聚集地区的集镇、人口稀少的边远地区集镇、小型工矿区集镇、小港口、风景旅游区、边境口岸地等，都可认为属于小城镇。

2）按人口和污水处理规模界定

结合中国的城市化发展特点，一般认为，非农业人口数量达到2000～20000人之间的居民聚集区可视为小城镇。具体划分方法如下：

（1）居民总人口数在20000人以下的县城；

（2）非农业人口超过2000人的乡政府驻地居民聚集点；

（3）非农人口虽不足2000人，但人口密度较高的居住聚集点。

本书是针对小城镇水污染控制与治理问题来编著的，参考国内外对小城镇的界定标准，考虑小城镇污水的排放量及处理规模，拟将小城镇定义为污水处理规模低于1万m^3/d的居民聚集区。它可以包括县城、国家批准设立的建制镇、尚未设立建制镇的乡政府所在地的集镇和进行较大规模集市贸易的集镇。对于已经发展到城市规模的县、镇，由于其污水排放量相对较大，设施相对完善，基本可以沿用城市污水的处理模式，不纳入本书的讨论范围。

1.1.2 相关名词术语

有关小城镇的称谓很多，目前使用较多的术语有：建制镇、集镇、县城镇、城关镇、中心镇、重点镇、一般镇等。

1）建制镇

1984年，国务院转批了民政部《关于调整建制镇标准的报告》，其中对1955年和1963年中央和国务院有关建制镇的规定作了调整，将建制镇明确规定为：

（1）凡县级地方政府机关所在地均应设置为建制镇。

（2）总人口在20000人以下的乡，乡政府驻地非农业人口超过2000人的，可以设为建制镇；总人口在20000人以上的乡，乡政府驻地非农业人口占全乡人口总数10%以上的，也可以设为建制镇。

（3）少数民族地区、人口稀少的边远地区、山区和小型工矿区、小港口、风景旅游、边境口岸地等，非农业人口虽不足2000人，如确有必要，也可设置为建制镇。

2）集镇

1993年，建设部发布的《村庄和集镇规划建设管理条例》对集镇提出了如下定义："集镇是指乡、民族乡人民政府所在地和经县级人民政府确认由集市发展而成的作为农村一定区域经济、文化和生活服务中心的非建制镇。"

3）县城镇

是指县级人民政府驻地的建制镇，也称城关镇。

4）中心镇

是指在县（市）域内一定农村片区中，位置相对居中且与周边村镇有密切联系，有较大经济辐射和带头作用的小城镇，是其主要辐射区域的农村区域的经济和文化中心，称为中心镇。

5）重点镇

是指具有一定发展潜力，基础条件较好，政府在相关政策上给予重点扶持发展的小城镇，称为重点镇。

6）一般镇

是指县城镇、中心镇、重点镇以外的县（市）区域内的其他建制镇。

1.2 城市化发展与小城镇的形成

1.2.1 城市化发展的基本规律

1. 城市化概念及基本规律

《中华人民共和国国家标准城市规划基本术语标准》（GB/T 50280—98）中指出："城市化（Urbanization）是人类生产和生活方式由乡村型向城市型转化的历史过程，表现为乡村人口向城市人口转化以及城市不断发展和完善的过程。又称城镇化、都市化。"

城市化是世界各国工业化进程中必然经历的阶段，它伴随着人类文明的进步和经济的迅速发展，也是落后的农业国向现代化工业国转变的必经之路，是人类社会发展过程中普遍遵循的规律。尽管世界各地城市化的起步时间、发展速度和目前的城市化水平各异，但总体来说，城市化发展过程表现出比较明显的"S"曲线规律，即城市化发展过程经历了初期、加速和后期三个阶段。这一经典理论是由美国地理学家诺瑟姆（Ray M. Northam）提出的，他将这一过程概括为一条变化趋势较平缓的曲线，如图 1-1 所示。

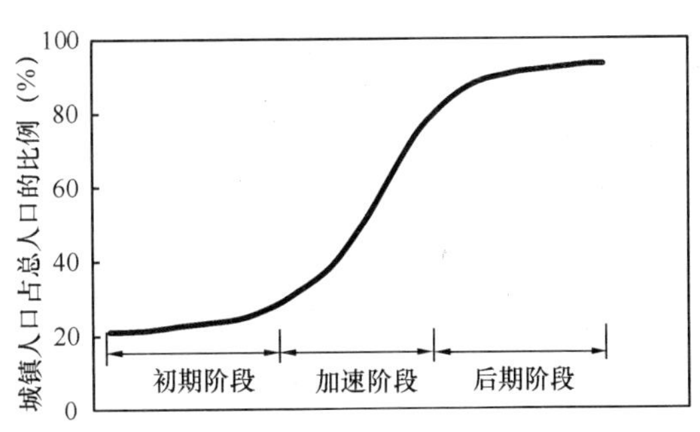

图 1-1　城市化发展过程的"S"曲线

1）初期阶段

初期阶段是城市化发展的第一阶段。该阶段的城市人口比例较低（通常不到 30%），农业人口仍占绝对优势，且农业经济在国民经济中占据主导地位。因此，这一阶段的劳动力主要集中在第一产业，科学技术水平较低，基本上还没有建立现代化工业体系。该阶段相对落后的生产力导致城市发展的推动力不足，城市化进程缓慢。

2）加速阶段

加速阶段是城市化发展的第二阶段。随着现代化工业体系的建立，农业劳动生产率提高，同时农村剩余劳动力流向城市，推动了第二、三产业的发展，城市人口比重大幅度提升。较之初期阶段，本阶段中城市化发展速度加快，不仅工业经济发展迅速，农业经济也得到显著发展。

3）后期阶段

后期阶段是城市化发展的第三阶段，也叫最终阶段。在这一阶段，工业生产已由劳动密集型过渡到资本密集型和技术密集型，对劳动力的需求急剧减少，基本实现了农业现代化，农村的经济和生活条件大幅度改善。同时城市已经形成了现代化工业体系，城市经济极大地带动了农村经济的发展，城镇与农村之间的差距随之缩小。城市化进程逐渐趋缓甚至出现“逆城市化”的现象。

2. 世界范围内的城市化发展历程

自1760年英国第一次工业革命开始，机器生产代替了手工生产，其集中性的特点促进了城市人口的激增，城市化的序幕逐渐拉开，并且带动了世界范围的城市化发展：

1）城市化兴起阶段（1760～1850年）

从1760年产业革命开始到1850年，英国仅用了不到100年的时间使城市人口占总人口比例增加到了53.9%，城市总数达到了580座，成为世界上第一个实现城市化的国家。英国城市化的兴起为北美和欧洲许多国家的城市化进程提供充足的动力，促进了城市化在这些国家的普及。

2）发达国家城市化普及阶段（1851～1950年）

欧美发达国家相继效仿英国的城市化道路，以第二次工业革命为契机开始了城市化进程。在1851～1950年的100年间，凭借工业革命的蓬勃发展，农业机械得到了广泛应用，生产率大幅提高，加速了经济及社会发展重心由乡村向城市转移。城市化进程的加速推动了4亿多人口走向城市，使城市人口达到了总人口的50%左右。

3）世界范围内城市化推广阶段（1951年以来）

20世纪50年代，英国城市化进程基本结束，欧美发达国家的城市化进程也逐渐趋缓。而城市化进程相对较晚的日本等国则进入了城市化的高速发展期。第二次世界大战之后的日本仅用了25年便使城市化率从37%上升到了76%，并很快进入到城市化发展的后期阶段。在这一阶段，不仅发达国家逐渐实现了城市化，而且随着技术经济全球一体化，生产要素在全球范围内的流动组合开始加速，世界城市化发展的主流开始向发展中国家转移并导致城市化速度明显加快。这一阶段的主要特点为：

（1）全球范围内城市人口的迅速增长。

根据联合国《世界城市化展望（2014修订）》资料，在这一阶段，随着全球经济的飞速发展以及人口的不断增长，全球城市人口迅速从1950年的7亿增加到2014年的39亿（图1-2）。截至2009年，全球范围内居住在城市的人口总数已经达到34.2亿，首次在人类历史上超过了乡村人口总数（34.1亿），这意味着全球已经步入城市化为主导的生活方式。这一时期，我国城市人口也从1950年的6000万增加到了2014年的7.49亿，占世界城市人口的20%。从图1-3所示的世界城市人口所占比例的变化可以明显看出，1950年世界大部分地区城市人口数量还低于总人口的50%，表明多数地区还未实现城市化。而当时我国及非洲等地区的城市人口所占比例还不足25%。到2014年，世界范围内大部分地区的城市人口占总人口的比例超过了 50%，欧美及大洋洲等发达地区的城市人口比例甚至超过了 75%。预计到 2050 年，世界范围内绝大部分地区的城市人口比例将达到 75% 以上。

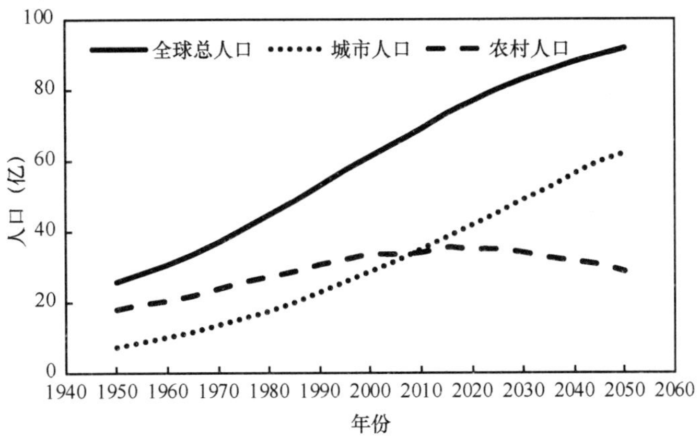

图 1-2 全球城市和乡村人口变化情况（1950～2050 年）

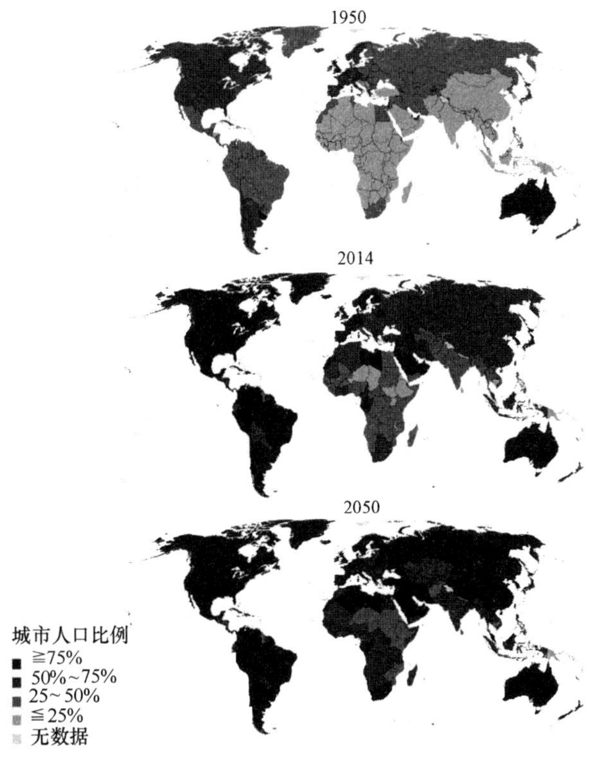

图 1-3 世界各地城市人口比例的变化

（2）全球范围内城市化率不断提高

从 1950 年起，城市化水平在世界范围内不断提高（图 1-4），这一趋势可能会持续到 2050 年。亚洲地区的城市化发展相对滞后，在 1950 年城市化率仅为 17.5%（表 1-1），而

2014 年增至 47.5%。从表 1-1 中还可以看到，世界各洲的城市化率达到 50%之后，年城市化速率开始下降，城市化进程逐渐趋缓。

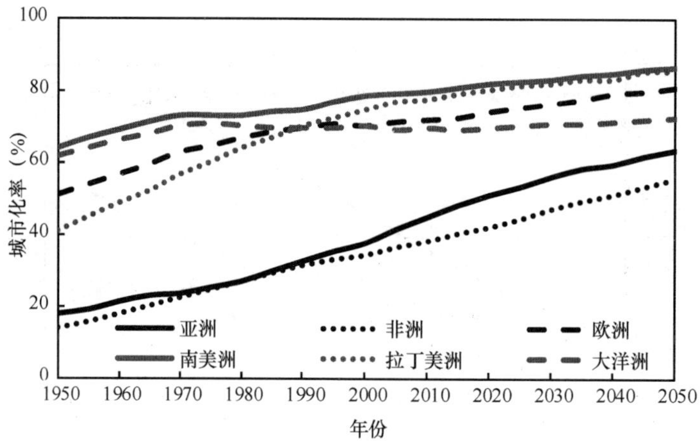

图 1-4 1950～2050 年全球不同地区城市化率变化情况

1950～2050 年全球城市化率及城市化速率 **表 1-1**

地区	城市化率（%）						城市化速率（%）				
	1950 年	1970 年	1990 年	2014 年	2030 年	2050 年	1950～1970 年	1970～1990 年	1990～2014 年	2014～2030 年	2030～2050 年
世界	29.6	36.6	42.9	60.6	60.0	66.4	1.07	0.80	0.92	0.71	0.50
非洲	14.0	22.6	31.3	47.1	47.1	55.9	2.38	1.63	1.03	1.02	0.86
亚洲	17.5	23.7	32.3	47.5	56.3	64.2	1.51	1.54	1.62	1.06	0.65
欧洲	51.5	63.0	70.0	73.4	77.0	82.0	1.00	0.52	0.20	0.30	0.31
拉丁美洲	41.3	57.1	70.5	79.5	83.0	86.2	1.62	1.06	0.50	0.27	0.19
南美洲	63.9	73.8	75.4	81.5	84.2	87.4	0.72	0.11	0.32	0.21	0.19
大洋洲	62.4	71.3	70.7	70.8	71.3	73.5	0.67	−0.05	0.01	0.05	0.15

（3）全球范围内城市规模的增大

1990 年，全球范围内城市人口超过 1000 万的城市仅有 10 个，这些特大城市容纳了 1.53 亿的人口，占全球城市人口的 7%。到 2014 年，人口超过 1000 万的特大城市数量达到了 28 个，其容纳人口增加到了 4.53 亿，占全球城市人口的比例上升到了 12%，同时有超过 3 亿的人口居住在 43 个拥有 500～1000 万人口的大城市。图 1-5 为世界范围内城市规模的变化图，从中可以看到，随着城市化进程的加速，特大城市和大城市的数量在不断增加。截至 2014 年，我国已有 6 个城市人口超过 1000 万，10 个城市人口在 500～1000 万，预计到 2030 年，这样的特大城市和大城市的数量将会分别达到 7 个和 16 个。纵观全球城市发展，城市规模增大主要集中在亚非地区。1990～2014 年，世界范围内人口超过 30 万的城市数量的年增长率为 1.9%，有 99 个城市人口的年平均增长率超过了 4%。这些快速增长的城市有 74 个位于亚洲（其中我国有 51 个），20 个位于非洲，4 个位于南美洲，1 个位于拉丁美洲和加勒比海地区。

3. 发达国家的城市化特点

工业革命和科学技术的发展推动了欧美等发达国家的城市化进程，伴随着经济和社会变革，这些发达国家的城市化进程持续了近一个世纪，其特点可以概括为：

（1）起步快，前期表现出“集中化”的特征，即工业迅速发展，人口不断地集中，同时城市数量及规模持续扩大；

（2）城市化水平高，几乎所有发达国家的城市化率都达到了 70%以上；

（3）处于城市化后期趋缓阶段，部分地区甚至出现“逆城市化”现象。20 世纪 60 年代以后，欧美等发达国家的城市化基本完成，在城市规模扩大到一定程度时，大量居民从城市中心移居到郊区地带，导致城市中心区人口增长停滞，郊区人口增加的“逆城市化”现象。其结果是卫星城市发展迅速，以大城市为中心的“都市圈”或“城市群”、“城市带”不断形成。

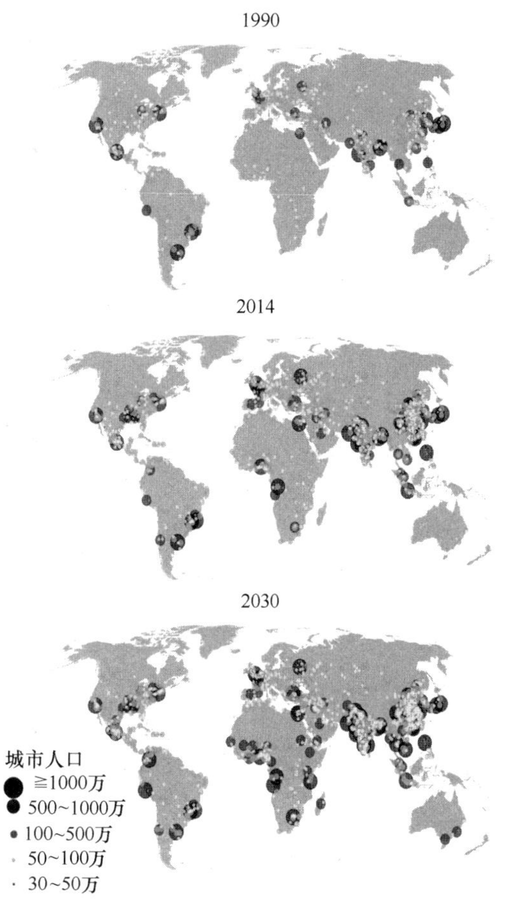

图 1-5　世界城市规模的变化

1）英国

英国的城市化起源于第一次工业革命。随着蒸汽机的发明，机械生产逐渐取代手工生产，产业结构发生了巨大变化。18 世纪初，英国城镇人口占总人口的比例约为 30%，而到 1850 年，这一比例已增加到了 54%。作为世界城市化发展的起源地，英国率先完成了城市化进程，且成为世界上城市化程度最高的国家之一。其特点是，城市制造业，特别是以棉、毛纺织业为主的轻工业快速发展，促进了人口的迅速增长。随后，能源、工矿、冶金、交通等工业跟进发展，进一步促进了城市化进程。此外，第三产业的配套服务也是城市化发展的助推剂。

2）美国

美国的城市化进程比英国晚了近 100 年。美国自建国初期至 1870 年，还是一个典型的农业国家，农村人口占总人口的 75%以上，农产品占全国商品量的一半以上。1870～1920 年，伴随着第二次工业革命，欧洲移民大量涌入，带动美国开始了以电力、钢铁、石油、化工等先导工业为主的工业革命，从而实现了向城市化社会的重要转型。1920 年美国城市人口比例已达到 51.2%，1950 年增加到 64%，随后城市化进程逐渐放缓。美国城市化的主要特点是以工业革命为契机，经济结构重心由农业转向工业，由农村转向城市，同时农业机械化迅速发展，使生产率迅速提高，工业对劳动力的需求促进了剩余劳动力向城市转移，加速了城市化进程。

3）日本

日本是在欧美发达国家城市化进程已趋缓的20世纪50年代才真正进入城市化高速发展期。从1950年起重工业和化工为主的工业化进程急速推进，日本仅用了25年城市化水平就从37%提升至76%。其主要特点是高度集中的城市化模式，即以大城市为中心，发展周边卫星城市，不断向外辐射和扩展。到1998年，东京、大阪和名古屋三大都市圈的总人口已占到了全国总人口的46.8%。到2005年，人口超过100万的大城市已达12个，多数分布在太平洋沿岸。

4. 我国城市化发展概况

1）我国城市化发展的主要阶段

我国城市化发展总体上落后于英国近两个世纪。1949年中华人民共和国成立，直到1978年改革开放之初，我国还基本上是一个农业国，之后才逐步走向持续城市化的发展轨道。以1949年建立新中国为起点，我国的城市化进程可以分为以下四个阶段：缓慢发展阶段（1949～1978年）、经济体制改革拉动阶段（1979～1990年）、城市外部扩展和内部重组加速阶段（1991～1999年）、城乡统筹发展阶段（2000以来）。

（1）缓慢发展阶段（1949～1978年）

1949年新中国成立时，全国仅有城市69座，城市人口5765万人，占全国总人口的10.64%。1949～1957年间，随着国家政治的稳定和经济建设的稳步发展，以及“三年国民经济恢复”和“第一个五年计划”时期正确的经济发展路线，我国的城市化水平8年间从10.64%提高到了15.39%，城市数量增加到176座。与此同时，城市空间布局得到调整，中西部兴起了一批工业城市，如郑州、包头、兰州、西安、成都等，有力推动了城市化发展。然而始于1958年的“大跃进”运动，以及1966～1976年的“文化大革命”对我国的经济发展带来巨大影响，城市发展出现大规模萎缩，城市化进程几乎停滞。这一时期，我国的城市化率仅从1958年的16.25%增加到1978年的17.92%（图1-6）。

（2）经济体制改革拉动阶段（1979～1990年）

改革开放初期，我国城市化的重要特点是农村人口向小城镇转移，而并非传统意义上的大中城市吸纳农村人口。在改革开放的大背景下，外资首先成为经济发展的主要推动力，特别是东部沿海地区，由于具有地域和政策双重优势，吸引了大量外资注入。遍地兴起的乡镇企业吸引了大量农村剩余劳动力，农民离开土地，进入小城镇一级的工厂从事生产劳动，形成了“自下而上”的城市化趋势。在乡镇企业和城市改革的双重推动下，无论是“外资驱动型”的珠三角地区，还是私企壮大的“温州模式”，或是以集体所有制企业蓬勃发展为特征的“江苏模式”，都促进了新兴城镇的快速发展。1989年，全国共有人口100万以上的城市30座，50～100万人口的城市28座，20～50万人口的城市117座，20万以下人口的小城市275座，小城市人口占全国城市总人口的比重持续上升。1979～1990年间，全国的城市化水平从18.96%提高到了26.41%（图1-6）。然而，这一阶段城市化发展存在的一个明显问题就是城市化速度滞后于工业化发展速度。

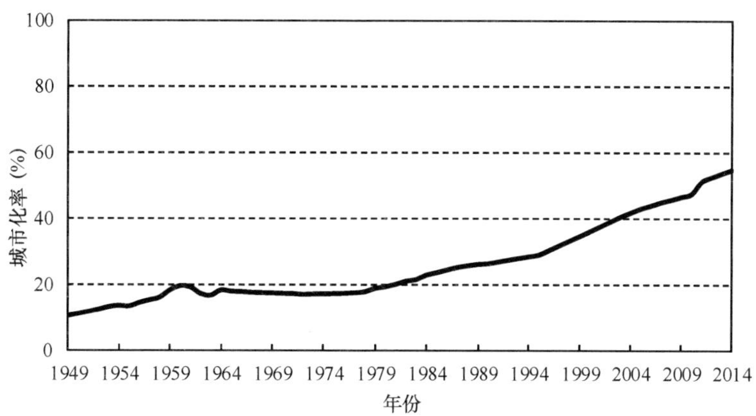

图 1-6 1949～2014 年我城市化率变化情况

（3）城市外部扩展和内部重组加速阶段（1991～1999 年）

1991 年起，我国的改革开放进一步深化，城市建设、小城镇发展和经济开发区建设为城市化发展提供了动力。城市空间外部扩展和内部重组加速，经济发展、资金积累、居民收入都进入了快速增长阶段。土地价格机制的引入，为城市空间结构重组带来了新的机遇，改变了我国长期以来的土地无偿、无限期使用制度。城市空间开始迅速发展，旧城改造如火如荼，新区建设日新月异，工业开发区、高新技术开发区遍地开花，中心商务区不断涌现。在这一阶段，我国城市从 1991 年的 479 座迅速增加到了 1999 年的 660 座，城市化率也从 26.37％增加到了 34.78％（图 1-6）。

（4）城乡统筹发展阶段（2000 年以来）

经历上述三个阶段的发展之后，我国的城市化水平大大提高，但是城乡发展差距明显扩大，导致国家经济社会发展处于失衡状态，长期存在的城乡经济、社会发展不协调问题日渐突出。因此，统筹城乡发展，从根本上改变城乡二元结构，逐步实现城乡一体化是进入新世纪之后中央为解决“三农问题”而制定的一项重大战略决策。

2000 年以来，我国先后建成了上海浦东新区、天津滨海新区、重庆两江新区、深圳市、重庆和成都、武汉城市圈、长株潭城市群等 8 个国家级综合配套改革试验区，为探索区域发展新路径，实现新型城市化提供经验和示范。如表 1-2 所示，2014 年底，全国已有地级及以上城市 333 个，县级城市 2854 个，镇 20401 个，城市化水平达到了 54.77％。目前我国城市化仍处于加速发展时期，城市化水平近 5 年来年均提高 0.9 个百分点。现阶段我国城市化的特点在于，都市群（城市群）已经成为区域经济发展的龙头，城市规划成为引领区域发展的强大引擎。

2014 年中国行政区划数量 **表 1-2**

行政区划		数量
省级行政区划	直辖市	4
	省	23

续表

行政区划		数量
	自治区	5
	特别行政区	2
地级行政区划	合计	***34***
	地级市	288
	地区	12
	自治州	30
	盟	3
县级行政区划	合计	***333***
	直辖区	897
	县级市	361
	县	1425
	自治县	117
	旗	49
	自治旗	3
	特区	1
	林区	1
乡镇级行政区划	合计	***2854***
	镇	20401
	乡	12282
	街道办事处	7696
	区公所	2
	合计	***40381***

2）我国城市化水平及特点

如图 1-7 所示，在全世界的城市化进程中，经济发达的工业化国家领先达到高城市化水平。1980 年，发达国家的城市人口比例平均为 70.9%，其中，美国为 73.7%，日本为 76.2%，英国为 78.5%；而发展中国家的城市人口比例平均为 30.1%，其中不少国家低于 20%。我国的城市化进程起步较晚，以英、美、日为代表的发达国家的城市化进程趋于稳定时，我国的城市化进程才刚刚起步。

在经历了缓慢发展阶段、经济体制改革拉动阶段、城市外部扩展和内部重组加速阶段，

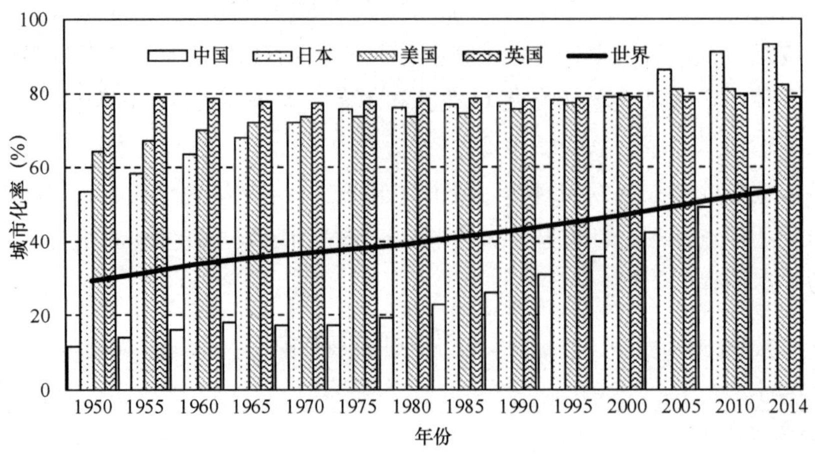

图 1-7　我国与日本、美国、英国及世界城市化率的比较（1950～2014 年）

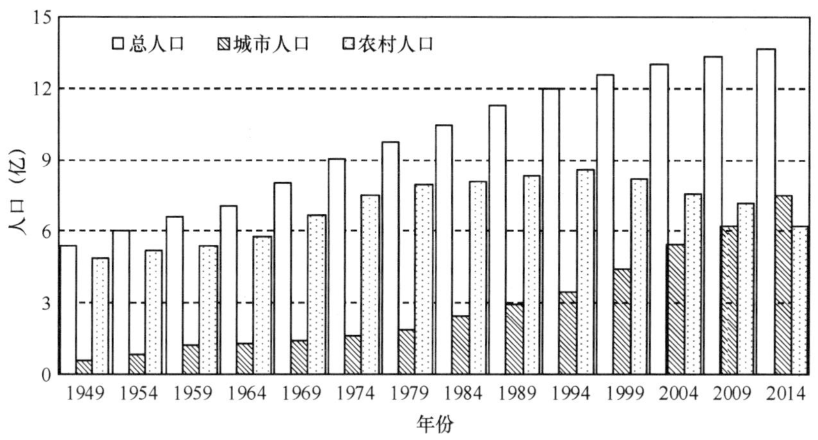

图 1-8 我国人口数量及结构的变化（1949～2014 年）

以及城乡统筹发展阶段之后，我国人口构成发生了明显的变化。如图 1-8 所示，我国城市人口的明显增长始于 1979 年，随着人口向城市集中，农村人口从 1994 年开始显著减少。2011 年，我国城市人口首次超过了农村人口，城市化率达到了 51.3%。截至 2014 年，我国的城镇人口已经达到了 7.49 亿人，城市化率提高到 54.4%，超过了世界平均水平（53.5%）。但由于户籍管理制度的制约，城市的居住人口与户籍人口的差别很大。如图 1-9 所示，从 2001 年至 2014 年，虽然城市人口从 4.81 亿增加到 7.49 亿，城市户籍人口仅从 3.57 亿增加到了 3.86 亿，按户籍人口计算的城市化率仅为 36%左右。总体来说，我国的城市化率既低于发达国家 80%的水平，也低于人均收入与我国相近的发展中国家 60%的水平。

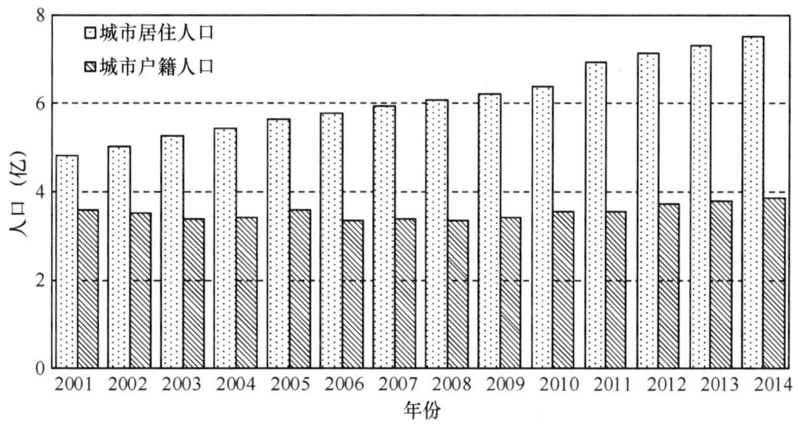

图 1-9 我国城市居住人口与户籍人口的比较（2001～2014 年）

目前，我国已初步形成了以大城市为中心，中小城市为骨干，小城镇为基础的多层次城市化体系，但是仍然存在区域城市化发展不平衡的现象。如图 1-10 所示，2013 年城市化水平高的省份多集中在沿海经济发达地区，如上海、北京、天津的城市化水平已超过 80%，以下依次为：江苏、浙江等沿海省份 60%～70%，东部及中部部分省份 50%～60%，西部及中部部分省份 40%～50%，贵州省 37.8%，西藏自治区 23.71%。将各省市区2005年和2013年的城市化率进行比较图1-10，可知北京、上海在这8年间的城市化率增幅已很小，其他省市区的城市化率都不同程度增大，增幅最大的有陕西、河南、四川、安徽、云南等省。

表1-3是各省市区城市化率与人均国民生产总值（GDP）的比较。很明显，北京、天津和上海的城市化率均在80%以上，人均GDP也均在90000元以上。其他城市化率高于或接近60%的省份，人均GDP也明显较高。高城市化率往往伴随着较高水平的公共服务设施、市政基础设施、交通设施等，为经济水平的提升提供了良好的条件。

总之，我国城市化进程虽然起步晚，但发展速度快，仅用30年时间就使城市化率从不到20%提高到50%以上，摆脱了长期属于农业国的状态。然而，我国的城市化进程仍未达到趋稳阶段，城市人口（包括自然增长与人口迁移）仍在持续增长，同时存在区域发展严重不平衡的现象。

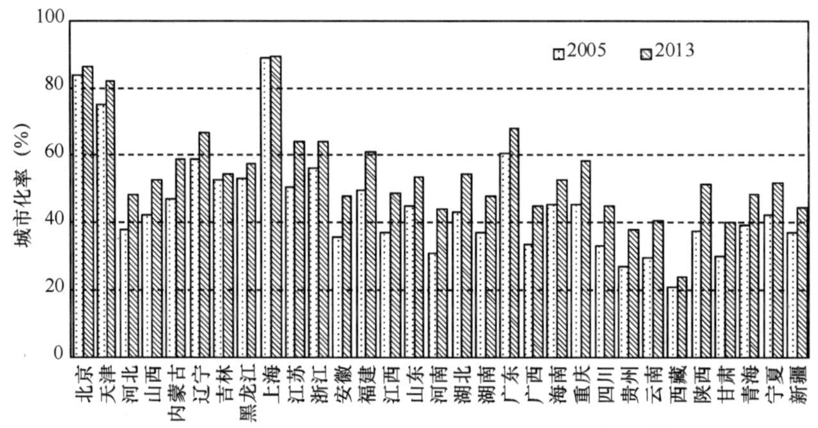

图1-10 2005年及2013年全国各省城市化率变化情况

2013年各省市经济发展水平及城市化水平 **表1-3**

省份	人均GDP（元）	城市化率（%）	省份	人均GDP（元）	城市化率（%）	省份	人均GDP（元）	城市化率（%）
北京	93213	86.30	安徽	31684	47.86	四川	32454	44.90
天津	99607	82.01	福建	57856	60.77	贵州	22922	37.83
河北	38716	48.12	江西	31771	48.87	云南	25083	40.48
山西	34813	52.56	山东	56323	53.75	西藏	26068	23.71
内蒙古	67498	58.71	河南	34174	43.80	陕西	42692	51.30
辽宁	61686	66.45	湖北	42613	54.51	甘肃	24296	40.13
吉林	47191	54.20	湖南	36763	47.96	青海	36510	48.51
黑龙江	37509	57.40	广东	58540	67.76	宁夏	39420	52.01
上海	90092	89.60	广西	30588	44.81	新疆	37181	44.47
江苏	74607	64.11	海南	35317	52.74	全国	41908	53.73
浙江	68462	64.00	重庆	42795	58.34			

5. 城市化过程伴生的问题

城市化是人类社会发展的必由之路。但是，随着城市化进程的加速，几乎所有国家曾经或正在面临着城市迅速发展所带来的“城市病”。主要表现在以下几个方面：

1）引发资源匮乏问题

联合国环境署在 2002 年的《全球环境展望》上指出：“目前全球一半的河流水量大幅度减少或被严重污染，世界上 80 多个国家或占全球 40%的人口严重缺水。如果这一趋势得不到遏制，今后 30 年内，全球 55%以上的人口将面临水资源匮乏。”当时预测到 2010 年，世界范围内的大、中城市等都将面临严重的水资源匮乏，这已经成为当今的现实情况。此外，随着城市化过程中人口快速的聚集，大都市出现了严重的土地紧张问题。如何开辟新的发展空间，拓展地域范围已成为各大都市可持续发展所面临的难题。

2）环境污染加剧

随着世界范围内特大型城市和大城市数量的增加，城市人口高密度聚集带来了水生态系统退化，土壤侵蚀加剧，生物多样化锐减，臭氧层耗损，大气化学成分改变等一系列环境问题。世界城市化先驱的英国，就曾在 1952 年发生了震惊世界的伦敦“雾都劫难”，导致 4700 多人因呼吸道疾病死亡。在我国，许多城市的大气环境质量远远超过国家标准，城市雾霾问题严重，正在重蹈伦敦的覆辙。联合国环境署（United Nations Environment Programme，UNEP）在 2007 年的《全球环境展望》上指出：“大城市人口密度大，用来维持水质安全以及垃圾清运的人均费用相对较高。特别是在人口密度大的地区，如果没有一定的自然通风量，该区域的空气质量很难维持在良好水平。”除大气污染外，水污染也是城市化发展过程带来的突出环境问题。城市的集中污水排放往往导致内河、内湖污染，导致城市水环境恶化。此外，城市噪声、震动带来的问题也相当严重。世界银行的研究报告曾指出，由于污染造成的健康成本和生产力的损失大约相当于国内生产总值的1%～5%。

3）交通拥堵问题

迅速推进的城市化以及大城市人口的急剧膨胀使得世界各国在城市化高速成长阶段都出现过交通拥堵的问题。20 世纪中叶的伦敦，高峰时期每天有超过 100 万人口和 40000 辆机动车进出中心城区，平均车速仅有 14.3km/h。类似的现象在我国的各大城市也正在发生。人口过度密集，私家车辆与日俱增，交通配套设施跟不上城市的发展，不仅导致严重的交通拥堵，还会导致经济社会功能衰退，引发城市生存环境的持续恶化。

6. 小城镇发展的必要性

面临“城市病”所带来的负面效应，发展规模小、人口密度低的小城镇成为城市化建设的必然趋势。联合国人居署（United Nations Human Settlements Programme，UNHSP）在 2006 年的全球报告中强调了小城镇（Small Town）在经济发展中所起的重要作用和小城镇发展的必要性。发达国家在城市发展到一定阶段后，就开始重视小城镇建设，并形成了完善的建设和管理体系。提高小城镇的生活质量已是新型价值观的重要体现。

积极发展小城镇能使人口分配更加合理，减少或消除城市和农村之间的差距，同时对大城市起到保护作用，对人口向城市的迁移起到缓冲作用。此外，小城镇也是连接农村与城市的重要节点和促进商品流通的中心市场。

1.2.2 发达国家的城市与小城镇

早在1898年，英国建筑规划大师霍华德（Ebenezer Howard）就在《明天——一条引向真正改革的和平道路》一文中提出了“田园城市”理论，主张大城市应和小城镇结合发展，用公园和大道将城市分区，控制大城市人口数量和用地规模。基于这一理论，小城镇的功能在于为城市居民提供足够多的工作机会，以足够的空间为居民提供阳光、空气和优雅的生活环境。城镇周围实现绿化带环绕，不仅能够为城镇人口提供农业产品，而且能提供休闲和娱乐场所。一批这样的小城镇通过快速便捷的交通相互连接，就能形成满足几十万人口需要的“社会化城市”。在“田园城市”理论的基础上，美国学者泰勒（Graham Romeyn Taylor）正式提出了“卫星城市”的概念，即在大城市外建立起卫星小城镇，除居住建筑外，建设一定数量的工厂、企业和服务设施，以及完善的城市公共交通和公共福利设施，以此来疏散人口并控制大城市的规模。

20世纪70年代以来，发达国家的城市化趋势逐渐由乡村人口向城市聚集转变为中心城市人口逐渐向郊区转移。在人口流动的总体趋势下，发达国家按照“田园城市”、“卫星城市”等小城镇建设理念，相继采取积极措施，大力支持小城镇建设。经过多年发展，小城镇已成为发达国家社会的重要载体。在多数发达国家，所谓小城镇，除了规模和居住人口远次于大城市外，配套设施和规划管理机制几乎与大城市无异，从而在很大程度上实现了城镇一体化、乡村城市化。较之大城市，小城镇成为更多中产阶级选择的居住场所。

以美国为例，如图1-11所示，1970年以前，乡村地区（Rural Area）的人口增长主要取决于人口的自然增长，大多数居民都会选择到大城市居住。而在1970年以后，随着小城镇的发展和配套设施不断完善，开始出现“逆城市化”现象，即城市居民开始向乡村迁移，人口净迁入成为乡村人口增加的主要原因。经过几十年的发展，美国已经形成了均衡的城镇体系，5万人口以下的小城市和小城镇接纳了超过50%的居民，10万人以下的城镇已占城市总数的99.3%。

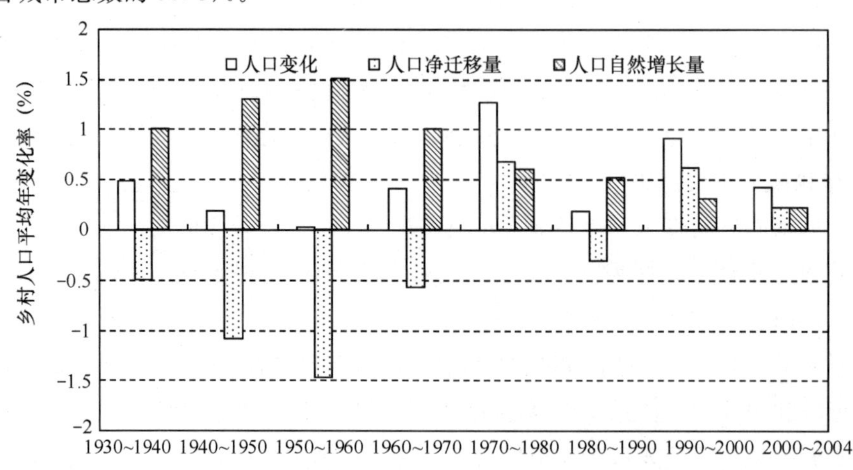

图1-11 美国乡村人口的变化（1930～2004年）

德国作为高度工业化的国家，有将近34%的人口居住在3260个人口为2000～20000的小城镇。同样，受霍华德“田园城市”理论的影响，二战后英国政府实施了“新城运动”，以解决城市人口过度集中和农业区落后的问题，同时也是为了对城市产业结构进行调整。在英国，几乎每个中心城市附近都拥有几个甚至十几个大小不等的小城镇，不仅缓解了中心城市的人口及环境压力，也同时提高了居民的生活质量。1965～1990年间，19个发达国家具有百万以上人口的城市中，有15个国家的城市人口比例呈下降趋势。

1.2.3 我国的城市与小城镇

总体来说，我国小城镇的发展历程有别于发达国家，多数是在村落基础上发展起来的聚居地，因此基础设施欠佳，管理制度不健全，条件远低于大中城市。但是，我国的小城镇仍是联结城市与乡村的经济纽带和行政、工商业中心，在城市化过程中起着不可替代的重要作用。

如图1-12所示，若将我国的社会架构描绘成从乡村到中心城市的金字塔，小城镇则处于城市经济和乡村经济的结合部，是沟通和加强城乡联系的桥梁和纽带。改革开放以来，小城镇的发展受城市辐射和农村城镇化两个方向的驱动，其中农村小城镇的迅速兴起丰富了我国城市化的内涵和外延，对加速我国城市化发挥了重要作用，同时也有助于农村剩余劳动力转移，实现农村工业化或农村城市化。小城镇的发展有助于我国在人口压力大而资源短缺的矛盾制约下，逐步调整产业结构、就业结构和城乡关系，实现城乡经济互动、城乡经济一体化。

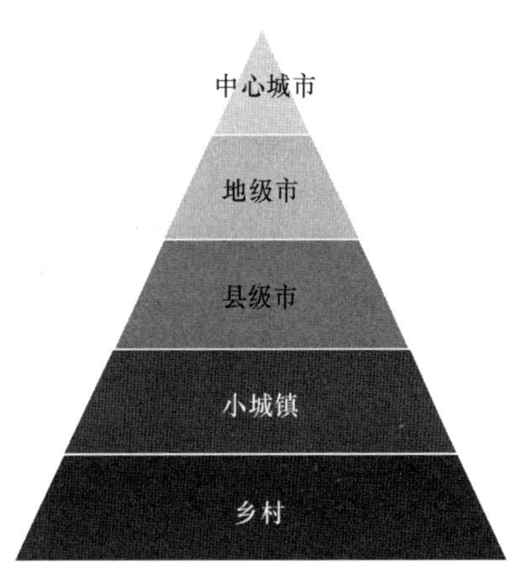

图1-12 我国的多级城市化架构图

另一方面，20世纪80年代起我国将地区行署改成地级市，目的是以城市建设带动地区发展。大城市周围建制镇的分布密度比市内建制镇的平均分布密度要高，这表明大城市周围的小城镇有更好的发展潜力和发展空间。大城市周边地区的小城镇在一定的经济区域中受到大城市的辐射、扩散和周围农村腹地的双重影响，大城市与周边的小城镇通过扩散与聚集的作用相互影响、相互制约、紧密联系。但我国目前主要的问题是大城市发展迅速，而小城镇发展由于投入不足，使得小城镇和中心城市之间差距巨大。小城镇虽然数量众多，但对城市的带动作用比较微弱。如何在大中城市发展的同时实现小城镇的协调发展是我国城镇化进程中有待解决的重要问题。

1.3 我国的小城镇发展概况

1.3.1 小城镇的空间分布

图1-13和图1-14分别为我国建制镇面积与人口按省（市、区）的分布和按地区的分布情况。其中东部地区的建制镇人口最为密集，尤其是江苏东、山东东、广东省，主要原

因在于改革开放以来，东部沿海地区发展迅猛，带动了小城镇的发展；其次是中部和西部地区，前者受东部发达地区的辐射带动作用，后者得益于国家西部大开发计划的实施；东北地区作为老工业基地，小城镇人口相对较少。此外，如图 1-15 所示，我国的建制镇中镇区人口在 1 万以下的小城镇数量很多，其中四川省超过了 1500 座，陕西省超过了 1000 座。

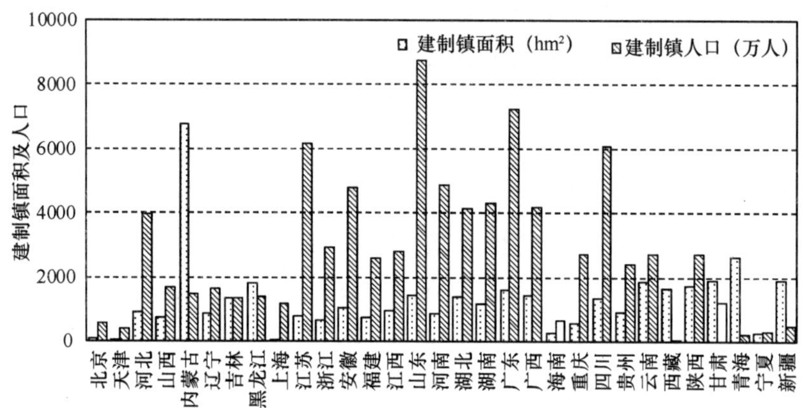

图 1-13　全国各省、市、区建制镇面积及人口分布（2012 年资料）

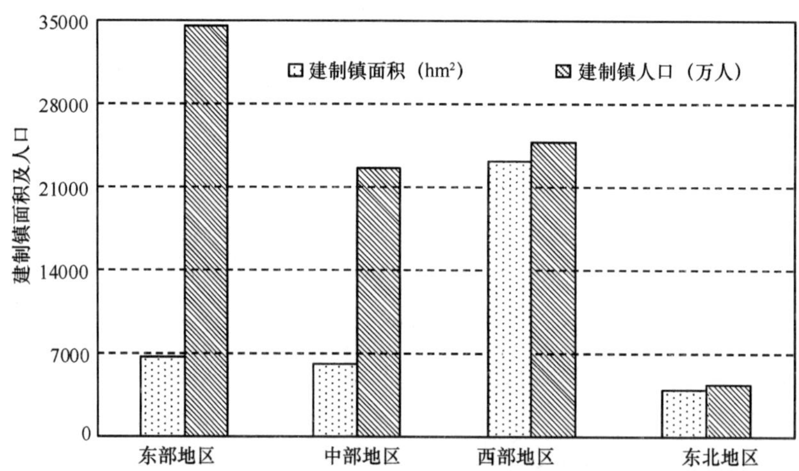

图 1-14　各地区建制镇面积与人口比较（2012 年资料）

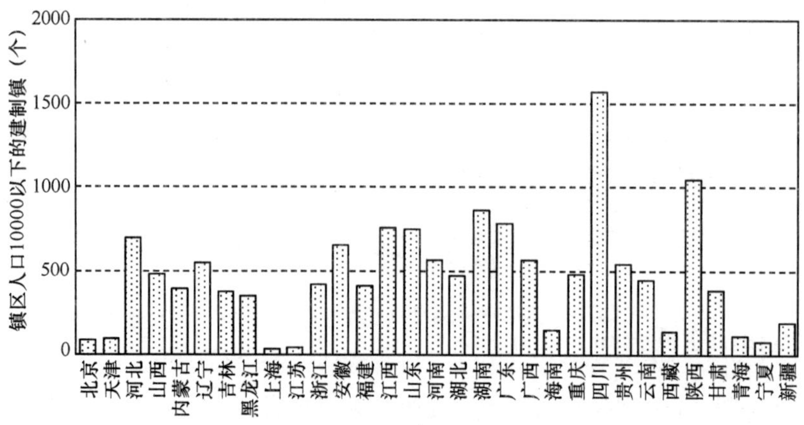

图 1-15　全国各地镇区人口在 10000 以下的建制镇分布情况（2012 年资料）

1.3.2 小城镇的发展方式

我国小城镇的形成与发展主要有以下三种方式。

1. 大城市近郊的小城镇

随着大城市的扩展，城市原有的空间已不能满足发展的需求，从而在城市周边形成了大量的小城镇，这与前述发达国家的情况有类似之处。大城市近郊的小城镇一方面分担了大城市的人口压力，并接纳了大城市的产业转移，另一方面，也成为大量人口向大城市涌入的缓冲区。这些小城镇对城市的依附性强，经济发展条件优越，产业、居住、基础设施条件等都依托大城市的发展得到提升。其中一些经济基础与设施建设相对完善的小城镇，很有可能随着区域的扩展逐步发展为中心镇或者小城市。

以上海为例，早在1956年就提出了“卫星城市”的发展策略，在中心城市发展的基础上重点发展闵行、吴泾、安亭、嘉定、松江卫星城。2001年，上海市进一步提出了“一城九镇”的发展方针，拟将松江新城、堡镇、奉城、周浦、高桥、安亭、罗店、朱家角、枫泾、浦江9个镇建成高水平现代化城镇。2006年又提出到“十一五”末基本形成由1个中心城，9个新城，60个市镇和600个中心村组成的城镇体系。2009年，又以浦江、安亭、青村、小昆山、廊下等10个镇为试点，全面开展高水平小城镇建设。截至目前，上海作为我国城市化率超过89%，人口超过2500万的特大城市，周边的小城镇发展日益繁荣，受上海中心市区发展的影响，这些小城镇逐渐发展为产业承载能力强，功能完善，人居环境优良，社会和谐的特色小城镇。

2. 依附于产业发展的小城镇

这类小城镇的发展主要以工业、旅游业发展为主导，以第二、三产业为经济结构的主体。一些小城镇依托丰富的自然资源，形成以自然资源开发为主的发展模式，如一些风景秀丽的旅游型小城镇，或以矿产等自然资源开发为主的工业小城镇等；还有一些小城镇依托于工业新区的建立得以发展，通过工业拉动商业发展，使人口不断聚集，形成工业区小城镇。这类小城镇为城市土地或资源依赖型工业提供了迁移场所，为周边农村剩余劳动力提供了就业机会，缓解了城市发展压力，同时也缩小了城乡差距。

苏南地区是产业小城镇发展的范例。随着上海、南京等大城市的发展，苏南地区城乡结合部的乡镇工业快速发展，催生出一大批产业型小城镇，为苏南地区的经济发展起到了重要作用。此外，快速发展的旅游业也带动了一批旅游型小城镇的发展，乌镇、丽江、平遥、凤凰城等都是我国旅游型小城镇的典型范例。

3. 农业产业化的小城镇

这类小城镇多集中在我国中、西部，多数位于我国商品粮、经济作物、禽畜的生产基地，以传统农业和畜禽养殖业的工业化作为发展动力。与前两类小城镇相比，这类小城镇的发展主要依靠自身的经济积累，在基础设施建设等方面能借助的外来动力不足，往往在很长一个阶段处于较低的城镇化水平。但是随着农业产业化带动第二、第三产业的发展，城镇化建设水平有望逐步提高。

农业产业化较为发达的胶东半岛是这类小城镇比较集中的地区，主要依靠农产品的商品化作为发展的基础。但在农业产业化相对滞后的地区，这类小城镇的发展往往受到农产品资源的限制，产业链相对单一，经济附加值偏低。在经济欠发达的西部地区，属于这种情况的农业产业化小城镇居多，亟待通过多元化发展来提升城镇化水平。

1.3.3 小城镇的特点和作用

1. 小城镇的特点

我国小城镇数量大、分布广，其特点如下。

1）社会要素集中，综合功能强

一般来说，社会要素集中性、社会结构非农性、社会功能综合性是小城镇的重要特点。社会要素的集中性，是指人口、资本、生产资料、建筑设施、社会需求、社会活动等要素集中在小城镇有限的地域内；社会结构的非农性，是指生产力结构、行业结构、就业结构等已不再是农村的性质；社会功能的综合性，是指小城镇具有经济中心、政治中心、文化中心、交通运输中心、信息传递中心等多种社会功能。对于大城市近郊的小城镇，其发展依附于大城市，人口流动呈现双向互动特征，作为都市圈的一个重要节点，通常承担了一些中心城市所扩散出来的城市功能，社会结构与城市有类似之处；依附于产业的小城镇，其发展对产业有很强的依赖性强，社会结构相对单一；而农业产业化的小城镇，其发展以第一产业为基础，虽然具有社会结构非农性的特点，但很大程度上依赖于农业产品的商品化，在镇区范围内农业人口与非农业人口相间，同时和周边农村之间存在着相当数量的摆动人口，仍保留了一定程度上的农村社会结构。

2）规模小，数量多，分布广

我国建制镇数量超过2万，但平均人口仅为3万人，其他非建制镇的小城镇数量更多，规模更小。这些小城镇分布于全国各地，具有很强的地域差异。东部地区小城镇在国内生产总值水平、镇区人口规模、城市规划管理、宜居环境建设、政府管理服务等方面通常高于中西部地区的水平。此外大城市近郊的小城镇，以及沿海发达地区的小城镇，通常能够形成以大城市为中心，沿主要交通干线呈放射性或者梯度分布的态势，凭借良好的区位优势得到快速发展。依附于产业发展的小城镇也基于产业性质具有一定的发展优势。而农业产业化的小城镇，多数仍处于农村地区，发展速度相对较慢。

3）基础设施水平低，配套程度差

与大中城市相比，小城镇基础设施配置水平相对较低，设施数量往往难以满足城镇发展需求，同时设施配套程度相对较差。从全国1035个非县城建制镇近期的调查结果来看，自来水普及率为63%，道路装修率为70%，污水处理率仅为26%。总体来说，缺乏完善的排污系统、生活垃圾收集处置设施是小城镇的普遍问题。此外，邮电通信、能源、文教、体育等设施也相对落后。

2. 小城镇的作用

从我国城市化进程来看，小城镇发展是城市化战略的重要组成部分，在社会经济发展中的作用不容低估。

1）承接作用

城市化的主要效果是“规模聚集效应”。在城市化体系中，小城镇起着“承上启下”的作用。“承上”是指当城市化规模过大时，需要在城市之外发展小城镇以分散城市规模，而如大城市近郊的小城镇更是大城市职能扩散的产物；“启下”是指小城镇是城市化的中间环节，是广大农村的政治、经济、文化和生活服务中心，如乡村基础上发展起来的小城镇就起着这样的重要作用。

在城市化过程中，大中城市与小城镇遇到的矛盾和困难不同。大中城市在发展过程中会不断遇到空间日益狭窄，地价昂贵，劳动成本上升等问题，而小城镇发展目前最难解决的是建设资金问题。因此，若能将大中城市和小城镇的发展结合起来，就能取长补短，相得益彰。

2）轴心作用

我国土地辽阔，农村人口多且居住分散，历史上就形成了“方圆三五十里一集镇”的格局，农民通过赶集一方面购物，另一方面出售农副产品。在很多地方，这样的集镇也属于本书讨论的小城镇的范畴，既是商业集散地，又是基层政府和文化教育设施集中的场所。因此，小城镇地处“乡头城尾”，是城乡之间的连接点，城市与乡村的结合部。小城镇的这一轴心作用对中国城乡经济社会的发展举足轻重。

3）拉动内需作用

我国这样的人口大国，扩大内需一直是国民经济发展的支柱之一。在城市人口的需求已逐步趋于饱和的情况下，要从根本上持续地扩大内需总量，需要重点改善和提高小城镇以及农村人口的生活水平，满足他们的物质和非物质消费需求。显然，通过小城镇的发展，一方面可以吸纳过剩农业人口并提高其收入和消费购买力，另一方面也有助于带动小城镇周边农村经济的发展，提高农村人口的收入和消费水平。此外，小城镇基础设施建设，生态环境改善，文教卫等事业的发展也必然能够拉动内需的大幅增长。

4）消化农村剩余劳动力

我国农村现有2亿多剩余劳动力，靠大中城市发展持续消化这些剩余劳动力已越来越困难。基于大量小城镇与广大农村之间紧密的地缘关系，农村剩余劳动力进入小城镇比进入大、中城市所付出的机会成本要低得多，遭遇风险之后迁出的成本也较低，可避免出现规模化失业人群的问题。为此，将小城镇作为农村剩余劳动力和人口转移的主要出路和有效场所，不仅可以减少剩余劳动力外出的盲目性和过度流动性，还可以弥补农忙时期劳动力的不足，并通过农村人口的适度移居，加速我国人口城镇化、农业现代化和农村富裕化进程，带动区域经济社会的健康发展。

1.3.4 小城镇发展所面临的问题

由于小城镇自身的特点，其发展过程中必然面临与大中城市发展所不同的若干问题。

1）发展程度低，功能布局欠佳

小城镇数量多，规模小，带来的一个主要问题就是发展的规模效应差，基础设施投资成本高，使用效率低，配套服务能力弱。这在很大程度上影响了小城镇建设水平的提升，妨碍了小城镇集聚效应的发挥和第三产业的发展，制约了小城镇的产业升级和产业优势的形成。

虽然城乡一体化建设是我国城市发展的基本策略，但很多地区缺乏与此相应的统筹发展规划，作为城乡一体化发展枢纽的小城镇往往没有很好地纳入区域规划的范畴，存在小城镇随意发展，缺乏良好功能布局的现象。就大城市周边地区小城镇而言，其经济活动往往指向中心城市，缺乏与城市的相互间往来；产业型小城镇对产业的依赖性过强，缺乏自身作为一个商业枢纽的特色和活力；在乡村基础上发展起来的农业型小城镇虽然固有的商贸作用突出，但人才、资金吸引和产业技术升级能力薄弱，难以摆脱低水平发展的困境。

2）城镇结构趋同、产业层次低

由于缺乏发展的准确定位，许多小城镇的建设和发展拷贝城市发展的模式，呈现结构趋同的现象。一些小城镇，尤其是建制镇模仿城市，不切实际地建设政治中心、经济中心和文化中心；一些有产业发展潜力的小城镇追求工业门类齐全，忽视自身特色；多数小城镇第二产业的发展偏重于小规模、低技术含量的产业，不能形成应有的竞争力；一些小城镇仅靠一个农贸市场或交通要道起家，缺乏产业依托，集散功能难以持久；不少小城镇二、三产业比例偏低，接纳农村剩余劳动力能力不强，不具备可持续发展潜力。

3）小城镇发展的政策性障碍

总体来说，面对小城镇的快速发展，各地在政策方面的改革还不到位。农村土地流转制度、小城镇社会保障制度、城乡户籍制度都在一定程度上制约了小城镇的发展。由于小城镇范围小，政策和城镇设施都影响了小城镇常住人口的稳定性，许多劳动力摆动于城镇与乡村之间，导致小城镇产业缺乏稳定的支撑力量。

4）与承载力不相匹配的环境污染源

小城镇通常地域狭小，自身的环境承载力有限。但是，由于多方面的原因一些小城镇承受或接受着难以重负的环境污染源，成为小城镇环境质量难以提升的重要原因。这些污染源一是可能源于城市的“扩散效应”，这在大城市近郊的小城镇比较明显。随着大城市的发展，某些污染型产业会从城市迁到周边地区，在治污设施并未同时到位的情况下，这些产业就会成为其入驻小城镇的集中污染来源。此外，城市生活垃圾等废弃物的转移处理与处置也会使小城镇区域环境不堪重负。

污染源的第二可能来源是小城镇自身的产业发展。小工业往往是小城镇产业发展的方向，而造纸（制浆）、电镀、印染、采矿、冶炼、炼焦、土硫磺、砖瓦、水泥、石棉、油毡、化肥、染料、制革、农药、沥青和炼油等污染严重的工业不断在我国的小城镇中成为主导产业，在治污措施不力的情况下，所排放的废气、废水、废渣都会加重小城镇的污染负荷。

另一方面，伴随着小城镇的产业发展，自然资源的不当开发会严重导致环境承载力的下降。矿产资源的掠夺性开发，耕地资源的大量占用，地表植被的肆意破坏都会成为小城镇所在地区环境承载力降低的原因。不断加重的环境污染负荷和日益低下的环境承载力将使小城镇的生态环境日趋恶化，这在一定条件下将成为小城镇发展的最大障碍。

第 2 章　我国小城镇的水环境现状

2.1　小城镇经济发展水平和基础设施建设现状

2.1.1　小城镇经济发展水平

1. 小城镇与大中城市经济体量的差异

如第 1 章所述，我国许多小城镇介于城市与乡村之间，其经济发展水平实际上也处于城市与农村之间。如图 2-1 所示，现阶段我国城乡的人均收入水平差距很大，城乡收入比大约为 3.0 左右，且 1990～2013 年间还有增大的趋势。农村地区较低的经济发展水平也影响到许多小城镇的经济发展水平。

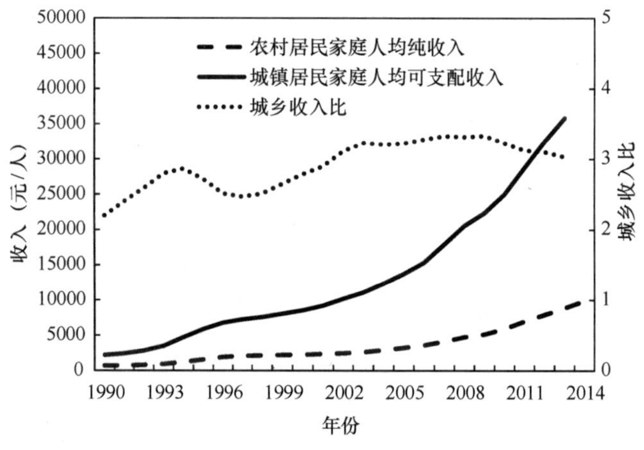

图 2-1　1990～2013 年城乡人均收入和城乡收入比

根据 2014 年统计资料中公布的 2013 年末的数据，我国当年国内总产值为 568845.2 亿元，其中以农业为主的第一产业的产值为 56957.0 亿元，约为国内总产值的 10%，其余来源于第二产业（约 44%）和第三产业（约 46%）。因为第二和第三产业主要集中在城镇，这个数据已充分表明城镇化对我国经济发展的巨大作用。截至 2013 年末我国的城镇化率（城镇人口的百分比）为 53.73%，根据统计数据可知约 7.31 亿的城镇人口中，5.25 亿人居住在县级及以上的城市，占城镇人口的 71.8%，而其余的 2.03 亿人居住在乡镇，占城镇人口的 28.2%。这些数据也表明，在我国城镇化的进程中，以建制镇为主的乡镇也起着相当重要的作用。然而，同样根据统计数据从 2013 年的财政收入来看，县级及以上城市的总量为60594.6亿元，而乡镇的财政收入总量为13868.3亿元，也就是说乡镇财政收入占全国城镇总财政收入的百分比大约为18.6%，远远低于乡镇非农业人口占全国城镇人口的百分比。充分说明我国的小城镇与大中城市经济体量存在很大的差异。

2. 小城镇经济发展的地区差异

由于小城镇分布于全国各地，其经济发展的地域差异也很显著。以建制镇为例，根据2012年中国建制镇统计年鉴的数据，当年我国近2万个建制镇，若按东部（北京、天津、河北、上海、江苏、浙江、福建、山东、广东、海南10省市）、中部（山西、安徽、江西、河南、湖北、湖南6个省）、西部（内蒙古、广西、重庆、四川、贵州、云南、西藏、陕西、甘肃、青海、宁夏、新疆12个省市区）、东北（辽宁、吉林、黑龙江3省）来进行比较，可得到表2-1的结果（其中镇均财政收入借用了2007年的数据来进行横向比较）。

从建制镇分布密度和人口规模来看，位于东部和中部的建制镇显然比较集中，且规模均在1万人口以上，其中东部的建制镇平均人口达到了1.8万多人。与此相比，西部和东北地区的建制镇分布密度要低得多，镇均人口都在1万人以下。

从经济规模来看，参考2007年的数据，东部建制镇的镇均财政收入约为中部和东北地区镇均收入的5.5～5.6倍，并为西部镇均收入的8倍。镇均企业个数多，从业人员多，且从业人员中第二、第三产业占得比重大是东部建制镇财政收入高的主要原因，由此也带来远高于其他地区建制镇的固定资产投资。

建制镇经济发展的区域差异 **表2-1**

	全国	东部	中部	西部	东北部
镇个数	19557	5946	5094	7045	1472
行政区域面积（万 km^2）	402.6	67.4	62.1	232.4	40.7
建制镇密度（个/万 km^2）	49	88	82	30	36
镇区平均人口（人）	12606	18405	11713	9164	8743
城镇化率（%）	28.5	31.6	26.3	26.0	29.2
镇均财政收入（万元）*	3379	8088	1437	1010	1468
镇均企业个数	410	741	354	223	166
其中工业企业个数	162	341	133	53	61
镇均从业人员数（万人）	2.37	3.15	2.39	1.87	1.49
第一产业从业比重（%）	43.7	33.6	46.1	53.8	55.6
第二产业从业比重（%）	29.7	38.6	28.1	20.3	18.6
第三产业从业比重（%）	26.6	27.8	25.8	25.9	25.8
镇均固定资产投资完成额（万元）	98342.2	57142.6	20540.0	19231.4	98342.2

数据来源：根据《中国建制镇统计年鉴2012》计算整理，其中镇均财政收入来源于《2008中国建制镇统计资料》。

2.1.2 小城镇基础设施建设情况

1. 小城镇基础设施建设投资

1）小城镇基础设施建设投资现状

根据2014年中国城乡建设统计公报，对全国的县城而言当年完成市政公用设施固定资产投资3571.0亿元，比上年减少6.9%。按建设科目的投资比例如图2-2所示，其中，道路桥梁建设投资比例最大，占到了总投资的53.4%，其次是园林绿化（14.6%）和排水设施建设（8.3%）。

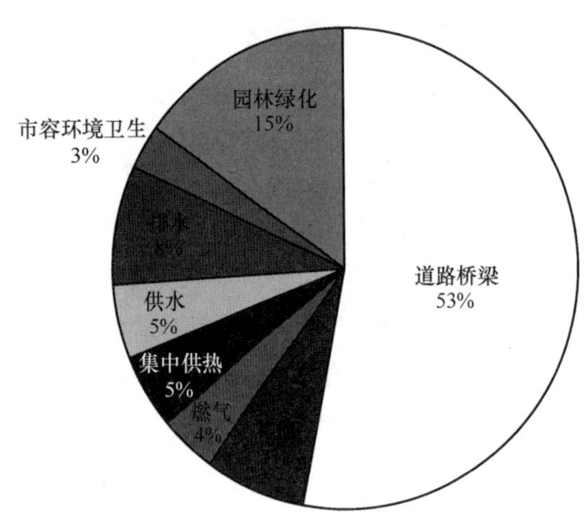

图2-2　县城市政公用设施固定资产投资比例（2014年）

与此相比，乡镇（包括建制镇、乡和镇乡级特殊区域）市政公用设施建设总投资为3542亿元（占当年基础建设总投资的22%），与县城市政公用设施投资基本相当。考虑到当年我国县城居住人口为1.56亿人，而乡镇居民总数为1.89亿人，按人均投资来算，乡镇市政公用设施建设投资水平还是要低于县城。乡镇基础建设和市政公用设施建设投资按建设科目的投资比例如图2-3所示。其中道路桥梁建设仍最高（基础建设总投资的10%，市政公用设施建设投资43.6%），其次是排水、供水、园林绿化、市容环境卫生等。

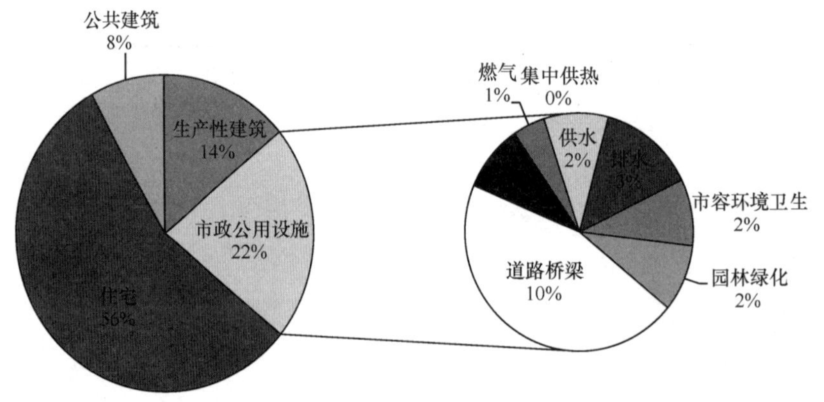

图2-3　2014年村镇建设投资比例

2）小城镇基础设施建设投资的历年比较

根据《中国城乡建设统计年鉴2013》的数据，可得到图2-4所示的我国县城、建制镇和乡2000～2013年的市政公用设施建设固定资产投资变化情况。

总的来说，在2007年之前我国对县城及以下城镇的市政公用设施建设投资都比较低，且增幅很小。2007年起县城市政公用设施建设投资增速加大，而建制镇市政公用设施建设投资到2009年之后才有一定的增速，但远小于县城的投资增幅。相比之下，乡的市政公用设施建设投资一直增加缓慢。说明我国现阶段城镇发展中，还没有向乡一级的市政公用设施建设给予重点投入。

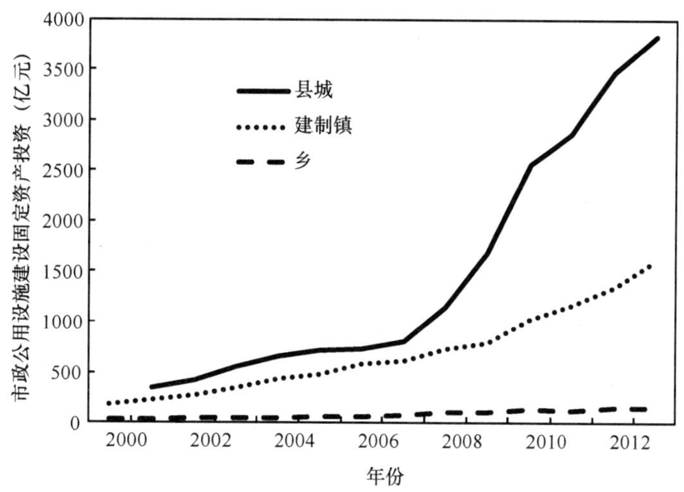

图 2-4　县城、建制镇与乡市政公用设施建设固定资产投资的历年比较（2000～2013 年）

2. 小城镇基础设施建设水平

1）小城镇基础设施建设现状

（1）县城

根据住房和城乡建设部公布的 2014 年城乡建设统计公报，我国县城 2014 年末实有供水管道长度 20.3 万 km，比上年增长 4.5%；用水普及率达到 88.89%，比上年增加 0.75 个百分点，人均日生活用水量达到 118.22L；人均煤气供气管道长度 0.15 万 km，燃气普及率达到 73.23%，比上年增加 2.32 个百分点；年末道路长度 13.0 万 km，比上年增长 4.1%，道路面积 24.1 亿 m^2，比上年增长 6.1%；排水管道长度 16.0 万 km，比上年增长 7.6%；全年污水处理总量 74.3 亿 m^3，污水处理率为 82.11%，比上年增加 3.64 个百分点，其中污水处理厂集中处理率达到 80.19%，比上年增加 3.94 个百分点；建成区绿地率达到 25.88%，比上年增加 1.12 个百分点；人均公园绿地面积 9.91m^2，比上年增加 0.44m^2；生活垃圾无害化处理率达到 71.58%，比上年增加 5.51 个百分点。

（2）乡镇

在建制镇、乡和镇乡级特殊区域建成区内，2014 年末实有供水管道长度 54.99 万 km，排水管道长度 17.12 万 km，排水暗渠长度 8.76 万 km，铺装道路长度 40.66 万 km，铺装道路面积 28.30 亿 m^2，公共厕所 15.06 万座。其中，建制镇建成区用水普及率达到 82.77%，人均日生活用水量为 98.68L，燃气普及率达到 47.8%，人均道路面积 12.6m^2，排水管道暗渠密度 5.94km/km^2，人均公园绿地面积 2.39m^2。乡建成区用水普及率达到 69.26%，人均日生活用水量为 83.08L，燃气普及率达到 20.3%，人均道路面积 12.6m^2，排水管道暗渠密度 3.83km/km^2，人均公园绿地面积 1.07m^2。镇乡级特殊区域建成区用水普及率达到 86.95%，人均日生活用水量为 82.76L，燃气普及率达到 50.3%，人均道路面积 15.95m^2，排水管道暗渠密度 5.25km/km^2，人均公园绿地面积 3.15m^2。

2）2014 年县城、建制镇和乡的基础设施水平比较

根据上述数据，对县城、建制镇和乡的基础设施水平按可比较的指标进行对比，可得到图 2-5 的结果。县城的人均日生活用水量、燃气普及率、人均道路面积、排水管道暗渠密度和人均公园绿地面积分别是建制镇的 1.2 倍、1.5 倍、1.2 倍、1.3 倍和 4.1 倍，说明县城的基础设施建设水平高于建制镇，其中差异最大的是人均公园绿地面积。同样若将建制镇与乡的基础设施建设水平进行对比，其用水普及率、人均日生活用水量、燃气普及率、排水管道暗渠密度和人均公园绿地面积则分别是乡的 1.2 倍、1.2 倍、2.4 倍、1.6 倍和 2.2 倍。城镇级别越低，基础设施建设水平也越低，这是现阶段我国城镇化建设的一个特征。

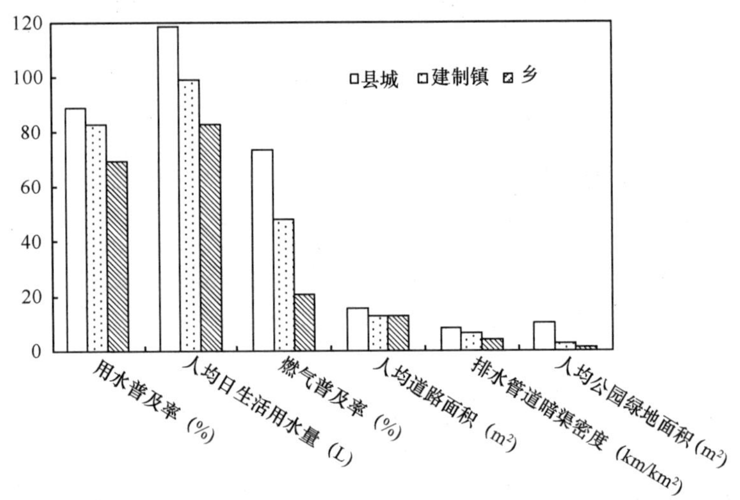

图 2-5　县城、建制镇和乡的基础设施建设水平比较（2014 年）

3. 小城镇基础设施建设的发展趋势

这里根据统计数据分析一下我国县城、建制镇和乡的基础设施建设发展趋势。由于 2006 年以后住房和城乡建设部对乡的统计范围进行了调整，将过去的集镇统计为乡，因此 2007 年以后的数据与之前的年份不好对比。根据 2007～2014 年的统计数据，可通过用水普及率、燃气普及率、排水管道暗渠密度、人均道路面积、人均公园绿地面积、拥有的公厕数量来进行情况分析，结果如图 2-6 所示。

由此可见 2007～2014 年，我国小城镇的基础设施建设水平均持续提高，尤其在用水普及率上，乡一级的水平提高幅度也非常显著。但总的来说，县城的基础设施建设水平提高幅度要远大于乡镇，尤其是在燃气普及率、人均道路面积、人均公园绿地面积这样一些指标上最为显著。

2.1.3　小城镇水环境设施建设的特点

1. 取水与净化设施建设

小城镇取水水源多样，通常取用常规水源（地表水和地下水），一些地方也有利用雨

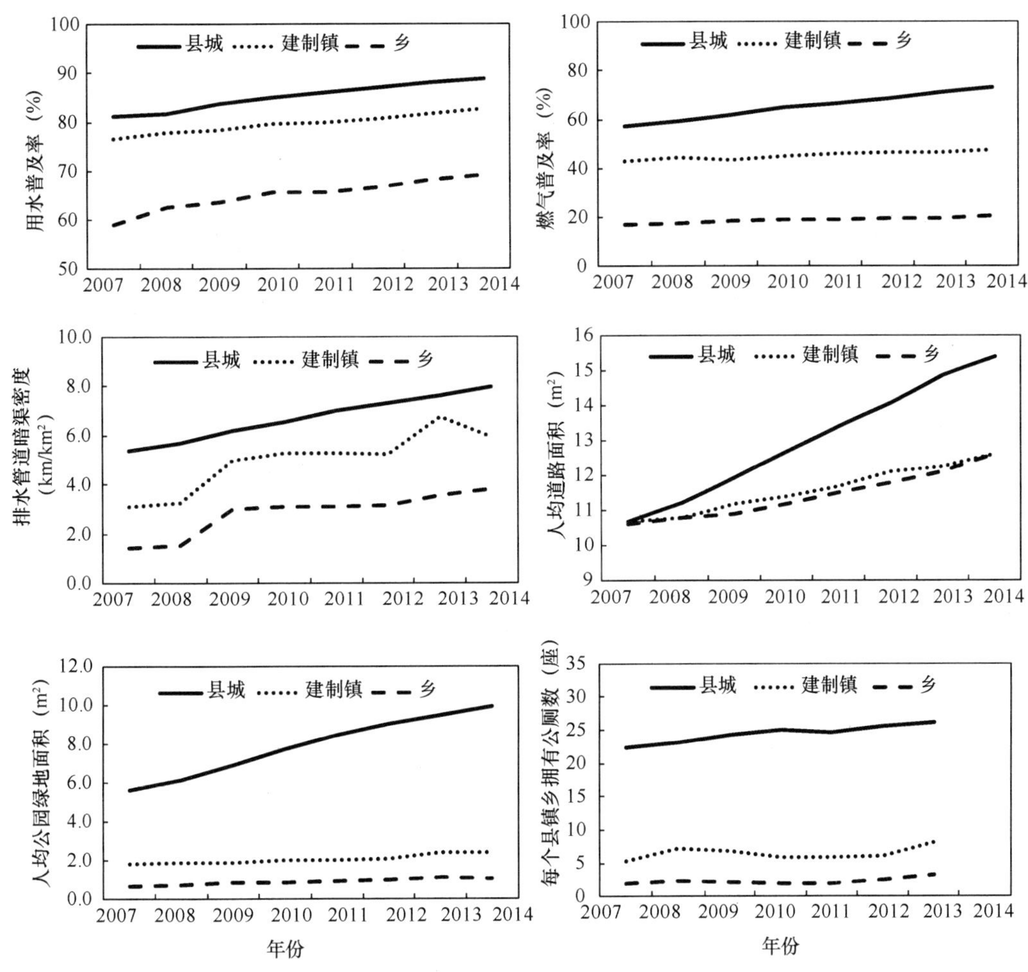

图 2-6 县城、建制镇和乡的基础设施建设发展趋势（2007～2014 年）

水等非常规水源的情况。目前北方小城镇多以地下水为水源，南方则多用地表水。对东部江苏省、西北陕西省以及西南的重庆市进行调研的结果表明，陕西省小城镇的给水水源普遍采用地下水，约占总供水量的 72%；江苏的苏锡常地区实施区域供水前的 275 座乡镇水厂中，地下水水厂为 187 座；重庆的小城镇供水则主要以地表水为水源。此外我国的农村地区 95%以上的人口饮用地下水，如江苏省东台市，现有农村集镇集中供水设施 28 处，均为地下取水；村级集中式供水设施 188 处，也均为地下取水。按照取水构筑物构造形式，地下水取水包括垂直式、水平式和联合式取水构筑物。其中垂直式取水构筑物在农村地区应用最为广泛，常见有管井和大口井。根据地表水源性质和取水条件的不同，小城镇的地表取水构筑物有岸边式、河床式和移动式。但在常规水源缺乏的地区，建设雨水集取工程则是居民饮用水供给的有效措施。

小城镇供水设施包括集中供水（公共供水）和自备水源供水两类。根据住房和城乡建设部统计，2013 年全国建制镇公共供水设施综合生产能力为 6175.4 万 m^3/d，自备水源供水设施综合生产能力为 2109.1 万 m^3/d。同年全国乡一级公共供水设施综合生产能力为

700.2 万 m^3/d，自备水源供水设施综合生产能力为 79.0 万 m^3/d。另一方面，2013 年全国集中供水的行政村比例为 61%，其中村内自建集中供水设施的行政村仅占 8%。

然而，目前仍有一些小城镇无集中供水设施，只能采取分散取水的方式，通过机井、大口井取用地下水，或直接取用河、湖、库甚至坑塘的地表水。这种情况下几乎没有采取任何水处理措施，很难保证饮用水质符合国家卫生标准。在干旱缺水地区，也有兴建水窖集取雨水的情况。即使是有集中供水设施的小城镇，也存在供水设备简单，缺乏适宜的净化与消毒设施的情况。以广西壮族自治区为例，截至 2004 年底村落集中式供水中，通过常规处理（混凝、沉淀、过滤和消毒）的供水人口仅占 11.5%，简易供水的人口比例为 19.9%，集中供水点取水人口比例为 2.1%，其余尚无任何供水设施。

2. 供水管网建设

我国小城镇和村落供水管网建设也普遍落后，直接影响了自来水供水的普及率。根据住房和城乡建设部 2013 年统计，我国县城和建制镇的自来水普及率分别为 88.1%和 81.7%，但乡的自来水普及率为 68%，行政村的自来水普及率为 61%。其主要原因是供水管网建设滞后。小城镇供水一般均为枝状管网，供水可靠性相对较差，且管径偏小，难以满足消防的要求。另一个问题是管网布局较为凌乱，管理难度大，存在随意接管取用自来水的现象。由于小城镇供水量相对较小，给水管道选材和敷设也存在任意性，采用质量低下的灰口铸铁管和镀锌管的情况比较普遍，甚至采用农灌用塑料管供水。以云南省为例，小城镇供水管材采用灰口铸铁管的占 29.8%，塑料管占 25.1%，钢管占 24.2%，球墨铸铁管占 12%，其他管材占 8.9%。管材较差的管道使用中往往容易产生锈塞，腐蚀漏损严重，同时耐压差，漏水严重，不仅造成供水量不足，也容易产生二次水质污染，还频繁造成管道爆裂事故，严重影响小城镇的供水质量和供水安全。

3. 污水收集设施建设

根据 2013 年《中国城乡建设统计年鉴》，当年全国县城排水管道长度 14.88 万 km，密度为 7.96km/km^2，其中污水管道 5.82 万 km，雨水管道 3.84 万 km，雨污合流管道 5.21 万 km，污水收集设施建设水平相对较高。与此相比，全国建制镇排水管道长度 14.04 万 km，管道密度 3.80km/km^2，排水暗渠长度 10.88 万 km，暗渠密度 2.95km/km^2，已远低于县城的污水收集设施建设水平。到乡这一级，污水收集设施的建设水平更低，全国乡排水管道和排水暗渠的长度分别为 1.56 万 km 和 1.07 万 km，排水管道和暗渠的密度分别为 2.12km/km^2和 1.45km/km^2。在一些省区的乡镇，暗渠的长度要大于管道长度，还在采用比较原始的方式进行污水收集，同时乡镇的排水系统很少采用雨污分流制，比较普遍的是雨污合流的排水方式。

小城镇排水设施建设的另一问题是污水收集与处理设施的规划、设计和建设不同步。以湖北为例，在仙洪试验区和四湖流域内的小城镇已投资建设了 25 座污水处理厂，配套管网应为 294km，但目前实际只建成 154km，缺口高达 140km。小城镇财力有限是排水设施建设缓慢的主要原因。

4. 污水处理设施建设

截至2013年底，全国县城的集中生活污水处理率达到了78%，共有污水处理厂1504座，处理能力2691.0万m^3/d。与此相比，建设了集中生活污水处理设施的建制镇和乡仅分别为18.9%和5.1%，说明乡镇的污水处理基本上还处于起步阶段。由于小城镇污水处理规模小，很多情况下采用小型污水处理装置进行生活污水处理。以建制镇为例，2013年已有污水处理厂2060座，处理能力为1114.8万m^3/d，而污水处理装置总数为6371个，处理能力1309.7万m^3/d，高于建制镇污水处理厂的处理能力。

与城市和县城污水处理相比，小城镇已兴建的污水处理设施所采用的工艺具有多样性特点，同时经历了阶段性变化。2007年以前，有能力兴建污水处理设施的小城镇偏重于套用城市污水处理技术，主要有A^2/O、氧化沟和普通活性污泥法是主流工艺，分别占22.7%、18.2%和13.6%。而2008年以后建成的污水处理设施中，65.1%采用了人工湿地，其余包括改良氧化沟、CASS、曝气生物滤池、生物接触氧化、人工快渗、厌氧生物处理等各种技术。目前在建的小城镇污水处理设施中，选用人工湿地和人工快渗技术的污水处理设施分别占到45.8%和29.2%，成为污水处理技术的主流。表明小城镇更趋于采用无动力或少动力，结构简单，费用低廉，易于管理，实施方便的污水处理技术。此外，许多小城镇也采用小型简易污水处理设施进行污水处理，如传统化粪池、沼气发酵池、地埋式污水处理设施等。

2.1.4 小城镇基础设施建设的共性问题

1. 缺少统筹规划

小城镇基础设施建设应当是城镇总体规划的重要组成部分，从而完成一定时期内镇区各项基础设施建设项目的统筹安排部署。新型城镇化需要突出系统科学的长远规划，按照“先规划、再建设”的方针，做好小城镇基础设施的近期建设计划和长远发展规划，切实发挥规划的控制引领作用。但与大中城市相比，我国的小城镇基础设施建设往往缺少统筹规划，即使进行了小城镇基础设施建设的规划编制工作，但由于建设速度快，规划难以适应建设发展需求，使得规划编制明显滞后于发展节拍。此外也存在盲目上马，不按规划进行建设的倾向。

我国的城市规划一般都包含中长期基础设施建设的内容，并编制有相应的专项规划，但乡镇基础设施建设普遍缺乏总体规划和专项规划。在进行村镇规划时通常会忽略基础设施的统筹规划，导致乡镇在基础设施建设中缺少统筹考虑和长远谋划，出现项目刚建成或还未建成，其设计能力及规模就已不适应发展需求的现象。许多城镇的基础设施处于低水平地年年建、年年修的状况。以给水设施建设为例，具备建设条件的小城镇普遍只针对当下需求，按一镇一厂的模式进行建设，缺乏有前瞻性的统一规划，造成布局无序，重复建设，难以发挥规模效益，也不利于区域水资源的统筹开发和合理利用。

2. 资金投入不足

我国各级城镇的基础设施建设主要依靠地方财政收入，资金来源少，投资额小是制约基础设施建设的因素。按照现行财政体制，地方税归县财政所有，镇政府经费按人头获得，超收部分依照一定比例分成。然而镇区的基础设施建设往往难以纳入县一级财政的投资计划，主要依靠小城镇自身的财政收入，这就造成一些地区的小城镇基础设施建设经费捉襟见肘。虽然小城镇发展也在加速，但真正用于基础设施建设的财政投入无论在绝对数量上还是相对数量上，都会出现不仅没有增加，反而有所减少的现象。同时商业银行和政策性银行的贷款也难以可靠保障，一些新的筹资渠道如资本市场证券融资、商业融资等又不畅，导致小城镇建设资金投入严重不足。

3. 基础设施水平普遍较低

目前，小城镇的基础设施水平普遍较低，不能满足经济社会发展和小城镇发展的需要。以建制镇为例，2013 年全国建制镇人均道路面积为 12.26m^2，其中 60.0%省份建制镇的人均道路面积低于全国平均水平；人均日生活供水量为 98.58L，供水普及率为 81.7%，其中，18 个省份的建制镇的人均日生活用水量小于全国平均水平，占到总省份的 60.0%，14 个省份的供水普及率小于全国平均水平，占到总省份的 46.7%；燃气普及率为 46.44%，其中 63.3%省份建制镇的燃气普及率低于全国平均水平；排水管道暗渠密度为 6.75km/km^2，有 73.3%省份建制镇的排水管道暗渠密度低于全国平均水平；绿化覆盖率为 15.42%，其中 63.3%省份建制镇的绿化覆盖率低于全国平均水平。

此外，全国小城镇的垃圾处理率普遍较低，至 2010 年，全国建制镇垃圾集中处理率仅为 30%左右，且自东部地区向西部地区递减，如图 2-7 所示。

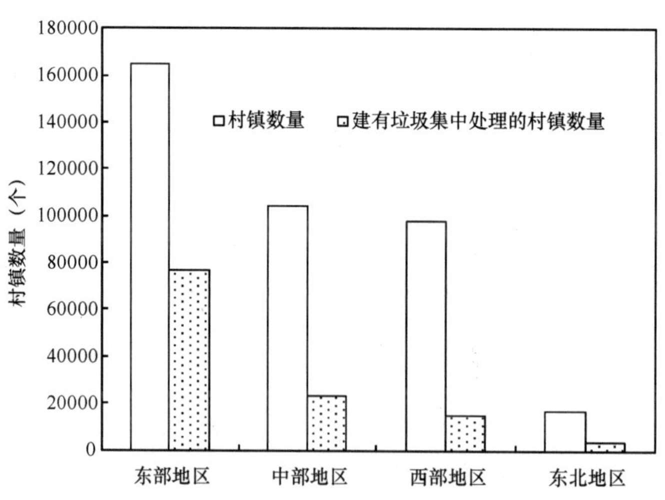

图 2-7　全国建制镇 2010 年垃圾集中处理情况

4. 管理体制不健全，管理水平低下

目前，小城镇基础设施建设管理体制不健全，乡镇政府的权力有限，相关管理多数统归县职能部门垂直领导管理，乡镇政府协调、管理和服务有限，缺乏在基础设施建设和经济发展上的调控能力与投入力度。此外，小城镇基础设施建设也缺乏长远规划和建设的连续性，造成总体投资效率不高。同时，受独立建制镇自身财力限制，设施后续运行经费保障不足，专业人才缺乏，重建设、轻管理，导致基础设施运行水平较低，尤其是污水处理等环境基础设施普遍得不到重视，项目效益难以完全发挥。

2.2 小城镇的排污现状

2.2.1 小城镇的用水与排水特点

1. 单位用水量低，居民用水点分散

如表 2-2 所示，我国 2013 年全国乡以上的总供水人口合计约为 7.29 亿人，其中 4.22 亿为城市供水人口。从用水普及率来看，虽然城市已达到 97.56%，但县城尚未达到 90%，建制镇尚未达到 85%，乡尚未达到 70%，说明城镇规模越小，用水普及率越低。从人均用水量来看，县城以下都处于较低的水平，这与用水设施的完善程度密切相关。但从每万人拥有的供水管道长度来看，建制镇约为城市或县城的两倍，而乡则为城市或县城的近 3 倍，说明城镇规模越小，用水点越分散。其中乡一级尚有 23.3%的人口无集中供水设施，建制镇尚有 8.7%的人口无集中供水设施。

城市、县城、建制镇和乡之间用水情况比较（2013 年） **表 2-2**

	城市	县城	建制镇	乡
年供水总量（万 m^3）	5373021.7	1038662	1261753	114674
用水人口（万人）	42261.44	13455.92	14919.7	2248.4
人均用水量（m^3/人）	127.1	84.6	77.2	51.0
用水普及率（%）	97.56	88.18	84.17	68.2
供水管道长度（km）	646413.4	194465.39	414493	94690
万人供水管道长度（km/万人）	15.3	14.5	27.8	42.1
集中供水乡镇个数比例（%）			91.3	76.7

数据来源：《中国城乡建设统计年鉴 2013》。

2. 排水管网系统不完善，污水收集率低

总体来说，我国的城镇排水设施建设远落后于给水设施建设，对小城镇而言，排水管网系统不完善，污水收集率偏低是主要的问题。正规的排水管网建设目前仅限于发达地区的小城镇，但也仅限于污水管网。对四川、重庆、湖北、福建、浙江、广东、山东、河南、天津等 9 省的小城镇进行排水管道建设状况调查结果表明，这些小城镇的道路排水管网面积普及率为 40%～60%。三峡库区重庆段 299 个建制镇和 533 个小集镇的生活污水收集率还不到 10%。

3. 变化幅度大，排水状况不稳定

对于已建有排水管网的小城镇而言，由于人口分散，用水量标准低，通常产生的污水水量变化幅度较大，排水状况往往不稳定。很多排水系统的生活污水早晚排放集中，其他时段流量小，甚至出现无排水流量的时段。虽然小城镇的排水管网主要收集生活或其他来源的排污，由于排水体制不健全，污水收集量受雨水的影响较大。雨天有大量的雨水进入污水管道，一方面使得污水处理设施超负荷运行，另一方面也会导致大量的排水未经处理排入受纳水体。

2.2.2　小城镇的污染物来源

1. 居民生活排水

据统计，小城镇的生活排水占总排水量的 50%以上，包括粪便污水和生活杂排水，其来源和污染物构成与城市生活污水并无差别，但由于卫生设施的差异，能够进入生活污水收集系统的污染负荷因排水方式的不同有较大差异。如水冲厕所普及率不高的小城镇，粪便污染物进入排水系统的比例偏低；一些化粪池由于建设和管理不当就完全成为粪坑，或发生污染物漫流，难以进入污水收集系统。

2. 乡镇企业工业废水

在很多小城镇，乡镇企业产生的工业废水会成为排水系统中污染物的重要来源。这些乡镇企业多以食品饮料加工、农产品加工业为主，在这种情况下的工业废水基本接近生活污水的性质。但在一些经济较发达地区的城乡结合部，小城镇的工业废水来源就比较复杂，所涉及的行业除了食品饮料加工、现代农业、现代服务业以外，还包括机械五金加工、化工建材、轻工塑料、纺织服装、电子电器、信息技术、生物医药等特殊产业。排水中也会含有重金属、有毒有害的有机化合物等。然而乡镇企业往往很少按要求进行有害物质的单独处理，从而出现大量有害物进入污水管网的现象，造成污水处理设施处理困难。这些工业废水未经处理排入水环境的现象也不容忽视。

3. 农业来源污染物

小城镇的农业来源污染物包括两类，一类是农业生产的面源污染物，包括农药、化肥等，不会进入小城镇排水系统成为污水处理的污染负荷，而可能随灌溉回水或降雨径流直接进入水环境造成污染；另一类是与种植业、水产养殖业、畜禽养殖业相关的排水，既可能进入小城镇的排水系统，也可能未经处理排入水环境。

4. 生活垃圾污染

小城镇的环境公用设施建设总是先从给水设施开始，然后才是污水收集处理和生活垃圾收集处置设施的建设。现阶段我国多数小城镇垃圾处理设施建设十分薄弱，发达地区小城镇的生活垃圾有效收集率也达不到 50%，无害化处理率和资源回收利用率更低；而欠发达地区的小城镇往往没有真正进行生活垃圾的有效收集和处置，很多小城镇生活垃圾主要采用露天堆放的简易处理方式，往往出现生活垃圾随意堆放现象，不仅恶化环境，还会成为水体污染的主要来源。除此之外，乡镇企业发达的小城镇生活垃圾中往往还有其他固体废物混入，造成更大的危害。

2.2.3　小城镇的排水设施现状

1. 污水收集设施

根据《中国城乡建设统计年鉴》数据，我国小城镇近年来加快了排水设施的建设速度。以建制镇为例（表 2-3），截至 2013 年，全国建制镇排水管渠长度达到 140358km，其中当年新增 13595km（新增 10.7%）；排水管道长度 108783km，其中当年新增 6840km。与 2007 年末相比，6 年间，全国建制镇排水管道增加 52800km，排水暗渠增加 71500km，增加率分别为 37.6%和 65.7%，平均年增长率分别达 6.3%和 11.0%。

表 2-3 还表明小城镇的排水设施的建设情况存在区域差异。仅以排水管渠长度为例，排在前列的江苏、山东、浙江、广东、北京都位于东部地区，其中 2013 年建制镇新增排水管道和暗渠比例最大的是山东省。排水管渠建设密度最高的基本上也都是东部省份的小城镇，而西部地区的多数省区小城镇的排水管渠密度均低于全国平均水平。

2013 年度全国建制镇排水管道暗渠情况 **表 2-3**

地区名称		排水管道长度（km）		排水暗渠长度（km）		排水管道密度（km/km^2）	排水暗渠密度（km/km^2）
			当年新增		当年新增		
全国		**140358**	**13595**	**108783**	**6840**	**3.80**	**2.95**
东部地区（10）	北京	1705	71	397	3	5.79	1.35
	天津	1316	139	509	18	4.65	1.80
	河北	2640	324	1085	170	1.89	0.78
	上海	4753	121	662	6	3.87	0.54
	江苏	19973	1493	6993	596	7.29	2.55
	浙江	13018	937	3740	263	5.41	1.56
	福建	5165	464	2104	222	4.38	1.78
	山东	16169	2658	10068	1552	4.44	2.77
	广东	12967	788	46955	398	4.28	15.49
	海南	1033	84	458	41	3.48	1.54
中部地区（6）	山西	1648	155	1063	150	3.11	2.01
	安徽	7971	984	6970	539	3.70	3.24
	江西	4081	402	2292	266	3.53	1.98
	河南	5772	602	2828	300	2.91	1.43
	湖北	8339	771	3730	373	3.85	1.72
	湖南	5805	677	2823	341	2.94	1.43
西部地区（12）	内蒙古	1458	199	466	86	1.51	0.48
	广西	3687	230	2129	154	4.97	2.87
	重庆	3274	273	1634	79	4.70	2.35
	四川	6302	626	3538	370	3.59	2.01
	贵州	1376	317	2252	290	1.57	2.57
	云南	1799	155	1179	114	2.82	1.84
	陕西	2891	375	2012	222	2.56	1.78
	甘肃	962	95	264	28	2.11	0.58
	青海	267	18	49	5	1.92	0.35
	宁夏	465	46	174	25	3.43	1.28
	新疆	597	106	121	14	1.92	0.39
	西藏	—	—	—	—	—	—
东北地区（3）	辽宁	2519	211	1337	117	2.59	1.37
	吉林	1246	142	363	49	1.54	0.45
	黑龙江	1160	130	587	49	1.42	0.72

此外，根据文献报道，我国小城镇污水收集设施普遍存在的其他主要问题有：

（1）排水体制以合流制为主，排水管网存在雨、污混流现象，少有或没有雨水排水设施；

（2）排水管网铺设不完善，材质以混凝土管、陶土管等为主，渗漏比较严重，早期建成的排水管道管径偏小，排水不力；

（3）排水管网连接混乱，排放口多，存在雨、污排水管道串接情况，检查井、管道施工不规范；

（4）缺乏竣工资料，无法追溯管道的具体位置、管径、服务区域；

（5）维护管理工作不到位。

2. 污水处理设施

同样根据《2013年城乡建设统计年鉴》的数据进行分析，以建制镇为例可得到表2-4所示的结果。截至2013年底，全国对生活污水进行处理的建制镇为3292个，仅占全国建制镇的18.9%，处于非常低的建设水平。其中，东部10个省市区中，河北和海南2个省区地域低于全国平均水平；中部6个省区均低于全国平均水平；西部12省市区中，除了重庆、四川、宁夏3省市区外均低于全国平均水平；东北地区黑龙江省没有数据，其他2省低于全国平均水平。

全国建制镇的污水处理包括污水处理厂建设和污水处理装置设置两类。如表2-4所示，2013年底全国建制镇共有2060个污水处理厂和6371个污水处理装置，合计处理能力分别为1114.80万m^3/d和1309.66万m^3/d。其中江苏省建制镇的污水处理厂个数最多，山东省建制镇的污水处理装置个数最多，而青海省尚无建制镇建有污水处理厂，内蒙古、广西也仅各有一个建制镇建有污水处理厂。

2013年度全国建制镇污水处理情况 **表2-4**

地区名称		对生活污水进行处理的建制镇		污水处理厂		污水处理装置	
		个数	比例（%）	个数	处理能力（万m^3/d）	个数	处理能力（万m^3/d）
全国		**3292**	**18.9**	**2060**	**1114.80**	**6371**	**1309.66**
东部地区（10）	北京	28	23.5	23	3.99	92	112.26
	天津	23	19.5	26	10.24	33	9.57
	河北	52	6.5	32	44.78	88	57.64
	上海	95	93.1	14	25.62	69	8.33
	江苏	583	75.5	551	288.96	860	203.97
	浙江	619	97.9	125	75.73	866	87.01
	福建	170	33.1	98	30.84	285	97.19
	山东	536	49.4	308	216.41	958	123.69
	广东	155	15.1	119	171.85	495	151.85
	海南	47	4.7	32	111.06	76	30.31

续表

地区名称		对生活污水进行处理的建制镇		污水处理厂		污水处理装置	
		个数	比例（%）	个数	处理能力（万 m³/d）	个数	处理能力（万 m³/d）
中部地区（6）	山西	12	2.5	6	1.85	511	2.13
	安徽	54	6.5	29	7.64	244	20.96
	江西	21	3.1	9	1.79	38	5.75
	河南	26	3.0	21	6.50	30	3.81
	湖北	76	10.1	40	13.27	242	31.63
	湖南	47	4.7	32	111.06	76	30.31
西部地区（12）	内蒙古	11	2.6	1	5.00	10	2.40
	广西	2	0.3	1	0.30	13	0.41
	重庆	215	39.0	210	25.72	268	115.04
	四川	327	20.7	258	33.64	493	88.04
	贵州	40	6.5	21	4.40	128	126.67
	云南	29	5.4	16	1.83	45	4.96
	陕西	41	4.0	37	6.81	74	9.58
	甘肃	9	2.3	3	0.10	14	0.20
	青海	3	2.9			9	0.02
	宁夏	22	29.0	17	1.89	24	1.87
	新疆	10	5.4	4	0.50	7	0.65
	西藏	—	—	—	—	—	—
东北地区（3）	辽宁	71	11.7	50	14.62	319	11.94
	吉林	8	2.1	4	4.80	11	1.08
	黑龙江	—	—	—	—	—	—

此外，从污水处理率看，直到 2000 年我国县城污水处理率才达到 7.55%，而当年建制镇的污水处理几乎是空白。《“十一五”全国城镇污水处理及再生利用设施建设规划》执行后，县城污水处理率开始迅速提升，2008 年为 32%，2012 年提升到 75%。相比之下，建制镇的污水处理率提升较为缓慢，2008 年为 16%，2012 年污水处理达到 28%，仍处于很低的水平。

3. 污泥处理处置

在污水处理过程中，近 50%的污染物实际上是转移到了污泥之中，因此，若不进行有效的污泥稳定化处理与安全处置，将会导致严重的二次污染问题。但是，在污水处理率还很低的情况下，我国的小城镇水污染控制与治理设施建设多数情况下关注的还是污水处理设施建设，污泥处理与处置设施建设基本上还是空白。《“十二五”全国城镇污水处理及再生利用设施建设规划》要求在“十二五”期间，城镇污泥处理处置规模达到 518 万 t/a。

其中，设市城市 383 万 t/年，县城 98 万 t/年，建制镇 37 万 t/年。该规划同时要求到 2015 年，直辖市、省会城市和计划单列市的污泥无害化处理处置率达到 80%，其他设市城市达到 70%，县城及重点镇达到 30%的建设目标。但是，就县城和建制镇而言达到“十二五”规划目标的情况并不乐观。

4. 处理水排放

根据《小城镇污水处理工程建设标准》（建标 148—2010），规模为 3000～10000m^3/d 的污水处理厂，出水执行《城镇污水处理厂污染物排放标准》（GB 18919—2002）中的二级标准；规模为 3000m^3/d 以下的污水处理厂，出水执行 GB 18919—2002 中的三级标准。实际上，近年来建设的小城镇污水处理厂或处理设施，基本上都是按照高于上述标准的水平来进行设计。因此，从处理水排放的角度来看，目前小城镇水污染的问题主要还不在于处理水不能达标排放，而在于污水的收集率和处理率过低，导致小城镇产生的大量生活污水或其他污废水不经处理排入水体。

5. 雨水排水设施

目前，我国多数小城镇并未进行镇区专用雨水排水设施的规划、设计与建设，雨水大都利用自然条件下形成的汇水冲沟进行排放。在小城镇建设尚未达到城市化水平，硬质地面所占比例还比较低的情况下，这种自然排水实际上还是可行的，但在局部建筑或硬质路面集中的地区，也会出现雨天排水不畅或局部浸水的现象。另一方面，由于一些小城镇的污水管网设施设计与建设不当，雨天会发生雨污混流现象，大量雨水进入污水管渠，导致污水处理设施负荷剧增或污水溢流，造成水环境污染。

2.2.4　小城镇排水设施建设面临的问题

1. 缺乏统一规划，排水设施缺乏配套性

与城市相比，我国小城镇的建设和发展往往缺乏长远规划，多数处于边建设边规划的状态，带来的潜在问题是小城镇发展无序，带来资源浪费和环境污染。在小城镇排水设施建设方面，普遍存在工程盲目上马，系统协调性差的问题。一些小城镇建成了污水处理设施却因配套污水管网或管线不完善而难以投入运行，建设了污水主干线却因支管系统不完善收集不到应有的来水。小城镇的排水体制也相当混乱，往往按污水单独收集排放设计的排水系统事实上成为合流制排水系统，造成运行困难。

许多小城镇本来在经济发展上对邻近的大中城市依赖性很强，但由于受行政区划和管理体制的制约，辖区内的污水处理设施建设很难与邻近城市或相邻小城镇实现统一协调，不能实现污水处理设施的共享共用和有效资源的合理配置。

2. 沿用城市排水设施建设模式难以适应小城镇需求

现有的《室外排水工程设计规范》（GB 50014—2006）、《城镇污水处理厂运行监管技术规范》（HJ 2038—2014）及其他相关技术规范均是针对城市来制定的，并不完全适合于小城镇排水设施的设计与建设。目前很多小城镇在排水设施建设中往往完全借鉴城市排水系统的模式，很少考虑小城镇所处地区的特有状况，排水设施建设的实际需要，以及水污染控制与治理的实际需求，从而导致建成的排水系统运行效率低，污水处理设施有时成为一种摆设，难以发挥应有的作用。

3. 资金缺乏导致建设水平低

排水设施建设原则上属于公益事业，对国家和地方政府的财政投入依赖性高。实际上对多数小城镇而言，要争取到上级政府的专项建设资金非常困难，自身筹资集资能力由非常有限，因此排水设施建设事业在资金上总是捉襟见肘，难以完全按照规划和设计的方案完成工程建设，导致系统配套性差，建设水平低下。一些小城镇在进行污水处理设施建设时，土建完工后由于资金不足难以按计划进行设备安装，不得不以最简陋的形式草草完工，使得污水处理构筑物只能起到污水调节池和简易净化塘的作用；一些设施建设由于资金不足降低设备购置和安装标准，投入运行后故障频繁发生，甚至导致设施瘫痪。前述小城镇排水设施配套性差的问题在很多情况下也是由于资金缺乏造成的。

4. 缺乏适合小城镇的标准化技术

我国的小城镇排水设施建设处于有指导性政策，但缺乏标准化技术的状况。例如，在住房和城乡建设部颁布的《小城镇建设技术政策》中，对小城镇污水处理设施建设有明确的指导性意见，要求小城镇污水处理应因地制宜地选择处理方法；处于城镇较集中地区的小城镇宜在区域规划的基础上共建污水处理厂；经济欠发达，不具备建设污水处理厂条件的小城镇，可结合当地具体条件和要求采用简单、低耗、高效的多种污水处理方式等。

但是，这些技术政策尚无完整的标准化技术与其相配套。在我国，各级市政工程设计院在排水设施设计方面技术力量最强，完全有能力对现有的各种标准化技术进行适应性调整，从而提供适合小城镇的标准化技术服务，但这些大院目前并不是小城镇排水设施建设的技术服务主体。与此相比，许多提供小城镇排水设施建设技术服务的公司完成的工程设计却采用了很多尚未通过标准化认定的技术，虽然在一定程度上符合小城镇在工程规模和投资能力方面的需求，但技术安全性往往难以保障。尤其是当今各种良莠不齐的小型污水处理设备充斥市场，更增大了小城镇污水处理设施选型的难度。

5. 缺乏专业化运行管理机制

排水设施管理原则上属于建设行政管理的范畴，但我国的建设行政管理部门最低设置到县级，建制镇及以下的小城镇实际上没有建设行政管理机构或专职管理人员，因此，小城镇排水设施建成之后，其规范化运行管理就很困难。在很多小城镇，排水管网建成后基本上没有专业人员管理和维护，污水处理厂由于规模小，专职运行管理人员配备往往不齐全，多数情况下采用临时雇用的方式进行处理设施的“看管”而并非正规的运行管理。这样的操作人员往往经过简单培训就上岗，只可能按部就班完成看管工作，不可能及时发现和解决运行中存在的问题，更谈不上专业维护。

由于上述原因，小城镇建成的污水处理设施的正常运行情况很不理想。如图 2-8 所示，2005～2010 年间，虽然我国小城镇污水处理设施运行的数量在增加，但运行中的污水设施未达到实际处理负荷的不在少数，由于设施运行管理不善，2010 年还出现了实际运行设施总数降低的情况。

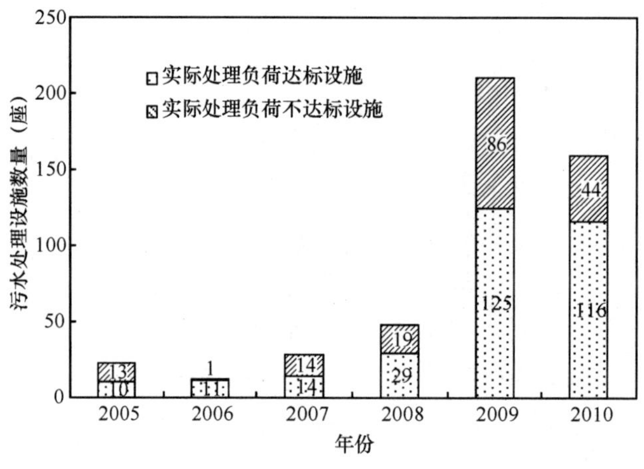

图 2-8　小城镇污水处理设施实际处理负荷达标情况（2005～2010 年）

2.3　小城镇的水污染现状

据统计，我国 2012 年城市、县城和建制镇的污水排放总量分别为 416.78 亿 m^3、85.26 亿 m^3 和 91.71 亿 m^3，未处理污水量分别为 52.93 亿 m^3、21.10 亿 m^3 和 70.30 亿 m^3，从而未处理污水所占的比例分别为 12.7％、24.7％和 76.7％。大部分排放的污水未经处理进入受纳水体必然造成严重的水污染。据报道，我国 90％以上小城镇所在区域的水环境受到污染，78％的河段不宜作为饮用水源，50％的地下水受到污染。

2.3.1　地表水污染状况

根据资料分析，我国小城镇周边的江、河、湖、溪流、池塘等地表水体环境质量大部分为Ⅴ类或劣Ⅴ类。表 2-5 汇总了北京、上海、江苏、浙江、广东、四川、陕西、黑龙江等 8 个省市 19 个小城镇所在区域的地表水质监测结果，其中属于劣Ⅴ类水质的有 10 处，Ⅴ类水质 1 处、Ⅳ类水质 2 处、优于Ⅲ类水质的仅 5 处。这些数据虽然不能完全代表全国的情况，但还是能反映出小城镇周边地表水的污染程度，且与很多零散报道的情况相符。

部分小城镇地表水质监测与评价结果　　表 2-5

小城镇	污染物浓度（mg/L）					水质类别
	BOD_5	COD_{Cr}	COD_{Mn}	TP	NH_3-N	
北京市通州区漷县镇	10.6	—	10.4	—	—	Ⅴ类
上海市青浦区香花镇	—	45	—	0.22	3.3	劣Ⅴ类
江苏省南通市观音山镇	—	87	14.1	—	5.31	劣Ⅴ类
江苏省张家港市塘桥镇	4.9	—	11.3	0.228	2.52	劣Ⅴ类
浙江省奉化市大堰镇	—	6.3	—	—	0.13	Ⅰ类
浙江省海宁市周王庙镇	—	25.5	—	0.2245	2.2	劣Ⅴ类

续表

小城镇	污染物浓度（mg/L）					水质类别
	BOD_5	COD_{Cr}	COD_{Mn}	TP	NH_3-N	
浙江省诸暨市牌头镇	—	12.7	—	0.09	0.42	Ⅱ类
浙江省义乌市赤岸镇	—	58	—	0.098	0.46	劣Ⅴ类
浙江省天台县城关镇	—	7.8	—	0.08	0.306	Ⅱ类
浙江省临海市白水洋镇	—	5.3	—	—	0.25	Ⅱ类
浙江省瑞安市塘下镇	—	25	—	0.655	4.48	劣Ⅴ类
浙江省平阳县昆阳镇	—	48	—	0.038	1.82	劣Ⅴ类
浙江省永嘉县桥头镇	—	22	—	0.038	0.092	Ⅳ类
广东省中山市坦洲镇	12.2	54.1	—	—	0.83	劣Ⅴ类
四川省成都市双流县	5.65	—	4.98	—	1.24	Ⅳ类
四川省乐山市井研县	6.3	30.55	—	0.32	2.55	劣Ⅴ类
四川省乐山市五通桥	8.7	37.5	—	0.43	3.68	劣Ⅴ类
陕西省兴平市桑镇	38.8	—	31.9	—	2.47	劣Ⅴ类
黑龙江通化市朝阳镇	1.72	—	2.78		0.006	Ⅰ类

造成小城镇周边地表水污染的原因主要是小城镇排污直接进入地表水体。东部地区小城镇虽然污水处理率相对高一些，但与中西部相比地表水体分布密集，受排水直接污染的概率更高。西部和东北地区虽然污水处理率相对较低，但由于水系不发达，小城镇排水直接进入地表水体的概率较低。因此，目前对东部地区小城镇水污染情况的报道相对较多。

2.3.2 小城镇的地下水污染

与地表水相比，地下水污染的原因更为复杂，很难断定某一来源的污染会直接造成地下水污染。但是，与城市相比，小城镇排水系统不健全的情况居多，无论是生活污水还是乡镇企业废水，在排水不畅、地表滞留时间长的条件下都容易导致污废水下渗，造成地下水污染。近年来不乏小城镇区域地下水受到工业排污的污染，造成重金属超标，致使地下水无法饮用的报道。另一方面，许多小城镇位于城乡结合部，城镇污染源和农业面源叠加，更易造成地下水的复合污染，包括重金属、营养盐、硫酸盐、氟化物，甚至大肠菌群等微生物污染。环保部 2013 年发布了《华北平原地下水污染防治工作方案》，特别指出了该地区地下水的多种污染物超标问题。来源于小城镇的污染物渗入很有可能也是造成地下水大面积污染的原因之一。

地下水污染的另一个原因是地下水过量开采利用。当地下水位急剧下降时，地表排污对地下水的影响也会急速加剧。

2.3.3 小城镇水污染治理面临的问题

进入 21 世纪以来，我国以七大流域地表水体水质为代表的水环境质量不断好转，其中一个重要原因就是工业排污管理的强化和城市生活排污的集中治理。但是，在以 2012

年的全国城镇污水排放数据为例，当年建制镇的未处理污水量为 70.30 亿 m^3，远高于城市（不包括县城）的未处理污水量 52.93 亿 m^3。若以此作为大中城市和小城镇（实际上远不止建制镇）排污量的参照数据，一个结论就是，小城镇排污对我国水体污染的影响已经大于大中城市。因此，要使我国各大流域的水环境质量进一步改善，不狠抓小城镇水污染治理绝对不行。然而，小城镇水污染治理的难度往往要大于大中城市，其主要问题有以下几点。

1. 小城镇污水排放相对分散，数量多，面广，治理难度大

截至 2014 年，我国城市与建制镇的建成区面积之比大约为 1.3∶1，居住人口数量之比大约为 2.9∶1，人口密度分别为 8956 人/km^2 和 4937 人/km^2。因此，与城市相比，小城镇人口分散，污水排放也相对分散。同时，小城镇人口规模远小于城市，因此污水排放点的数量也远多于城市。除此之外，与城市相比，小城镇现有的公共基础设施建设水平偏低，因此污废水收集、输送、处理、排放系统建设所牵涉的工程范围更广，往往需要从源头收集方式开始进行统一规划和设计，且需要充分考虑所在局部区域的实际情况，其难度要远远大于城市。另一方面，小城镇的发展也往往伴随着各类小型工业和产业的发展，但与城市中的工业和产业相比，小城镇对企业排放的监管难度也要大得多，很多情况下难免存在工业废水直接进入小城镇污水系统的情况，从而增大污水处理的难度。

2. 污水处理设施规模小，运行调控和监管难度大

从我国现有污水处理设施的运行情况来看，小型污水处理厂的实际运行负荷与设计负荷的差距往往比较大。根据环保部公布的 2014 年《全国投运城镇污水处理设施清单》的数据来看，已投运的污水处理设施中设计处理能力小于 1 万 m^3/d 有 1535 座，其中仅有 199 座污水处理设施的实际处理负荷能达到设计能力的 90%以上。按负荷比>1(超负荷运行)、0.8～1、0.5～0.8、0.1～0.5 和<0.1 来分类，所占比例的情况如图 2-9 所示。可见低负荷比运行的小型污水处理设施的比例远高于大中型污水处理设施。

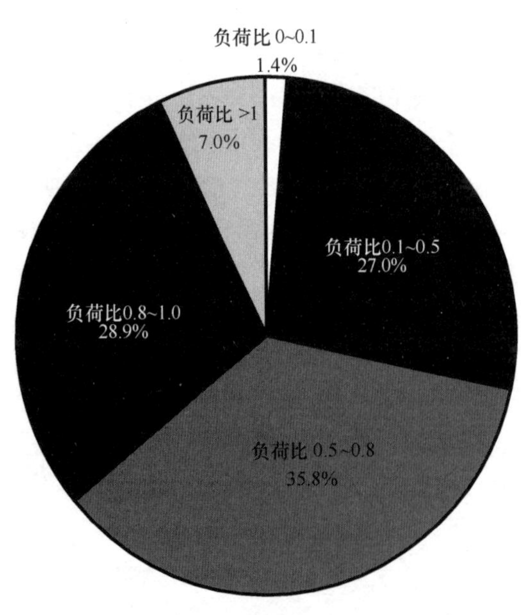

图 2-9　小于 1 万 m^3/d 污水处理设施的运行负荷分布

导致大量污水处理设施低负荷比运行的原因除了设计负荷测算外，小城镇污水排放不均匀也是一个重要原因，其中也包含了小城镇污水设施的实际利用率与大中城市差异较大的因素。大中城市的污水系统由于服务区面积大，服务人口多，容易保持排水相对均匀，同时设施的利用人口也相对均衡，而小城镇则不具备这样的缓冲作用。这就带来污水处理设施运行调控和监管的难度增大。经验表明，要保证小城镇污水处理设施稳定运行，不仅仅需要在污水处理厂内部考虑水量调节、均衡等措施，还需要考虑处理设施与整个排水系统的关联性和协调性。

3. 小城镇水污染控制与治理的投资环境急需改善

与大中城市一样，小城镇水污染控制与治理是社会公益事业，急需在政府的主导下改善投资环境。《“十二五”全国城镇污水处理及再生利用设施建设规划》中预计，“十二五”期间全国城镇污水处理及再生利用设施建设资金需求近4300亿元，其中约40%的资金需求来源于县级以下小城镇。以目前已经实施的小城镇污水治理为例，据统计由县一级财政投入的资金占的比例最大，为总投资的32.6%，其次是包括国家、省市的上级政府投入，占总投资的25.5%。也就是说，政府投入目前能占到58%左右，是这些小城镇能够实施污水治理的主要资金来源。但目前尚未实施污水治理的小城镇还很多，亟待政府加大投入，或通过政府主导扩大投资的渠道，其中包括通过政策调控，鼓励企业投资和其他来源的投资。然而，与城市相比，小城镇污水治理工程由于规模小，吸引投资的规模效益不大。另外，通过排污收费等进行投资补偿的难度也相对较大，需要根据小城镇的情况，研究不同于大中城市的投资保障政策和措施。

4. 小城镇水污染治理产业支撑和服务体系急需建立

根据《水污染治理行业2014年发展综述》所报道的数据，2014年，我国专门从事水污染治理的企业有7000多家，其中约5000家从事水污染治理服务业，其余从事水污染治理产品生产经营。水污染治理产业总收入约为2500亿元，其中产品制造业收入约占35%，环境服务业占约占65%。说明水污染治理作为一个行业已经具有一定规模和较好的发展态势。但是，我国水污染治理产业和服务业的服务主体并非小城镇。根据中国环境保护产业协会对行业部分环保骨干企业的抽样调查，2013年91家企业完成了国内各类工程项目的合同额约118.6亿元，其中面向小城镇的项目合同额却仅为8.5亿元，约占全部合同额的7.2%。面对庞大的小城镇水污染治理空缺，急需引导我国的水污染治理行业将服务重点逐渐转向小城镇。

第3章　小城镇水污染控制与治理系统

3.1　小城镇水环境整治的目标与任务

目前，由于对小城镇水环境污染与控制缺乏系统的规划，许多小城镇水污染控制与治理缺乏科学的目标引导，在一定程度上限制了小城镇的社会和经济的发展。依据国家的方针和政策，结合小城镇的实际问题，科学合理的设置水环境整治的目标是小城镇水环境系统可持续发展的关键。

3.1.1　目标设置的原则

小城镇水环境整治目标设置的原则主要包括以下几个方面。

1. 符合国家水污染控制与治理的总目标

根据党的十八大作出“大力推进生态文明建设”的战略决策，国务院2015年颁布了《关于加快推进生态文明建设的意见》，提出“到2020年，资源节约型和环境友好型社会建设取得重大进展，主体功能区布局基本形成，经济发展质量和效益显著提高，生态文明主流价值观在全社会得到推行，生态文明建设水平与全面建成小康社会目标相适应”。水污染控制和水环境改善是生态文明建设的重要组成部分，其具体目标为“主要污染物排放总量继续减少，重点流域和近岸海域水环境质量得到改善，重要江河湖泊水功能区水质达标率提高到80%以上，饮用水安全保障水平持续提升”。小城镇水环境整治的目标设置首先要以生态文明城镇建设为导向。

同年国家颁布了《水污染防治行动计划》（即“水十条”），确定的工作目标是：“到2020年，全国水环境质量得到阶段性改善，污染严重水体较大幅度减少，饮用水安全保障水平持续提升，地下水超采得到严格控制，地下水污染加剧趋势得到初步遏制，近岸海域环境质量稳中趋好，京津冀、长三角、珠三角等区域水生态环境状况有所好转。到2030年，力争全国水环境质量总体改善，水生态系统功能初步恢复。到21世纪中叶，生态环境质量全面改善，生态系统实现良性循环。”

在“十二五”期间，环保部实际上已经将水环境改善目标定在主要污染物排放总量显著减少，城乡饮用水水源地环境安全得到有效保障，水质大幅提高，重金属污染得到有效控制，城镇环境基础设施建设和运行水平得到提升，生态环境恶化趋势得到扭转，环境监管体系得到健全等多个方面，并且设定了表3-1所示的水环境达标和污染减排的明确要求。如2.3.3节所述，当前小城镇排污对我国水体污染的影响已经大于大中城市，因此，水污染防治行动必须从小城镇抓起。小城镇水环境整治目标首先要以国家水污染控制与治理的总目标为核心，使严重污染水体减少，污染物减排，水环境质量提高，饮用水安全，从而达到地表水、地下水和近岸海域的污染状况好转，水生态系统功能恢复的目的。

国家“十二五”环境保护规划中与水环境有关的主要指标　　表 3-1

类别	指标名称	单位	2010 年	2015 年
环境质量	地表水国控断面劣Ⅴ类水质的比例	%	17.7	<15
	七大水系国控断面水质好于Ⅲ类的比例	%	55	>60
污染减排	化学需氧量排放总量	万 t	2551.7	2347.6
	氨氮排放总量	万 t	264.4	238

2. 所在流域水体的水环境功能要求

从全国的层面，国家按照十大江河（长江、黄河、珠江、松花江、淮河、海河、辽河、浙闽片河流、西北诸河、西南诸河等）和重要湖库（如太湖、滇池、巢湖等）进行了完整的流域划分，各流域的水质达标要求是根据其水环境功能来制定。

位于各流域的小城镇，其水环境整治目标应符合所属流域或具体水体的污染防治目标，且排放水质应根据水环境功能区划来确定。以江苏省为例，近年来对水环境质量不断提出了更严格的要求，将全省范围内的地表水划分为保护区、保留区、缓冲区、饮用水源区、工业用水、农业用水、景观娱乐用水等十大功能区类别，确定了各个功能区水环境指标体系和水质管理目标，据此严格控制污染物排量。表 3-2 是江苏省针对淮河流域沂河水系部分河段的水环境功能区划，以及 2010 年和 2020 年的水质控制目标。位于各地表水区划内的小城镇，原则上应按照表中规定的目标水质，参考所属河流（湖、库）河段现状水质确定水环境整治目标。

江苏省淮河流域沂河水系的功能区划情况表　　表 3-2

水功能	水环境	河流（湖、库）河段	起始—终点位置	功能区排序	2010 年	2020 年
沂河鲁苏缓冲区	农业用水区	沂河	苏鲁省界—江苏邳州市堪上（省界 4.5km）	农业用水	Ⅲ	Ⅲ
沂河邳州农业用水区	农业用水区	沂河	堪上至华沂闸	农业用水	Ⅲ	Ⅲ
沂河邳州农业用水区	农业用水区	沂河	华沂闸至骆马湖	农业用水	Ⅲ	Ⅲ
骆马湖调水保护区	渔业用水	骆马湖	新沂市入骆马湖口—宿豫县嶂山闸	渔业用水、农业用水	Ⅲ	Ⅲ
白马河鲁苏缓冲区	农业用水	白马河	苏鲁省界—新沂市入沂河口	农业用水	Ⅲ	Ⅲ
新沂河连云港农业用水区	农业用水区	新沂河	沭阳县大六湖—入海口（灌云、灌南南泓河段）	渔业用水、工业用水、农业用水	Ⅲ	Ⅱ
新沂河连云港农业用水区	农业用水区	新沂河	沭阳县大六湖—入海口（灌云、灌南北泓河段）	渔业用水、工业用水、农业用水	Ⅲ	Ⅲ
古泊善后河灌云县饮用水源区	渔业用水区	古泊善后河	市边境—五里村	饮用水源、渔业用水、农业用水	Ⅲ	Ⅱ

续表

水功能	水环境	河流（湖、库）河段	起始—终点位置	功能区排序	2010 年	2020 年
古泊善后河灌云农业用水区	渔业用水区	古泊善后河	五里村—善后河闸	饮用水源、渔业用水、农业用水	Ⅲ	Ⅲ
柴米河灌南农业用水区	工业用水区	柴米河	沭阳县东山—盐河	工业用水、农业用水	Ⅲ	Ⅲ
北六塘河宿迁保留区	渔业用水区	北六塘河	淮安市淮阴区王行—灌南县北六塘河闸	渔业用水、工业用水、农业用水	Ⅲ	Ⅲ
南六塘河淮安连云港保留区	饮用水水源保护区	南六塘河	涟水县高沟镇新闸村—灌南县安圩	饮用水源、农业用水	Ⅲ	Ⅲ

3. 与经济发展水平相适应的生活环境改善需求

小城镇水污染治理往往与生活环境的改善相辅相成，在目标制定时也应与所在地当前经济发展水平及未来经济发展预测相适应。根据国家统计局公布的数据，我国全面建成小康社会的实现程度已由 2000 年的 59.6%提高到了 2010 年的 80.1%，平均每年提高 2.05 个百分点。与此同时，城乡居民人均可支配收入以每年 10%左右的增长率不断提高，小城镇的居民收入也具有相同的增幅，居民对生活环境的要求也随之不断提高。但是，从表 3-3 所示的数据来看，2010～2013 年，全国建制镇年供水总量、排水管道长度、环卫专用车辆设备和公共厕所建设等指标虽然都在提高，但其增幅仍小于人均可支配收入的增幅，说明生活环境的改善处于滞后状态。以污水处理为代表的水污染治理的发展速度也与此类似。一些小城镇居民仍在沿袭传统的卫生习惯，水冲厕所尚未普及，公共厕所数量不足，住区环境卫生水平仍处于较低水平。预计这种状况将在“十三五”期间得到根本性改善，小城镇在制定水环境整治目标时也必须充分预估居民对生活环境改善的迫切需求。

我国建制镇历年市政建设情况　　**表 3-3**

年份	年供水总量（亿 m^3）	排水管道长度（万 km）	环卫专用车辆设备（万台）	公共厕所（万座）
2010 年	113.5	11.5	6.9	9.8
2011 年	118.6	12.2	7.6	10.1
2012 年	122.2	13.2	8.7	10.5
2013 年	126.2	14.0	9.7	14

4. 地方相关规划所确立的目标和要求

结合“水十条”和国家相关规划的要求，地方各级政府也不断在制订或调整相关规划，确定与实现国家总体目标相匹配的目标和要求。按照我国的行政区划，小城镇往往隶属于市或者县，其水污染控制与治理目标的确立与上级市县的规划目标和要求密切相关。以江苏省无锡市管辖下的江阴市周庄镇为例，其水环境治理目标的制定需要参照江苏省、无锡市、江阴市这三级政府的环境保护和生态建设规划要求。以表 3-4 所示的该地区“十二五”环境保护和生态建设规划中与污水处理相关的要求为例，江苏省 2010 年建制镇污水处理设施覆盖率为 35%，而 2015 年要求提升到 90%以上，表明镇一级的污水处理是

“十二五”最重要的任务之一；与此相比，无锡市城镇生活污水集中处理率在2010年已大于90%，到2015年要求提升到98%；而对江阴市而言，2010年城镇生活污水集中处理率为82%，2015年的目标为不小于90%。这些规划的制定应当说都是考虑了上一级规划的要求和本地的实际情况。作为经济相对发达的周庄镇，其水环境整治目标是高于江阴市要求的。总体原则是首先要与其隶属的市、县规划目标相符，同时在考虑城镇自身特点和发展需求的基础上，因地制宜地制定自己的目标。

江苏省、无锡市及江阴市的“十二五”环境保护和生态建设规划指标　　表 3-4

<table>
<tr><th></th><th>类别</th><th colspan="3">指标名称</th><th>单位</th><th>2010年</th><th>2015年</th><th>指标属性</th></tr>
<tr><td rowspan="10">江苏省①</td><td rowspan="4">环境质量</td><td colspan="2" rowspan="2">城乡集中式饮用水源地水质达标率</td><td>市县</td><td rowspan="2">%</td><td>98.9</td><td>100</td><td rowspan="2">约束性</td></tr>
<tr><td>乡镇</td><td>90.2</td><td>⩽95</td></tr>
<tr><td colspan="3">地表水劣于Ⅴ类水质的比例</td><td>%</td><td>19.8</td><td>⩽15</td><td>约束性</td></tr>
<tr><td colspan="3">地表水好于Ⅲ类水质的比例</td><td>%</td><td>43.2</td><td>⩽50</td><td>约束性</td></tr>
<tr><td colspan="3">近岸海域环境功能区水质达标率</td><td>%</td><td>75</td><td>⩽80</td><td>预期性</td></tr>
<tr><td rowspan="3">污染减排</td><td colspan="3">化学需氧量年排放量</td><td>万 t</td><td>128.02</td><td>⩽112.80</td><td>约束性</td></tr>
<tr><td colspan="3">氨氮年排放量</td><td>万 t</td><td>16.12</td><td>⩽14.04</td><td>约束性</td></tr>
<tr><td colspan="3">太湖流域总磷年排放量</td><td>万 t</td><td>0.45</td><td>⩽0.40</td><td>预期性</td></tr>
<tr><td rowspan="3">污染治理</td><td rowspan="3">污水处理</td><td colspan="2">城市污水处理率</td><td rowspan="3">%</td><td>87.6</td><td>⩽90</td><td rowspan="3">预期性</td></tr>
<tr><td colspan="2">县城污水处理率</td><td>72.1</td><td>⩽80</td></tr>
<tr><td colspan="2">建制镇污水处理设施覆盖率</td><td>35</td><td>⩽90</td></tr>
<tr><td rowspan="11">无锡市②</td><td rowspan="2">环境质量</td><td colspan="3">集中式饮用水源水质达标率</td><td>%</td><td>100</td><td>100</td><td>约束性</td></tr>
<tr><td colspan="3">水环境功能区水质达标率</td><td>%</td><td>90</td><td>100</td><td>预期性</td></tr>
<tr><td rowspan="3">污染减排</td><td colspan="3">化学耗氧量（COD）消减率</td><td>%</td><td>—</td><td>20</td><td>约束性</td></tr>
<tr><td colspan="3">氨氮（NH_3-N）消减率</td><td>%</td><td>—</td><td>20</td><td>约束性</td></tr>
<tr><td colspan="3">总磷（TP）消减率</td><td>%</td><td>—</td><td>20</td><td>预期性</td></tr>
<tr><td rowspan="6">污染防治</td><td colspan="3">城镇生活污水集中处理率</td><td>%</td><td>>90</td><td>98</td><td>约束性</td></tr>
<tr><td colspan="3">农村村庄生活污水治理覆盖率</td><td>%</td><td>28.48</td><td>60</td><td>预期性</td></tr>
<tr><td colspan="3">市区生活污水处理厂尾水再生利用率</td><td>%</td><td>23</td><td>33</td><td>预期性</td></tr>
<tr><td colspan="3">城乡生活垃圾无害化处理率</td><td>%</td><td>100</td><td>100</td><td>预期性</td></tr>
<tr><td colspan="3">规模化畜禽养殖场污水处理率</td><td>%</td><td>—</td><td>100</td><td>预期性</td></tr>
<tr><td colspan="3">工业用水重复利用率</td><td>%</td><td>84.8</td><td>90</td><td>预期性</td></tr>
<tr><td rowspan="8">江阴市③</td><td rowspan="2">环境质量</td><td colspan="3">集中式饮用水源地水质达标率</td><td>%</td><td>100</td><td>100</td><td>—</td></tr>
<tr><td colspan="3">水环境功能区水质达标率</td><td>%</td><td>100</td><td>100</td><td>—</td></tr>
<tr><td rowspan="3">污染减排</td><td colspan="3">COD</td><td>万 t/a</td><td>2.0</td><td rowspan="3">完成上级下达的消减任务</td><td>—</td></tr>
<tr><td colspan="3">NH_3-N</td><td>t/a</td><td>1760</td><td>—</td></tr>
<tr><td colspan="3">TP</td><td>t/a</td><td>180</td><td>—</td></tr>
<tr><td rowspan="3">污染防治</td><td colspan="3">城镇生活污水集中处理率</td><td>%</td><td>82</td><td>⩾90</td><td>—</td></tr>
<tr><td colspan="3">工业废水排放达标率</td><td>%</td><td>99.06</td><td>100</td><td>—</td></tr>
<tr><td colspan="3">工业用水重复利用率</td><td>%</td><td>80.17</td><td>⩾85</td><td>—</td></tr>
</table>

注：①江苏省环境保护和生态建设规划数据；②无锡市环境保护与生态建设规划数据；③江阴市环境保护与生态建设规划数据。

3.1.2　适用的水环境标准

小城镇水污染控制与治理原则上需遵循国家的相关水环境标准。我国现有的标准包括国家标准和行业标准两类，《地表水环境质量标准》（GB 3838—2002）、《地下水环境质量标准》（GB/T 14848—93）、《城镇污水处理厂污染物排放标准》（GB 18918—2002）为普遍要求遵循的国家标准，《小城镇污水处理工程建设标准》（建标 148—2010）则为根据小城镇特点制定的建设行业标准。

1. 地表水环境质量标准

《地表水环境质量标准》（GB 3838—2002）依据地表水环境功能分类和保护目标，规定了水环境质量应控制的项目和限值。将地表水按照水域环境功能分为五个类别：Ⅰ类水主要适用于源头水、国家自然保护区；Ⅱ类水主要适用于集中式生活饮用水地表水源地一级保护区、珍稀水生生物栖息地、鱼虾类产卵场、仔稚幼鱼的索饵场等；Ⅲ类水主要适用于集中式生活饮用水地表水源地二级保护区、鱼虾类越冬场、洄游通道、水产养殖区等渔业水域及游泳区；Ⅳ类水主要适用于一般工业用水区及人体非直接接触的娱乐用水区；Ⅴ类水主要适用于农业用水区及一般景观要求水域。对于集中式生活饮用水地表水源地还规定了补充项目标准限值和特定项目标准限值。

小城镇行政区划范围内存在地表水的，首先应确定地表水的水域功能类别，然后确定对应的水环境质量标准基本项目标准限值。行政区划范围内存在多个地表水域的情况下，则应根据水污染控制与治理项目的关联性，按照直接对应的水域及水环境功能分区选择适用的标准限值。

2. 地下水环境质量标准

《地下水环境质量标准》（GB/T 14848—93）依据我国地下水水质现状、人体健康基准值及地下水质量保护目标，制定了地下水质量分类指标，将地下水质量分为五类：Ⅰ类水标准值主要反映地下水化学组分的天然低背景含量，适用于各种途径；Ⅱ类水标准值主要反映地下水化学组分的天然背景含量，适用于各种途径；Ⅲ类水标准值主要是以人体健康基准值为依据，主要适用于集中式生活饮用水水源及工、农业用水；Ⅳ类水是以农业和工业用水为依据，除了适用于农业和部分工业用水外，适当处理后可作生活饮用水；Ⅴ类水不宜作为饮用水源水，其他用水可根据使用目的选用。

地下水是许多小城镇饮用水的主要来源。为了保护和合理开发地下水资源，防止和控制地下水污染，保障居民身体健康，小城镇在制定规划目标时可根据地下水的使用途径，确定地下水的功能区划，制定满足地下水水质要求的规划目标。对于地下含水层较浅的小城镇，应特别关注生活和生产活动对地下水带来的污染问题。

3. 城镇污水处理厂污染物排放标准

《城镇污水处理厂污染物排放标准》（GB 18918—2002）是城镇控制污染物排放，保护水环境免受污染的重要标准。它是根据污水处理厂出水排入地表水域环境功能和保护目标，以及污水处理厂的处理工艺将基本控制项目的常规污染物标准值分为一级标准、二级标准和三级标准。其中一级标准又分为A标准和B标准。按照规定，一级标准的A标准是城镇污水处理厂出水作为回用水的基本要求，当污水处理厂出水引入稀释能力较小的河湖作为城镇景观用水和一般回用水等用途时，执行一级标准的A标准；城镇污水处理厂出水排入地表水Ⅲ类功能水域时，执行一级标准的B标准；城镇污水处理厂出水排入地表水Ⅳ、Ⅴ类功能水域，执行二级标准；非重点控制流域和非水源保护区的建制镇的污水处理厂，根据当地经济条件和水污染控制要求，采用一级强化处理工艺时，执行三级标准。但必须预留二级处理设施的位置，分期达到二级标准。

但"水十条"中明确要求"敏感区域（重点湖泊、重点水库、近岸海域汇水区域）城镇污水处理设施应于2017年底前全面达到一级A排放标准。建成区水体水质达不到地表水Ⅳ类标准的城市，新建城镇污水处理设施要执行一级A排放标准"。

4. 小城镇污水处理工程建设标准

小城镇污水处理工程由于规模小，并不适合采用现有的《城市污水处理工程建设标准》。针对小城镇的需求，国家于2010年颁布了适用于处理水量在10000m^3/d以下的小城镇污水处理工程建设的标准《小城镇污水处理工程建设标准》（建标148—2010）。该标准规定了适用于小城镇的污水收集及处理系统的设计、建设、运行、管理的原则及要求，使小城镇污水处理工程建设有章可循。对于规模为5000～10000m^3/d的Ⅰ类污水处理厂和规模为3000～5000m^3/d的Ⅱ类污水处理厂，要求选择除磷脱氮工艺，出水执行城镇污水处理厂污染物排放的二级标准；规模为3000m^3/d以下的Ⅲ类、Ⅳ类污水处理厂，出水执行三级标准。

5. 其他标准

小城镇污水处理排放标准直接影响着污水处理技术的选择、水环境质量的水平和处理设施的投资和运营情况。为此环保部综合"水体污染控制与治理重大专项"的研究成果，推出了《水污染防治先进实用技术汇编》，其中涉及许多适合于小城镇污水处理的实用技术。

为了提高水资源利用率，城镇污水厂处理水的再生利用也越来越得到重视。对于小城镇而言，再生水用于周边农田灌溉时，水质应符合国家《农田灌溉水质标准》（GB 5084—2005）和《城市污水再生利用水农田灌溉用水水质》（GB 20922—2007）。

3.1.3 小城镇水污染控制与治理基础设施建设

进行小城镇水污染的控制与治理，基础设施建设是关键。其建设内容包括污水收集系统、雨水排除系统、污水处理设施和污泥处理处置设施等。

1. 污水收集系统建设

对于大中城市而言，城市污水收集系统是指主要收集市政污水的排水管网系统。小城镇则主要是收集市政污水，但对于乡镇企业比较多的小城镇，因为工业废水很少由企业单独处理，存在工业废水不经处理排入市政污水收集系统的情况。一些小城镇往往把污水处理设施建设作为水污染控制与治理的主要任务，忽视污水收集系统的统一规划、设计和建设，从而造成污水收集不足，污水处理设施难以满负荷运行。不能得到有效收集的污水会直接或间接排入水体，造成水环境污染。另一方面，污水的收集程度一般与卫生设备的完善程度密切相关，在尚未实现集中入户供水，住户室内卫生设施不完备的小城镇，污水收集系统建设的难度更大。因此，污水收集系统的规划与建设必须与卫生条件的改善相结合。

对于小城镇水污染控制与治理系统而言，源头收集极为重要，必须把污水收集系统的建设置于市政基础设施建设的首位。污水收集系统建设应遵循以下原则：

（1）以小城镇总体规划为依据编制排水工程规划，因地制宜地进行污水收集系统的规划与建设；

（2）结合小城镇的现状，充分利用现有的排水管渠，注重现有设施与新建设施的协调性；

（3）充分利用地形实现重力排水，尽量避免污水提升，降低排水能耗；

（4）污水管道原则上按非满管流设计，减少压力流、满管流的管段；

（5）统筹考虑小城镇路网开发等因素，污水管道建设尽可能与道路建设同步。

2. 雨水排除系统建设

小城镇专门建设雨水排水管渠系统的情况在我国虽然还不普遍，但无论从小城镇防涝还是污染控制的角度，都必须合理进行针对雨水排除的排水规划，保障排水安全。雨水排除系统建设须根据当地的降雨量、建筑物密集程度以及当地经济条件等因素，科学设计雨水排除方式。在经济较发达，或洪涝易发生的小城镇，应当考虑按照城市排水的方式建设雨水排除管网系统。在不适宜建设雨水排水管网的情况下则应借助自然地貌，利用自然沟渠、道路边沟等构成雨水排除系统。无论哪种情况，小城镇雨水排除系统的建设应遵循的一般原则包括：

（1）雨水排水系统应根据小城镇规划布局、地形，结合竖向规划、道路布局、坡向及受纳水体的位置，按照就近、分散、直接、自流排放的原则进行排水区域划分、系统布局和管渠布置；

（2）雨水排水系统应充分利用池塘、湖泊、洼地等实现雨水径流量调节；

（3）雨水自流排放困难的情况下，需要采用提升的方式加速雨水排除；

（4）在需要建设截流式合流制雨污水排放系统的情况下，应综合雨、污水排水系统布局的要求进行排水区域划分和系统布局，并重视截流管渠和溢流井的合理布局；

（5）在水资源短缺的小城镇，应考虑通过雨水储存实现雨水再利用。

此外，初期雨水由于携带大量污染物，直接排入水体将会造成水环境污染。因此有条件的情况下应当考虑初期雨水的单独收集和处理。在小城镇建设的污水管渠单独用于市政生活污水收集输送的情况下，应尽量避免雨水排入污水管渠，从而防止发生溢流污染。

3. 污水处理设施建设

小城镇污水处理设施建设要充分考虑小城镇的水污染控制需求，同时也要考虑经济社会发展水平和建设投资能力。对于发达地区的小城镇，污水处理设施建设除了规模因素外，与大中城市没有根本性区别，但对于一般小城镇则应充分考虑采用建设成本低，运行费用低，便于操作维护的处理工艺及设备。小城镇所产生污水一般水量较小、水质变化幅度大，选择处理工艺时应首先考虑抗冲击负荷、调节能力强、出水水质稳定、运行可靠的处理工艺。

总的来说，小城镇污水处理设施的建设，不宜完全照搬大中城市采用的模式。在处理水量很小的情况下，采用小型一体化处理设备即能满足小城镇的需求。

4. 污泥处理和处置

污水处理过程产生的污泥中，既含有大量的有机质，又可能存在有毒有害化合物、寄生虫卵和病原微生物，若不妥善处理和处置，将会造成二次环境污染。有条件的小城镇，应当在建设污水处理设施的同时考虑污泥的处理和处置，包括必要的浓缩、脱水和稳定化、无害化处理。与大中城市相比，多数小城镇位于城乡结合部，有条件采用自然干化、堆肥、土地利用等方式进行污泥处理和处置，最重要的是要保障污泥处置的专用场地，避免由于污泥随意堆放产生二次污染。有条件的情况下应选择合适的方式进行污泥的资源化利用。

3.2 小城镇水污染控制与治理系统模式

小城镇水污染控制与治理系统，是指包括污水收集、输送、处理、排放及一定条件下实现再生利用的整体系统。采用何种模式来进行系统的规划、设计与建设，不仅与水污染控制与治理效果密切相关，而且也关联到系统建成后的运行维护。需要从技术、经济、管理三方面进行综合比较，确定适宜的系统模式。

3.2.1 集中式系统模式

1. 系统概要

所谓集中式污水系统，是将服务区域内产生的所有污水通过统一的污水收集输送管网汇集到污水处理厂，集中进行处理，处理水也将集中排放至受纳水体。图 3-1 是集中式污水系统的构成概要。该系统模式产生于工业革命后形成的大中城市，通过建设大型集中污水处理厂实现污水中污染负荷的削减，达到水环境污染控制的目的。这里所说的集中式，其规模也是相对的。一个城市可以建设若干个集中式污水处理厂，从而形成若干个集中式排水区域。对于有一定规模，且人口密集的小城镇，也可以按图示的模式建设一个污水处理厂，形成具有集中式特点的污水系统，其要素包括污水收集管网、集中式污水处理厂和受纳水体。

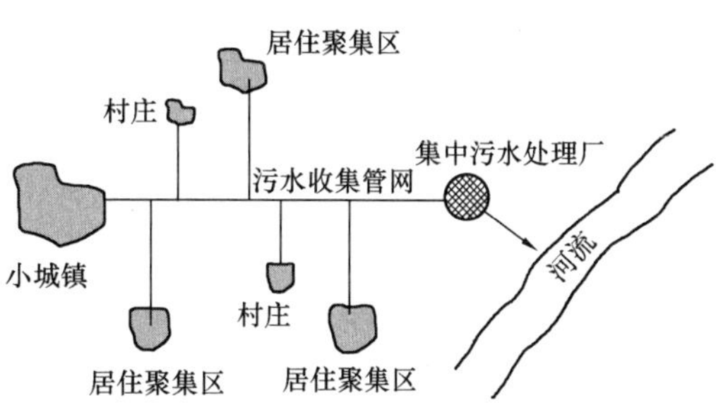

图 3-1 集中式污水系统

1）集中式污水收集管网系统

小城镇用户在使用自来水后，产生的污水全部排入市政下水道，经管网收集、输送至集中污水处理厂。在管网服务区面积较大的情况下，有时需要设置跌水或者提升等用于长距离输送所必需的辅助设施。集中式污水处理系统的用户一般指的是整个服务区内产生污水的单位。对污水的大面积收集和集中输送是集中式污水收集管网系统的典型特点。从排水系统构建的角度，集中式污水收集管网系统具有广泛的覆盖面，能收集充足的排水量，具有较强的运行稳定性。

2）集中式污水处理系统

集中式污水处理系统设在污水处理厂中，位于污水收集管网系统的末端，通常远离居住区，便于选择建设用地，建设满足服务规模的处理设施。常用的污水处理工艺为二级生物处理，污水中的污染物在处理过程中一部分通过化学和生物作用得到了降解和去除，绝大部分污染物则转移到了污泥当中，因此污泥的处理与处置也是污水处理厂的重要工艺环节。具有稳定的污水流量通常是污水处理厂稳定运行的保障条件。

3）受纳水体

受纳水体指的是接纳污水厂处理后排水的水体。集中式污水处理厂的出水以排放至周边环境水体（江、河、湖、泊及海洋等）为主要途径。在缺水地区，接纳处理后的排水也是一些河道补水的来源之一。

2. 系统的优点

集中式污水系统模式最主要的特征是集中收集、集中输送、集中处理和集中排放。污水的高度集中处理具有建设资金利用效益高，单位能耗低，便于管理等突出优点。从规模效益的角度，有研究表明，综合考虑污水处理和收集管网的单位投资及运行费用等因素，处理水量在10万m^3/d左右的污水厂，其规模效益最好，适宜的规模范围为6～20万m^3/d。因此，可以认为集中式系统模式最适合于人口相对集中、污水量大的城镇或者多个城镇联建共享区域的污水收集与处理。

集中式污水系统已长期在大中城市得到应用和发展，处理技术相对成熟，运行管理经验丰富，便于有效进行系统监管。有条件的小城镇采用集中式系统模式，可借鉴已有城市的经验，弥补小城镇在污水处理方面经验的不足。

集中式系统的另一个特点是污水在长距离管网中汇集具有一定的停留时间，便于发挥水在流动过程中的混合、均质作用，使得污水在进入污水处理主要构筑物之前水量均匀，水质稳定，为达到良好的处理效果提供了有利的条件。

3. 系统的缺点

集中式系统模式存在的缺点之一是服务面积有多大，管网的规模就有多大，污水厂离服务区有多远，排水干管的输送距离就有多长。同时由于汇集范围大，越到下游管道的埋深就越大，有时需要设置跌水或者提升等辅助设施。由此带来的问题就是管网和排水干管建设成本高。在城市集中式污水系统的基建总投资中，管网建设通常占到总投资的60%～70%。

与管网规模相关的另一个缺点就是长距离污水收集和输送过程中，较容易发生污水渗漏，一方面使得管理和维护困难，另一方面也增大维护成本。另外管道渗漏也可能导致污水渗入地下，引起地下水污染。

从污水处理后再生利用的角度，集中式系统也有其缺点。因为污水处理厂往往建在城市外围，远离再生水用户，所以在实施污水再生利用时，又需要将再生水长距离输送到用水点。同时在有必要进行源头分离（例如富含营养盐的尿液单独处理和资源回收）时，集中式系统实际上很难实现。

3.2.2　分散式系统模式

1. 系统概要

分散式污水系统是指各个居住区或村镇产生的污水进行就近处理，然后排放到附近的地表水体，也可能进行就地回用。在系统运行与维护管理到位的前提下，这是一种新型的经济环保的污水系统模式。分散式系统在生活污水处理中的应用居多，由于污水来源单一，污染物不复杂，容易根据回用目的选择合适的处理方式，并实现就地利用。

对于居住比较分散的住区或乡村，由于受到地理条件和经济因素的限制，往往难以建设完善的排水管网系统，集中进行生活污水的集中处理，因此，因地制宜的生活污水分散式处理模式就应运而生。欧洲最早提出了分散式污水处理模式，美国和日本也根据自身情况进行相应的研发，形成了多样化的分散式污水处理技术。图 3-2 是分散式系统模式的示意图，其在污水收集、处理、排放（或回用）方面具有的特点如下。

1）分散式污水收集

与集中式污水系统模式相比，分散式系统中的污水管道所起的作用主要侧重于收集，而不是污水输送，或者基本上不需要污水输送。在分散式系统中，用户可以是一个或者几个家庭、某一社区、某一单位。对某个系统的用户而言，其用水和排水都相对简单和稳定，污水的来源主要可能仅包括粪便污水和杂排水（洗浴、盥洗、厨房排水等）。但污水收集管道内的水流状态一般不稳定，且与用户的用水特点密切相关。分散式系统的排水设施实际上已不能称之为管网，而仅仅是“短程排水收集管道”。

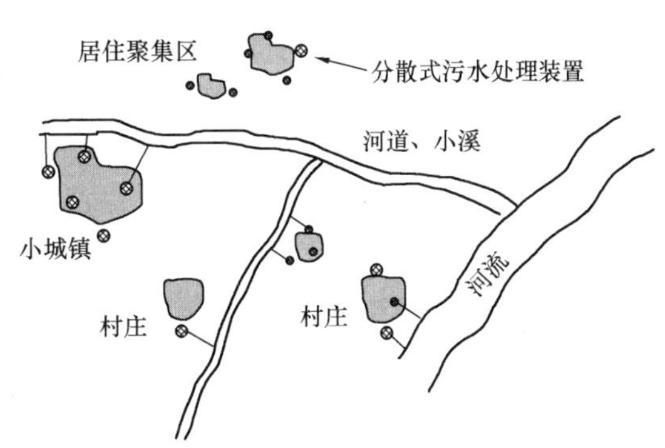

图 3-2　分散式污水处理与再生利用系统

2）分散的污水处理

在分散式污水系统中，污水处理一般采用小型污水处理装置。处理工艺多为具有较强适应能力的物理、物化、生化组合方法，具有短程、高效的特点。处理设施趋向于装备化、集成化和一体化。对污泥的处理也相对简单，如直接打包外运等。

3）处理水排放与回用

具备排水条件时，如图 3-2 所示，分散式污水处理设施的处理水可以就近排入邻近的小溪、河道或其他水体。但对于地广人稀地带采用的分散式污水处理设施，处理水很容易就地得到利用，如庭院绿化灌溉等。国外不乏有许多好的范例。

2. 系统优点

分散式污水系统最重要的优点是适应面广，灵活性强。无论独家独户，还是住宅小区，根据规模和处理目的，选择了合适的处理方式，就能够达到改善生活卫生条件，控制环境污染的目的。

其第二个优点是省去了庞大的污水收集、输送管网的建设，从而大幅度降低了工程建设投资，同时减轻了管网运行维护的负担和压力，无论从初期投入还是经常性维修费用的投入来看，优越性都非常明显。

其第三个优点就在于处理水回用和污水中可用资源的回收利用极其便利。除了确实需要将处理水就近排入水体的情况下，必须选择合适的工艺保障处理水达到排放标准外，以回用为前提的污水处理完全可以根据回用要求确定工艺和设备的选择。处理水用于就地绿化灌溉，就完全没有必要进行污水脱磷脱氮处理；只要卫生设备的配套条件合适，生活排水的源头分离（例如粪便、尿液与杂排水分别收集）就很容易实现，从而将富含资源的生活污水按照物质的种类分别收集、处置和利用。

3. 系统缺点

分散式污水系统最主要的缺点是监管难度大。尤其是在整个社会尚未建立和普及与分散式系统相适应的政策体系、技术标准体系、技术服务体系时，要保障分散式系统稳定运行，正常维护管理，处理水符合标准，再生利用安全就非常困难。国外成功应用的分散式污水系统都是基于建立了比较完善的各种体系。

虽然分散式污水系统在降低污水管网建设费用上有优势，但在污水处理方面，规模效益上的弱点也很明显，设备投资、运行费用按单位成本算都会高于较大型的污水处理设施。

应当说，普及分散式污水系统，对污水处理装备本身的技术要求也会更高。从国外的经验来看，除了专业公司定期进行技术服务外，设备的可靠性、耐久性、自控水平都是制约分散式系统稳定、有效运行的重要因素。

3.2.3　因地制宜的组合模式

所谓因地制宜的组合模式，是指根据实际需求将集中式和分散式两种系统模式优化组合的一种弹性模式。组合的原则是符合实际需求，同时考虑利用上述集中式和分散式系统的优点，达到单一系统模式所不能达到的目的。表 3-5 中比较了集中式污水系统和分散式污水系统的一些特点，可为因地制宜地进行污水系统组合提供参考。

集中式和分散式污水系统的比较　　　表 3-5

特　　性	集中式系统模式	分散式系统模式
抗冲击能力要求	低	高
工艺的选择	相对不灵活	相对灵活

续表

特　性	集中式系统模式	分散式系统模式
管网系统	复杂	简单
管理	方便	难
建设周期	长	短
污泥处理	容易	难
污水再生利用	系统庞大	系统简单
出水水质	一般较好	与运行情况有关
投资	长期效益好	短期效益好

在抗冲击负荷能力方面，对于集中式系统而言，由于污水经过长距离输送，进入污水厂的流量和水质相对稳定，而对分散式系统而言，污水收集系统的缓冲作用甚微，处理单元受到用户用水不规律性的直接影响，流量和水质波动很大，所以，对分散式处理系统的抗冲击能力要求更高。在工艺选择方面，对集中式系统而言，二级生物处理往往不可或缺，而对分散式系统而言，处理单元可采用具有较强适应能力的物理、物化、生化组合工艺，处理方式选择更为灵活。在设施建设周期方面，对集中式系统而言，需要管网和处理系统两方面的建设，一般建设周期长，见效慢，而对分散式系统而言，无需长距离管线或管网建设，一般建设周期短，见效快。此外，两种系统模式在运行管理、污水再生利用、投资方面的特点在表 3-5 以及 3.2.2 节中已经进行了比较，都可以根据实际情况来判断其优劣。

可以认为，从大尺度层面进行污水系统的统筹规划和建设，集中式污水系统模式有利于解决小城镇污水处理规模的问题，而从小城镇内部不同空间需求出发，分散式污水系统模式则有利于进行单独规划和建设，解决小城镇污水处理覆盖面的问题。从相互关系来看，分散式系统可作为集中式系统的有效补充。目前，在我国已实施污水处理的小城镇中，多数采用集中式污水处理系统，少数选择了分散式污水处理系统。国家环境保护“十二五”规划中鼓励乡镇和规模较大村庄建设集中式污水处理设施，将城市周边村镇的污水纳入城市污水收集管网统一处理，居住分散的村庄要推进分散式、低成本、易维护的污水处理设施建设。其主导思想就是要针对小城镇的不同特点建设不同的污水处理系统。

实际上，单纯考虑集中式污水系统建设，可能带来的一个问题就是随着小城镇规模的不断扩大如何使污水系统的服务范围也随之扩大，满足发展的需求。一种做法就是目前建设的集中式污水系统要考虑未来的发展趋势和发展规模，留有充分的容量富裕。这无疑会增大当前的投资压力。而另一种做法就是目前根据现实的需求建设污水系统，将来随着小城镇的发展，以建设分散式污水系统来进行补充。显然，第二种做法就是本节讨论的组合模式，能够成为适应发展需求的一种新模式。

在国外，有许多根据发展需求采用集中式和分散式组合模式的范例。例如德国在 20 世纪 80 年代之前，污水处理系统模式以集中式为主。之后随着居住条件的变化，越来越多的小型住区及个人住宅建造于城市外围，集中式污水收集、处理系统的外延和服务面积扩大成为新的问题。以新型居住区建设的设计竞赛和公开招投标为契机，推出了分散式污水处理系统的设计方案，并逐步在德国各地得到推广。所采用的技术以当时最为先进的膜生物反应器为主，在许多住区或个人住宅，平时把雨水和污水分开收集，然后根据需要进行净化处理和综合利用。目前集中和分散式系统相结合已成为德国城乡污水处理的主要模式，截至2008年，当量人口数在5000以下的小型污水处理厂站所处理的污水量已占全国总量的70％左右，而德国整体的污水处理率已超过97％。

另一个典型范例是日本，称之为“净化槽”的一体化污水处理装置是其推行分散式污水处理的主要设施。20世纪50年代中期开始，日本逐渐全面普及水冲厕所，但在排水管网不能覆盖的偏远地区，包括粪便污水在内的生活污水难以纳入集中下水道系统进行统一处理，日常生活中产生的各种污水直接外排，一度造成严重的水环境污染。在这种情况下，日本国内首先出现了用于粪便污水处理的单独处理净化槽，在一定程度上解决了公共卫生问题。20世纪50～70年代，日本大力发展净化槽技术，推广净化槽的应用，并制定了《净化槽构造标准》用于指导净化槽的设计和生产，出台《净化槽法》对分散污水治理进行规范化管理。经过几十年持续性的投入，已经形成了比较完善的法律法规、技术标准和技术服务体系。不仅在边远农村地区，而且在东京这样特大城市之中，以净化槽为代表的分散式污水处理系统也是城市集中污水系统的重要补充，从而形成了集中式和分散式组合的城市污水系统模式。目前，分散式污水处理在日本全国生活污水处理总量中约占10％，其中投入使用的净化槽多达860万座，使用人口超过1100万人，遍及41个都道府县，在日本的水污染控制和治理中起着非常重要的作用。

总之，因地制宜的组合模式并不是一种固定的系统模式，需要根据当地的具体情况，结合处理技术发展水平，综合考虑各种因素而形成的多样化系统模式。对于我国的小城镇污水系统而言，很有必要借鉴国外的经验，按照集中式和分散式组合的思路，因地制宜地规划适合于当地需求的污水系统。

3.3　小城镇水污染控制与治理系统规划

城镇的现代化发展需要科学合理的城镇规划，以污水处理为核心的水污染控制与治理也必须有相应的专项规划，对于大中城市如此，小城镇也同样如此。小城镇的水污染控制与治理系统规划要以国家颁布的法律和标准为基本依据，以可利用的环境保护科学技术和小城镇乃至所属城市的经济发展规划为指导，以获得水污染控制与治理系统的最佳经济、社会和环境的综合效益为总目标，分析污染的发生—减量—排污体制—污水处理—水体质量之间的关系，统筹考虑经济发展、技术进步和环境管理之间的联系，通过系统的调查、监测、评价、预测、模拟、优化决策等一系列研究，制定近远期水污染控制与治理的规划方案。该类规划的框架如图3-3所示，主要包括排水系统规划、污水处理系统规划和水环境综合治理规划三大部分。

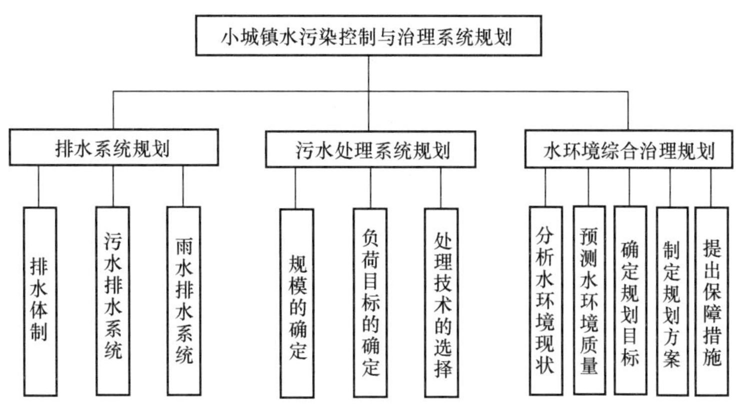

图 3-3 小城镇水污染控制与治理系统规划框图

3.3.1 排水系统规划

排水系统的主要功能是对规划区域内各类污水、废水和雨水的综合排除。在水环境治理工程建设中，排水系统建设的投入通常最大，因而是小城镇水污染控制与治理规划的首要内容。规划要点包括排水体制选择、污水排水系统规划、雨水排水系统规划等三个方面。

1. 排水体制的选择

排水体制的选择与确定对大中城市非常重要，小城镇虽然涉及的范围相对较小，排水的内容没有大中城市复杂，但也应根据生活污水、工业废水和雨水排水的需求确定排水体制。

一般来说，城镇排水体制包括合流制和分流制两种基本方式。合流制是将生活污水、工业废水和雨水混合在同一个管渠系统排除，可分为直排式合流制和截留式合流制。直排式合流制是通过管渠将污废水不经处理直接就近排入水体；截留式合流制在临河岸边建造截流干管，同时在合流管渠进入截流干管处设置溢流井，污水处理厂则建在截流干管下游处。分流制是将生活污水、工业废水和雨水分别通过两个或两个以上各自独立的管渠系统排除，分为完全分流制、不完全分流制和半分流制（截留式分流制）。完全分流制分设污水和雨水两个管渠系统，前者汇集生活污水和工业废水，送至污水处理厂，经处理后排放或再利用，后者汇集雨水和部分较洁净的工业废水，就近排入水体；不完全分流制只有污水管渠系统而没有完整的雨水排水系统，污水通过污水排水系统收集至污水处理厂，经过处理后排入水体，雨水通过地面漫流进入明沟或小河沟，然后排入水体。半分流制系统中既有污水排水系统，又有雨水排水系统，与完全分流制的不同点在于，它具有把初期雨水引入污水管道的特殊设施，称雨水跳跃井。小雨时，雨水经初期雨水截流干管与污水一起进入污水处理厂进行处理；大雨时，雨水跳越截流干管经雨水出流干管排入水体。

现有的小城镇排水系统以截留式合流制管渠居多。但一些人认为截留式合流制排水系统仍会导致水体污染，起不到保护水环境的目的，因此倾向于采用分流制。且小城镇的排水管渠规模不大，建设分流制系统也不会大幅度增加投资。也有人认为截留式合流制系统在瞬间污染负荷、年度污染总量、某一类污染物负荷等方面，也不一定高于分流制。虽然雨水径流携带了大量面源污染物，但由于截留式合流制能够截留初期雨水，小雨时大部分雨水也能进入污水处理厂，所以雨水的污染效应能够大大降低。实际上，采用分流制主要是因为雨水的污染负荷低，可以直接排入水体，但却忽视了初期雨水的污染问题。

与大中城市相比，小城镇的地域差异和发展差异都比较大，排水体制的选择除了要比较不同排水体制的上述特点外还要充分考虑现有卫生设施状况的发展趋势，以及小城镇地形地貌的特点。小城镇排水体制选择的要点可归纳如下：

(1) 山区小城镇一般道路较窄，排水管渠建设用地难以保障，在建筑物比较集中的街区，宜采用暗管排水，采用合流制排水体制并在污水厂设置调节池。

(2) 降雨量偏小的小城镇，宜采用合流制排水，并在总干管进入污水厂前设置调节池，以便降雨时储存增大的水量，可能的条件下也便于雨水的综合利用。

(3) 受纳水体水环境要求高的小城镇，也应采用合流制，并避免发生雨水溢流。

(4) 小城镇采用分流制排水时，要结合受纳水体的水环境容量，考虑初期雨水的截流或处理，并合理确定截流倍数。

(5) 难以建设完善的排水设施的小城镇，可采用不完全分流制的形式，利用道路边沟排除雨水，待条件许可时，再改造为截留式合流制或者完全分流制排水系统。

(6) 地形条件复杂的小城镇，可根据实际情况进行排水分区，分别选择不同的排水体制。

2. 污水排水系统规划

分散式污水系统通常涉及不到污水排水管渠系统的整体规划，污水排水管渠仅将生活污水收集并引入小型污水处理设施，只需根据用户排水量确定排水管径等。

集中式污水系统需要建设完善的污水排水收集管渠，然后输送到集中的污水处理设施。污水量一般根据给水量计算，卫生设施完善的小城镇一般可按用水定额的 90%计。污水排水系统在进行管渠布置时要考虑地形和用地布局、排水体制、管渠数目、污水厂和出水口位置、水文地质条件、道路宽度、地下管线及构筑物的位置等。一个完善的污水排水系统通常要按照主干管、干管、支管的顺序进行规划。主干管的走向是由污水厂和出水口的位置决定的。按地形与等高线的关系，污水干管的布置形式主要有正交式和平行式两种。正交式布置时干管与等高线垂直相交，而主干管与等高线平行敷设（图 3-4*a*），适用于地形平坦且略向一边倾斜的小城镇。平行式布置是污水干管与等高线平行，而主干管与等高线垂直（图 3-4*b*），一般在小城镇地形坡度很大时采用。总之，小城镇的排水系统管线布置应充分利用地形，尽量以最短的距离坡向水体，减少建设费用，降低施工难度。

3. 雨水排水系统规划

雨水排水系统是用于收集、输送、排除雨水的工程设施。一个完善的雨水排水系统通常由雨水口、雨水管渠、检查井、出水口等设施组成。雨水收集系统的规划则应考虑当地的地形和经济条件，并充分利用已有的管渠。对于自然排水条件较好，或经济条件受限的

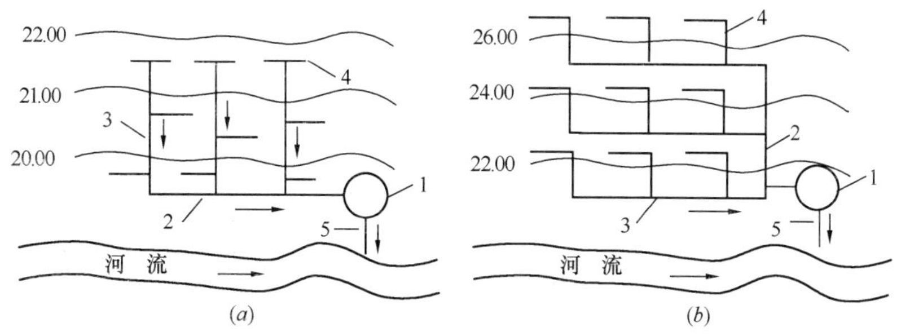

图 3-4 污水干管正交式和平行式平面布置图

(a) 交互式；(b) 平行式

1—污水处理厂；2—主干管；3—干管；4—支管；5—出水口

小城镇，要考虑设置雨水排水系统的必要性。对于合流制管渠系统，在其上游排水区域内，如果雨水可沿道路边沟排泄，则可不设污水管渠；而当雨水地面漫流的情况下，则必须布置合流管渠或单独的雨水管渠。对于小城镇，利用当地的水塘、洼地进行雨水调蓄也很重要，尤其在缺水地区，便于进行雨水利用。

雨水排水系统规划的主要内容是管渠设计流量的计算确定。管渠的雨水设计流量是在划分排水流域和确定管线的基础上，通过当地的暴雨强度、地面径流系数和该管段的汇水面积计算得到的。雨水管渠的设计流量确定之后，可通过水力学计算合理确定管渠断面尺寸和坡度。雨水管渠系统规划的另一内容是管渠系统布置，以保证雨水从建筑物或居民区内顺利排除。管渠系统布置的一般原则为：

(1) 充分利用地形，就近排入水体，管线布置多采用正交式，使雨水管渠尽量以最短的距离、较小的管径重力流排入附近水体。

(2) 利用小城镇道路规划布置，道路边沟位于道路两侧，且应低于相邻街区的地面标高，以保证排水通畅。

(3) 由于雨水泵站投资大，利用效率也不高，对于小城镇，应尽量避免设雨水泵站。在不得不设雨水泵站的情况下，要考虑泵前有足够的调节容积，以降低水泵流量和能耗。

(4) 充分考虑来自排水区域以外的雨洪径流。小城镇如果靠近山麓，除自身排水区域的雨水排除外，还应考虑分析山洪流入的可能性。必要时应设置排洪沟，拦截外来雨洪侵袭，保证小城镇安全。

3.3.2 污水处理系统规划

小城镇污水处理系统规划要充分考虑小城镇的总体布局、发展方向、水资源的综合利用和水污染综合防治。为此，需要对小城镇的水环境进行全面综合的分析评价，结合经济技术条件，制定切实可行的规划方案。

1. 污水处理设施设计规模

小城镇污水处理设施的设计规模取决于污水排水系统的污水收集规模，应保证收集的污水全部通过污水处理设施得到处理。即污水处理设施的设计水量为污水排水系统收集的生活污水量、工业废水量和截留的雨水量之和。其中生活污水量原则上按服务人口和每人每日排水量来计算，对于小城镇，根据卫生设施的完善程度，每人每日排水量可按给水定额的 80%～90%取值。工业废水排入量应根据排水系统服务对象的工业企业实际排水量来计算。对于截流式排水系统，截留雨水量的选取往往对小城镇污水处理设施规模的确定影响很大，选取过小会造成污水处理设施难以应对雨天排入的污水总量，选取过大会造成污水处理设施多数时间低负荷运行，难以保障污水处理功效。因此，对小城镇而言，由于人口密度一般比较低，截留雨水量所占的比重可能比较大，所以一般不宜选用截流式排水系统。在必须采用截流式排水系统的情况下，排水系统在雨天可主要起排水防涝作用，超过污水处理设施处理负荷的排水可超越排放，或仅进行部分处理。

采用分散式污水处理的小城镇，除特殊情况外，分散式污水处理设施仅接受生活污水的排入。

我国的小城镇大都处于快速发展的状况，在确定污水处理设施设计规模时，要结合小城镇的发展规划合理确定设施的设计年限、服务人口和服务范围，并适当留有一定余地。

2. 设计水质和处理目标的确定

污水处理设施进水水质的准确预测对污水处理系统规划尤为重要。小城镇生活污水的水质往往因小城镇类型、卫生设施水平、居民生活习惯、气候特点各异，原则上应在充分调查研究的基础上合理确定，或参考相邻区域或相近条件小城镇的经验值。在国外，对于生活污水通常是根据代表性污染物（COD、氨氮、总磷等）的单位产生负荷和进入污水收集设施的百分比来计算污水处理设施接受的污染负荷量，再结合生活污水排量确定排水水质。缺乏可用参照数据时，可以按此原则进行估算。

对于进入污水处理设施的工业废水，则应根据排水类型合理确定排水水质。污水处理设施进水的实际水质应综合生活污水和工业废水的水量及水质来计算确定。

污水处理设施的处理目标，即污水处理程度，需参照国家或地方的相关排放标准来确定。处理水回用于特定用水目的时，则应根据用水要求来确定。对于处理水排入受纳水体，小城镇适用的排水标准已在 3.1.2 中详细说明。

3. 处理工艺或设备的选择

原则上，小城镇污水处理设施选用的工艺或设备需保障其在正常运行条件下，处理水质达到前述的排水或回用的要求。在本书的第 4 章将要详细论述，可供小城镇选用的污水处理工艺很多，在保证达到处理水质要求的前提下，应根据小城镇的投资能力和运行管理能力进行技术经济比较，合理选择污水处理工艺或设备。其主要原则为：

（1）小城镇所选的处理工艺首先必须基于成熟的污水处理技术，可靠性强，运行稳定性好。其次是运行操作简便，维护管理方便，能适应一定范围的水量及水质变化。

（2）小城镇应避免盲目照搬大中城市的处理工艺，在保证处理效果的前提下，应尽可能降低处理系统的复杂程度，减少处理构筑物的数量。有条件的小城镇，应考虑选用自动化程度高，维护工作量小的处理设施。

（3）选用集中式处理系统的小城镇，处理水质要求达到二级或以上排水标准的，所选用的污水处理工艺或设备不得低于以活性污泥法为主体的二级处理的水平；处理水质要求为三级排水标准的，可视情况选用相当于一级处理（以沉淀处理为主）或强化一级处理（采用混凝强化沉淀）方式。有自然条件可利用的小城镇，也可在达到预期处理效果的前提下，考虑选用生态处理（如人工湿地、稳定塘等）方式。

（4）选用分散式污水处理系统的小城镇，污水处理设施宜选用一体化污水处理设备。设备选型需满足处理水量和水质要求，同时尽量选用能自动运行，且可靠性强，后续技术服务条件好的设备。有自然条件可利用的情况下，也可选用适合于小型分散式处理，便于处理水就地利用的生态处理方式（如土壤渗滤系统），但不应对周边区域造成任何负面的环境影响。

3.3.3 水环境综合治理规划

近年来，随着小城镇人口的增长和产业的发展，污染排放量不断增大，导致周边水环境恶化，直接影响城镇居民生活环境和城镇的可持续发展，因此，急需针对小城镇水环境问题，制定水环境综合治理规划。小城镇水环境综合治理规划是以可持续发展理论、环境系统学、环境经济学等理论为基础，通过对小城镇所处流域的水环境现状分析和环境质量预测，确定一定时期内的水环境保护和治理目标，对环境治理和环境保护工程进行统筹设计与安排，是一项复杂的系统工程，涉及面广，不仅包括前述的小城镇排水和污水处理，也包括小城镇水资源保护、供水保证、水环境修复等，此外还涉及到相关规章制度和环境保障措施。图 3-5 为小城镇水环境综合治理规划的基本框架，包括现状分析、目标设置、工程规划等三个层面，涉及水环境现状分析、水环境质量预测、规划目标确定、规划方案制定和规划实施保障措施制定五个方面的内容。

1. 水环境现状分析

开展小城镇水环境现状分析，首先应搜集规划区内自然环境、社会环境、水资源状况、水污染状况、污染处理状况和有关规划报告等基础资料。在摸清规划区基本情况的基础上，有重点地开展现状补充调查，结合现状开展规划区内的地表水、地下水、各类排水的水质分析。对丰、平、枯水期水量变化明显的小城镇，应按不同水期进行水文分析，开展污染现状评价，判明主要污染源及污染特征。小城镇污染治理现状分析包括雨、污水管渠的建设情况，生活污水、工业废水收集现状，污水处理设施的建设和运行情况等。水环境功能分区的分析内容既包括水体的水环境功能区划分，也包括陆域的污染控制单元划分。在对水环境水质和排污量分析及治理现状调查的基础上，根据水体的使用功能和开发情况，依据国家水环境功能区划办法和地方条例，明确各水环境单元的功能及相应的水质要求。陆域的污染控制单元划分的目的是明确影响各水环境单元的排污影响控制区，从而便于采取措施，保障水环境区划功能达标。

2. 水环境质量预测

小城镇水环境质量预测包括排污量预测、水环境承载力分析和水环境质量预测三部

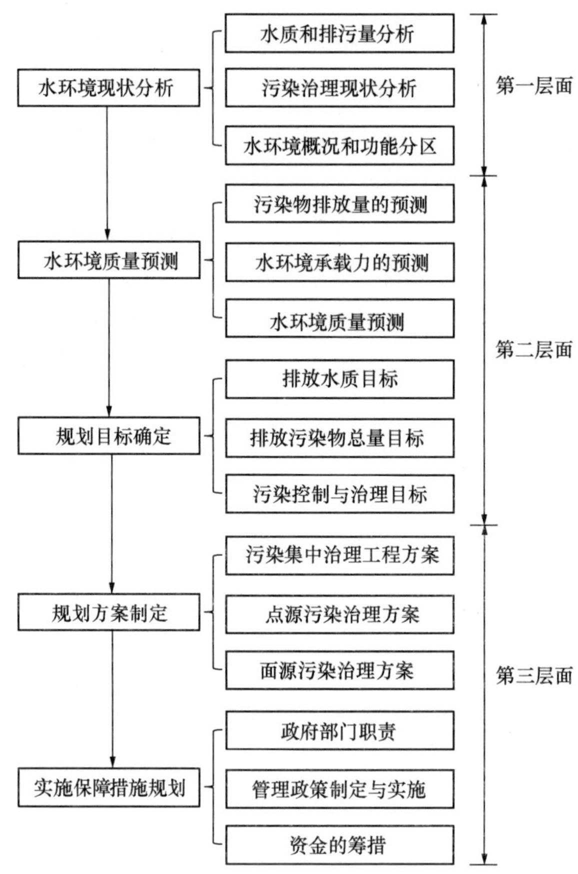

图 3-5　小城镇水环境综合治理规划框图

分，是小城镇水环境规划的重要环节。小城镇排污量预测主要包括生活污水、工业废水甚至雨水污染物排放量预测。这与小城镇的人口规模、用水方式、降雨情况、当地企业类型和规模密切相关。水环境承载力评价主要是评价水环境的纳污能力和水生生态系统的调节能力，以保障小城镇经济发展和生活需求为目标，确定水环境规划的约束条件。水环境质量预测是通过排污量预测和承载力分析，预测在不同发展条件下水环境质量可能产生的变化，为采取相应的污染治理措施提供依据。

3. 规划目标确定

规划目标包括小城镇水环境总体改善目标、各主要水环境单元的水质目标、主要污染物排放总量控制目标和污染治理目标等。水环境总体改善目标的确定是水环境污染治理规划制定的基础。水质目标和污染物排放量控制目标的确定需服从于当地环境质量标准，按污染源种类分别计算污染负荷，以便于污染排放管理。污染治理目标是明确小城镇水环境治理任务的基础。

4. 规划方案制定

在确定水环境污染治理规划目标之后，实现规划目标的具体做法会有多种不同方案。

因此，需要寻求技术最为可行，治理效果最佳，且经济成本最低的规划方案。通过对小城镇污染物产生、排放、处理以及资源化等各个环节的深入分析，从污染排放控制、点源污染治理、面源污染治理等方面，确定应采取的工程方案和相应的管理措施，形成可供选择的多种方案。通过方案的分析与论证，确立实现水环境污染的控制，达到水环境质量要求的最佳规划方案。

5. 实施与保障措施

水环境综合治理规划的制定与实施需要多个部门的参与及配合。因此，在规划中要明确各个部门的任务分工和具体责任，保证各部门各司其职，完成规划内容。小城镇水环境污染治理不仅有待于工程保障与技术保障，也有待于政策与制度的保障。根据小城镇的水环境综合治理规划，完善水环境相关管理政策和制度，是污染与治理规划落到实处的重要保障。

第 4 章　小城镇水污染控制与治理技术

4.1　污 水 收 集 技 术

4.1.1　小城镇的排水体制

我国的小城镇数量多，分布广，就排水体制而言，也存在着明显的区域性差异。少数经济发展水平较高的小城镇，具有与城市情况相近且较为完善的污水收集系统，而经济落后地区的小城镇，则存在污水难以统一收集的现象。一般来说污水收集率与所采用的排水体制密切相关，本节结合我国小城镇的排水现状，分别论述采用的不同排水体制及其特点。

1. 排水体制完备的小城镇

我国东部地区，小城镇的经济发展水平相对较高，排水体制与大中城市相类似，常见的城市排水体制（合流制排水系统、分流制排水系统和混合制排水系统）均有应用。

1）合流制排水系统

合流制排水系统是将城镇污水和雨水混合在同一管渠系统内加以排除的方式。按照后续对污水处置方式的不同，又可以分为直泄式、预处理式、全处理式、截流式等多种形式。

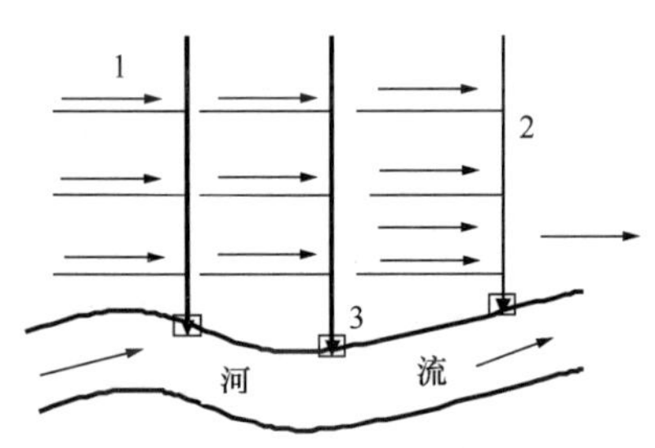

图 4-1　直泄式合流制排水系统
1—排水支管；2—排水干管；3—排水口

（1）直泄式合流制：污水、雨水汇集进入同一管渠系统，不经任何处理，分若干个排水口就近直接排入水体或周边环境。系统构成包括排水支管、排水干管和排放口（图 4-1）。由于混合污水未经处理就排放，导致受纳水体遭受严重污染。这种排水体制在大中城市已不多见，但仍存在于一些小城镇。

（2）全处理式合流制：污水、雨水汇集进入同一管渠系统，全部输送至城镇污水处理厂，经处理后再统一排放。系统构成包括排水支管、排水干管、污水处理厂、排放口（图 4-2）。这种排水体制最大程度地降低了雨污水对受纳水体的污染，但是存在降雨量大的城镇排水系统工程造价高，晴天污水处理设施利用不充分等问题。

（3）截流式合流制：介于直泄式和全处理式之间的排水方式。污水、雨水通过同一管渠系统收集，在合流干管与截留干管相交前或者相交处设置截流井。晴天时，管渠系统仅收集污水，然后输送到污水处理厂进行处理再排放；雨天时，管渠系统同时收集污水和雨水，随着降雨量及径流的增加，混合污水流量超过截流干管输水能力后，部分混合污水通过溢流井直接排入水体。系统构成包括合流干管、截流干管、截流井、污水处理厂、排水口、溢流干管和河流（图 4-3）。该排水体制通常用于对直排式合流制系统的改造，由于部分混合污水未经处理直接排放，会使水体受到污染。

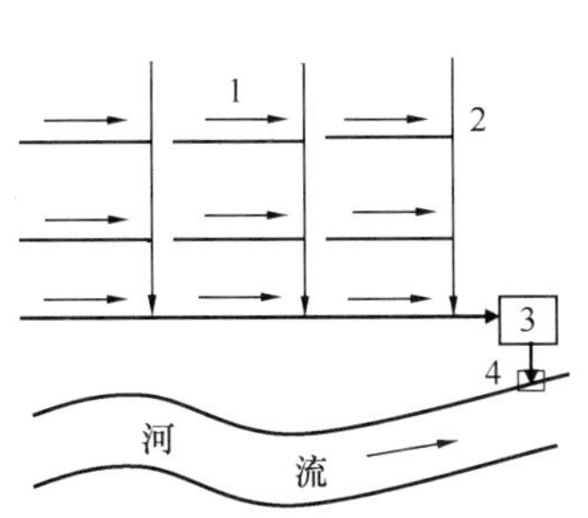

图 4-2 全处理式合流制排水系统

1—排水支管；2—排水干管；3—污水处理厂；4—排水口

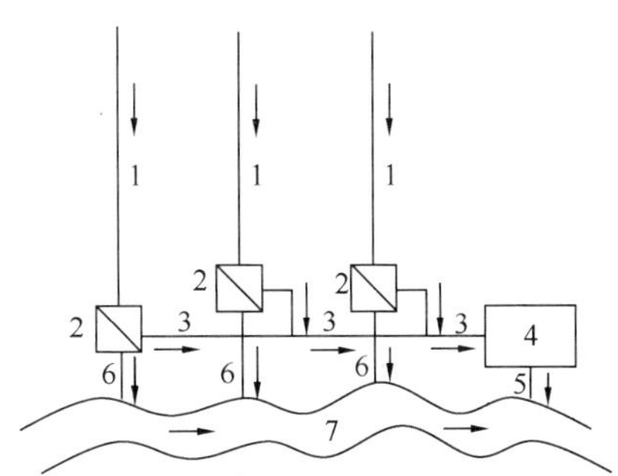

图 4-3 截流式合流制排水系统

1—合流干管；2—截流井；3—截流干管；4—污水处理厂；5—排水口；6—溢流干管；7—河流

2）分流制排水系统

分流制排水系统将城镇污水和雨水分别采用不同的管渠系统进行单独收集和排放。按照分流程度的不同，分流制排水系统又可分为完全分流制、不完全分流制、截流式分流制等多种形式。

（1）完全分流制：污水和雨水分别采用各自的管渠系统收集和排放。污水收集后输送至污水处理厂，经处理后排放；雨水经雨水管渠收集后，就近排入水体。系统构成包括污水干管、污水主干管、雨水干管、污水处理厂、处理水排放口、雨水排放口（图 4-4）。

（2）不完全分流制：只有污水排水系统，没有完整的雨水排水系统。降雨时，雨水沿天然地面、街道边沟、水渠等通道排泄。为了弥补原有排水通道输水能力的不足，一些城镇也修建了部分雨水渠道。这种排水体制比完全分流制标准低，投资省，可先解决污水收集与处理问题，待日后有条件时再改为完全分流制排水系统。

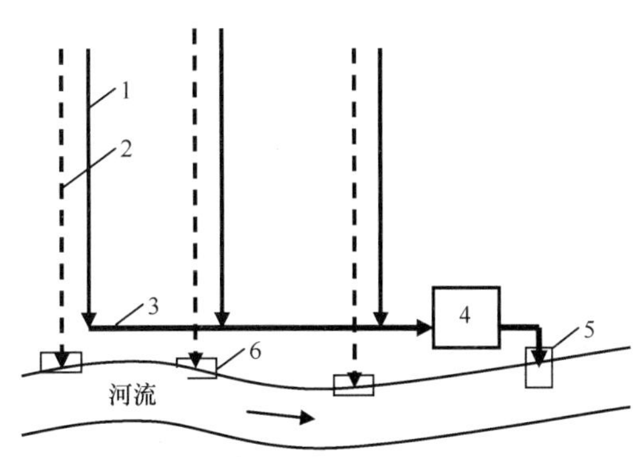

图 4-4 完全分流制排水系统

1—污水干管；2—雨水干管；3—污水主干管；4—污水处理厂；5—处理水排放口；6—雨水排放口

（3）截流式分流制：污水经污水干管和截流主干管输送至污水处理厂处理后排放，初期雨水亦进入截流干管送至污水处理厂，而降雨中后期污染较小的雨水则直接排入水体。这种系统需要安装分流初期雨水与中后期雨水的特殊装置。

3）混合制排水系统

一些小城镇的排水系统是多年来分步实施建设的，新规划建设的排水系统采用分流制，而先期建设的排水系统多为合流制，形成既有分流制也有合流制的混合制排水系统。根据小城镇所在地的自然条件和原有排水设施情况，因地制宜地采用不同的排水体制也是合理的。

4）不同排水体制的优缺点

前述各种排水体制分别具有各自的优势和不足，使用时要根据小城镇的实际情况来确定。不同排水体制的优缺点及适用条件见表 4-1。

不同排水体制的优缺点及适用条件表　　表 4-1

排水体制		主要优点	主要缺点	适用条件
合流制排水系统	直泄式	排水系统简单，造价较低，投资少，管理简便	污染物未得到有效处理，对水体的污染严重	小城镇大多采用这种简单的排水方式，需要改造
	全处理式	排水系统单一，可最大限度地控制和防止水体的污染	造成污水处理厂规模过大、投资和运行费用较高	适用于降雨量较小或对水体水质要求较高的地区
	截流式	污水及部分初期雨水得到处理，污水处理厂规模较全处理式小	旱季时截流管道内易产生固体沉积，雨季时溢流污水对水体可能造成一定污染	适用于降雨量较小、汇水面积较小的村镇且受纳水体具有一定环境容量的地区
分流制排水系统	完全分流制	污水全部得到有效处理，进入污水处理厂的水量和水质相对稳定，对污水厂的冲击较小	雨水中含有污染物浓度较高时容易对受纳水体造成污染； 两套排水管网，造价较高、管理复杂	适用于新建的城区、开发区和住宅小区
	不完全分流制	几乎全部污水可得到有效处理，进入污水处理厂的水量和水质相对稳定	雨水中含有污染物浓度较高时容易对水受纳水体造成污染；少量雨水进入污水处理系统，对污水厂造成水量冲击	适合于有比较完善的沟渠系统的地方，以便顺利排泄雨水
	截流式分流制	污水及初期雨水被截留处理，可有效控制污染	需要安装初期雨水与中后期雨水分流的特殊装置，截流井结构复杂，投资较高，维护和管理相对复杂	适用于对雨水收集利用的新建城区或对完全分流制的改造
混合制排水系统		节省投资	多种排水系统并存，管理复杂	适用于老城区排水系统的扩建和改造

2. 排水体制不健全的小城镇

我国北方和西部地区的许多小城镇，经济欠发达，工业发展滞后，卫生设施不健全，基础设施薄弱，基本上没有完善的雨污水排水系统，雨污水未经处理，沿坡地、沟渠自然排放。老式旱厕在这些小城镇使用较多，粪便和尿液从旱厕收集后进行堆肥处理，然后用作农业肥料。生活杂排水则直接通过房前屋后的沟渠排至低洼处，也有直接进入水体的情况。降雨时，雨水在通过天然地面、道路边沟或明暗渠道，以自然的方式排入水体（图 4-5）。这实际上是我国广大农村地区普遍采用的原始排水方式，在地广人稀，排污负荷低，环境容量大的小城镇，一定时期沿用这种模式也不至于造成环境危害。但随着小城镇生活环境的改善，水冲厕所的普及，这种排水方式已不能满足小城镇社会发展和环境保护的需求，则需要修建完善的排水系统。

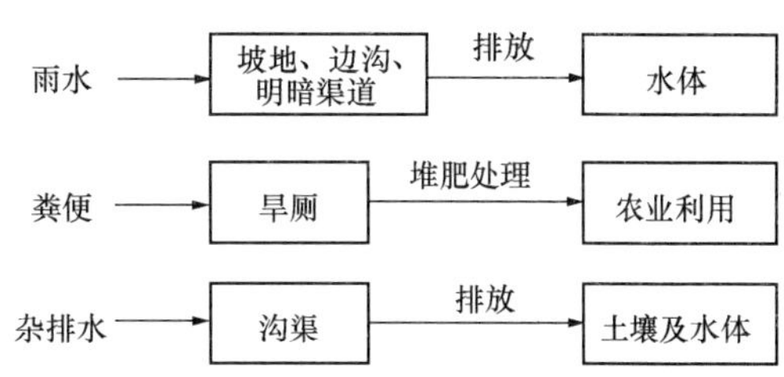

图 4-5　无完善排水系统的小城镇排污方式

4.1.2　粪便污水收集

在城镇污水系统中，单独进行粪便污水收集的情况很少。但我国有很多小城镇是在村落的基础上发展起来的，与大中城市相比，卫生设施尚不完善，存在旱厕与水冲厕所并存的现象，需要考虑粪便单独收集处置，以及粪便污水收集两种情况（图 4-6）。

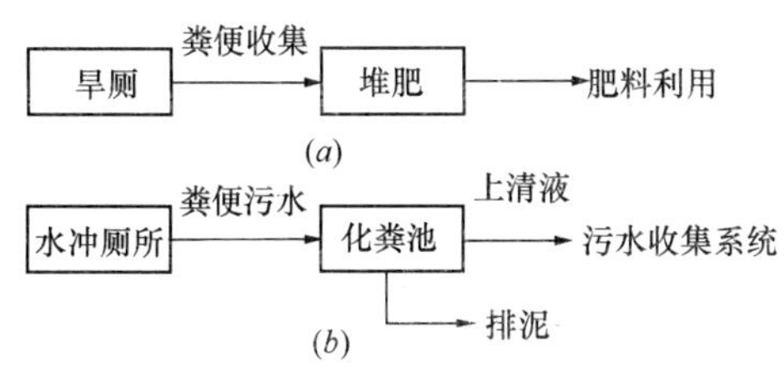

图 4-6　小城镇粪便处置及粪便污水收集

对于使用旱厕的小城镇（图 4-6*a*），厕所中积累的粪便需要专门收集，然后通过堆肥处理，实现肥分的稳定化，堆肥产物作为农用肥料得到利用。实际上，在干旱缺水地区，旱厕也是卫生设施的选项之一，但必须考虑使用的便利性和环境卫生条件的保障。

对于使用水冲厕所的小城镇（图 4-6*b*），粪便污水一般先排入化粪池，经沉淀和一定程度的稳定化后，上清液排入城镇污水收集系统，沉积物定期清理。

粪便收集处置及粪便污水收集是小城镇污染源控制的重要环节。粪便或粪便污水收集不当，既会严重影响城镇生活环境，同时在建设了污水处理设施的小城镇，也会因为污染物源头收集不力而影响实际的治污效果。对于小城镇，一定要结合城镇建设中卫生设施的完善，合理设置粪便污水收集系统。

4.1.3　杂排水收集

一般来说小城镇的杂排水收集模式与卫生设施的完善程度密切相关。如图 4-7 所示，对于卫生设施尚不完善的小城镇，住户缺乏室内排水管道，用后的杂排水会倾倒于室外院落，通过天然或人工沟渠外排，形成自然漫流或由于土壤入渗而消失（图 4-7*a*）。对于有完善卫生设施的小城镇，

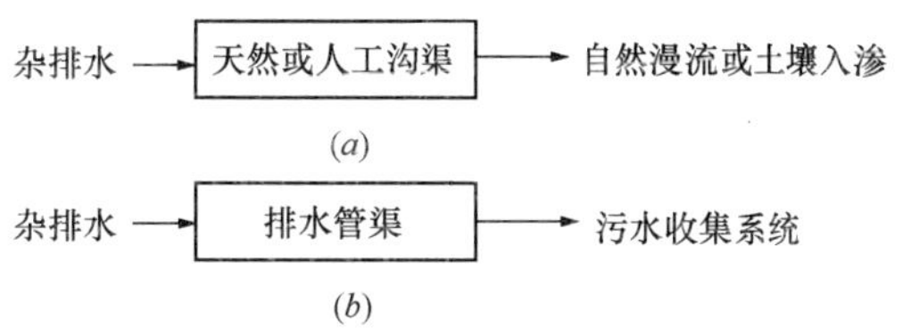

图 4-7　小城镇的杂排水收集
（*a*）卫生设施不完善的小城镇；
（*b*）有完善卫生设施的小城镇

建筑物内已设有与卫生器具相连接的室内排水管道，用后的杂排水通过排水管渠汇入城镇污水收集系统（图 4-7*b*）。

小城镇的杂排水收集系统的完善程度往往与前述的粪便污水收集系统相辅相成，室内设置水冲厕所的住区，粪便污水和杂排水收集通常是同一系统，很少存在杂排水和粪便污水分别收集的情况。

4.2　污 水 处 理 技 术

小城镇污水处理的主要对象是城镇生活污水，虽然广泛存在工业废水进入城镇污水收集系统，送到污水处理厂集中处理的情况，但一般来说所占比例较低。因此，针对生活污水处理的各类技术原则上都适用于小城镇。

但是，对小城镇而言，处理规模小是其第一个特点，因此应主要讨论适合于小型污水处理的技术。另一方面，一般来说小城镇的经济发展水平要低于大中城市，因此在污水处理技术选择上有必要考虑建设成本相对较低的处理工艺。再者，与城市大中型污水处理厂相比，小城镇污水处理设施建成后在运行管理方面的技术力量可能比较薄弱，因此也需要考虑维护管理相对简单的污水处理工艺。此外，如第三章所述，由于小城镇数量多，分布广，情况各异，在选择适宜的污水系统时也要考虑多样性的因素，所以分散式污水处理也是小城镇的重要选项之一。

基于上述因素，并结合国外在小型污水处理方面的经验，本书对污水处理技术的论述将主要从小城镇的适用性角度出发，考虑其在不同层面的技术需求。对于发展水平已经比较高，城镇规模已经比较大的城镇，可以在很大程度上汲取大中城市污水处理的技术经验，不在本章讨论的范围之内。

4.2.1　化粪池污水处理技术

在城市污水处理中，化粪池一般只作为粪便污水排出后的预处理设施，不会被纳入污水处理技术的范畴。但是，一方面由于粪便是生活污水中污染物的最主要来源，其预处理对后续的处理处置影响很大，另一方面由于小城镇采用分散式处理模式的情况下，根据国外的经验，化粪池与一定的简易工艺组合也能达到很好的污水处理效果，所以，这里将化粪池作为一种最基本的污水处理技术进行讨论。

1. 技术原理

最早的化粪池起源于 19 世纪的欧洲，距今已有 100 多年的历史。化粪池是一种利用沉淀和厌氧发酵原理，以去除生活污水中悬浮性污染为主的处理设施。生活污水中含有大量粪便、纸屑、病原体等，主要污染物指标包括悬浮固体（SS）、生化需氧量（BOD_5）、氮、磷和病原微生物等。生活污水进入化粪池后，在自然条件下，经过数小时以上的沉淀后，污水中的 SS 去除率可达到 50%～60%，沉淀的污泥在厌氧或缺氧的条件下进行厌氧发酵，污泥经 3 个月以上的酸性发酵后趋于稳定，形成底部的污泥层，而包括油脂在内的比重较轻的污染物上浮于表面，形成浮渣层，浮渣层和污泥层均需要定期清掏，使化粪池得到恢复。化粪池作为预处理设施时，上清液进入污水收集系统；作为分散式污水处理的前段处理设施时，上清液则进入后续处理设施（图 4-8）。

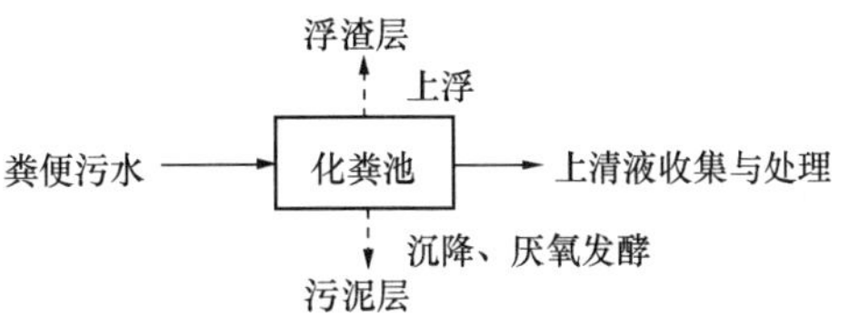

图 4-8 化粪池技术原理图

化粪池是生活污水进入收集系统（或后续处理设施）之前的首个处理构筑物，起到了消减污染物负荷，截留大尺寸的污染物，防止后续污水管渠堵塞的作用。为了便于污泥清掏，化粪池一般设计成 2 格或 3 格，池体有圆形和矩形两种，且以矩形池居多，通常采用砖砌，也可用钢筋混凝土现浇，或采用一体化装置。图 4-9 为常用的三格式化粪池示意图，粪便污水由进水口进入化粪池的第一池，进行沉淀后液体再进入第二池，最后进入第三池。池体之间设有连通管，进水口和连通管的设置高度应合适，避免新鲜粪便直接进入第二池、第三池。一般来说，粪便污水在第一池和第二池即完成固体物沉淀，沉淀物在池底发生厌氧发酵，在第三池的沉淀物已很少。经过多次沉淀的上清液由第三池的出水口排出。化粪池的盖板上部留有透气孔和清掏口。

化粪池在国内外都有普遍应用，我国城镇使用水冲厕所的家庭、小区基本上都建有化粪池，主要目的是进行粪便污水的预沉淀，很少作为处理构筑物来使用。但从图 4-9 可以看到，粪便污水进入化粪池后，首先通过沉淀和上浮作用进行固液分离，沉淀层中进行污泥的厌氧发酵，每格化粪池中，沉淀层和液层之间存在物质传递，从而完成一定程度的污染物转化和分解。可以认为，化粪池就是一个沉淀和厌氧处理设施，对其功效不能低估。在国外由于分散式污水处理是面向家庭或小型住区，从建筑物排出的污水首先要进入化粪池，实践表明，一个设计合理，停留时间充分，运行管理到位的化粪池可以去除污水中 90%以上的 SS，50%左右的有机物，且生活污水中的有机氮基本上都转化为溶解性无机氮，分离的上清液已适宜用作绿化灌溉，或经简单后续处理得到无害化。由于这个原因，美国国家环境保护局（USEPA）对分散式污水处理首推的就是化粪池。如图 4-10 所示，截至 2007 年，以家庭数量为单位，美国化粪池处理污水量占到污水处理总量的 20%，且该比例有逐年上升的趋势。化粪池在农村、小城镇及大城市的污水处理中的应用比例分别为 50%、47%和 3%。从地理分布来看，美国南部使用化粪池的比例最高，达到 46%。

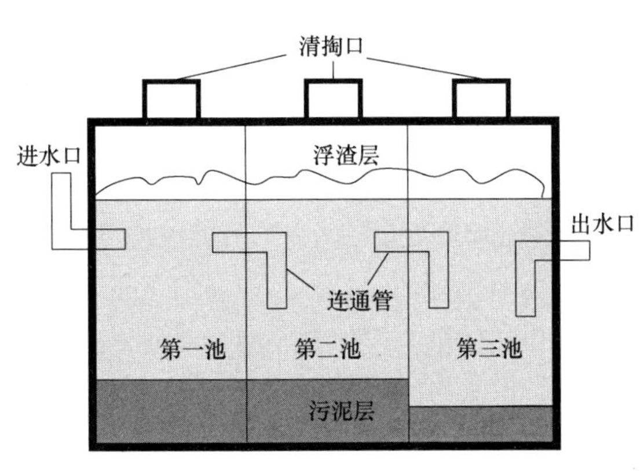

图 4-9 三格式化粪池示意图

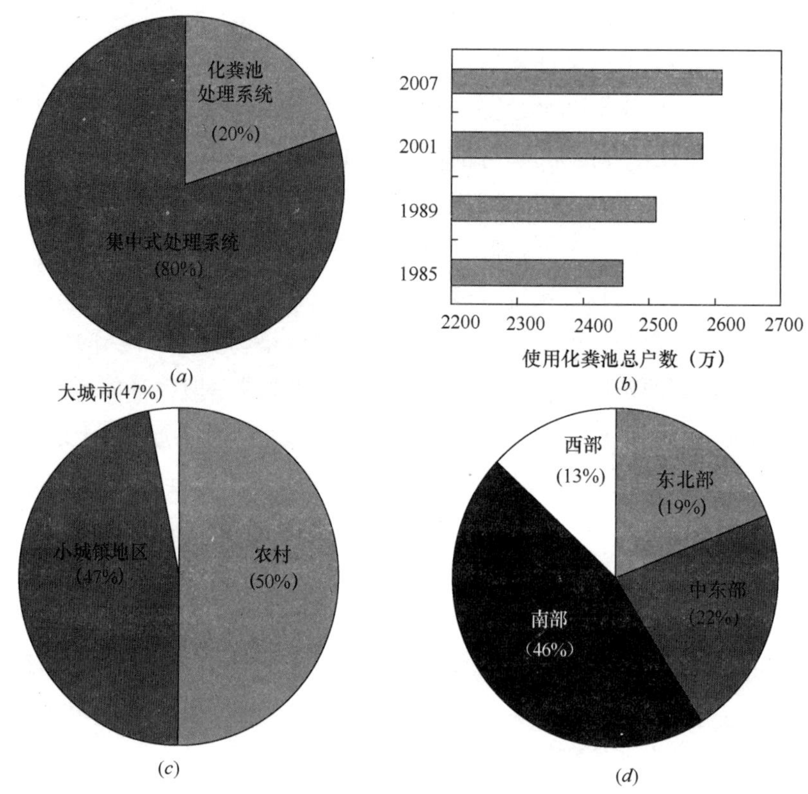

图 4-10　化粪池技术在美国的应用情况（截至 2007 年）

2. 技术类型与特征

1）技术类型

这里讨论的化粪池技术类型，是针对化粪池作为小型污水处理构筑物的应用来考虑的。从水污染控制与治理的角度，生活污水仅经过化粪池处理一般难以达到排放标准，因此需要将化粪池处理与其他处理技术结合使用。借鉴国外的经验，以下介绍化粪池与人工湿地、土壤渗滤、砂滤等的组合技术，从而形成以化粪池为主体的小型污水处理技术。

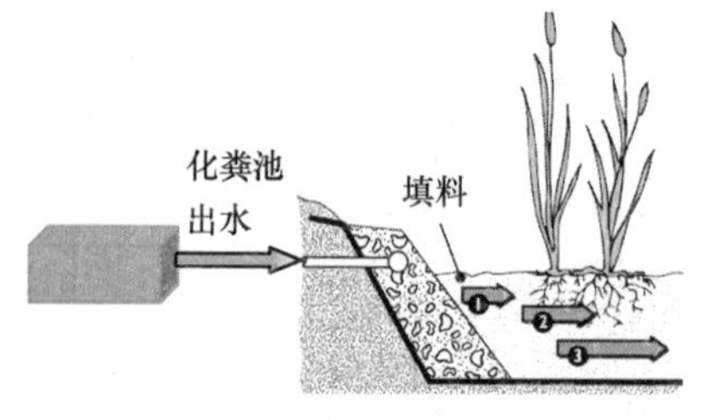

图 4-11　化粪池—人工湿地组合技术示意图
1—物理过滤；2—根系区好氧降解；
3—填料区厌氧降解

（1）化粪池—人工湿地组合技术

如图 4-11 所示，生活污水经化粪池处理后，上清液以重力流或加压提升的方式进入人工湿地，充分利用人工湿地系统中填料层、植物、微生物的共同作用，完成污染物的去除。由于经化粪池处理后的上清液 SS 浓度已很低，无论采用表流或潜流人工湿地，都不容易发生填料层堵塞，加之经化粪池熟化后的有机物、氮、磷等比较容易被植物和微生物利用，人工湿地的处理效果也容易充分发挥。对于有条件建设人工湿地的小城镇而言，这是一种环保、高效、经济的污水处理工艺，且通过人工湿地的植物优选，也能营造良好的生态景观环境。

（2）化粪池—土壤渗滤组合技术

如图 4-12 所示，化粪池出水经管渠重力流至庭院或小区外的土壤渗滤系统，可形成另一种生态型的污水处理技术组合。为避免产生臭味，土壤渗滤系统应与居住区保持一定的距离，通常采用地下土壤渗滤系统。土壤渗滤系统是充分利用土壤介质、微生物、植物的共同作用完成污水净化，与前述的人工湿地具有异曲同工之处。土壤层可以采用天然土壤、人工土及碎石填料等，表层种植经济作物，可实现土地的综合利用。渗滤系统对填料介质的级配要求较高，以充分发挥系统的过滤功能。在土壤层中，污水经毛细管浸润和土壤渗滤向周围扩散，通过植物吸收、土壤过滤、微生物降解等作用后得到水质净化，同时污水中的有机物和营养盐也能为表层作物提供充足的养料。

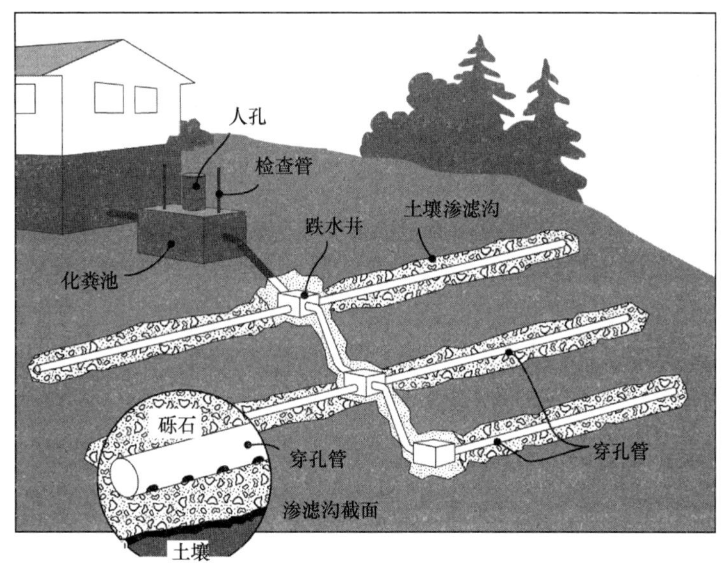

图 4-12 化粪池—土壤渗滤组合技术示意图

（3）化粪池—砂滤组合技术

化粪池—砂滤组合技术等同于在化粪池之后进行生物过滤处理，是一种常用的简易分散式污水处理技术。如图 4-13 所示，生活污水经化粪池处理后进入循环池，通过水泵提升至砂滤池进行过滤处理。在采用循环过滤的操作模式下，过滤后的水又回到循环池，因此循环池中的水处于一种混合状态，水质取决于进水量、循环水量和循环池容积。砂滤池

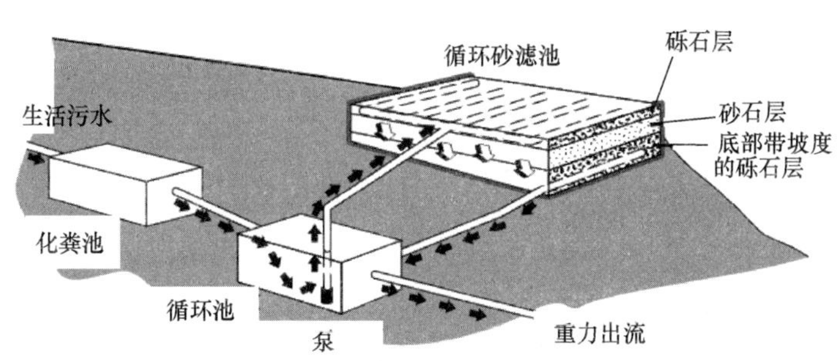

图 4-13 化粪池—砂滤组合技术示意图

的净化作用包括过滤和生物降解两种作用，前者包括筛滤和滤料孔隙中的沉淀，后者是利用砂滤表面生长的生物膜。虽然不进行供氧曝气，但进入滤池的水中所含的溶解氧可使滤料表层处于好氧状态，从而生物膜中存在好氧微生物，能够进行有机物降解和氨氮的硝化，而下层可能处于缺氧或厌氧状态，存在厌氧微生物，可在一定程度上进行反硝化脱氮。除了循环过滤，砂滤池也可采用间歇过滤的操作模式，有利于好氧环境的维持和微生物活性的恢复。

有条件的情况下，砂滤池也可建在地下，从而降低水泵提升的能量消耗。

2）技术特征

化粪池污水处理技术具有以下特征：

(1) 结构简单，便于管理维护，不消耗动力，造价低。

(2) 化粪池中以厌氧环境为主，厌氧发酵作用可以有效去除病原微生物，降低粪便污水的致病风险。

(3) 化粪池可临时性储存粪便污水及沉积污泥，经过厌氧发酵产生的熟化有机污泥可作为农用肥料。

(4) 在化粪池中，大分子有机物通过水解酸化，可分解为酸类、醇类小分子有机物，从而提高有机物的生化可降解性性能，有利于改善后续工艺的处理效果。

(5) 化粪池能去除漂浮物和悬浮物，降低了后续工艺的处理负荷，同时有效防止了后续污水收集系统的堵塞。

(6) 通过简单的技术措施很容易与其他污水处理技术相结合，从而形成强化污染物去除的组合工艺。

3. 技术设计要点

(1) 化粪池的停留时间是关系污水处理效果和化粪池容积与造价的重要指标。停留时间过短，污水处理效果差；停留时间过长，增加化粪池容积与造价，且布置困难。停留时间的取定应兼顾污水处理效果与建设造价两方面因素。为保证污水处理效果，停留时间不宜少于 12h，一般为 12～24h。

(2) 化粪池的清掏周期与粪便污水温度、气温、建筑物性质及排水水质、水量有关。设计清掏周期过短，则化粪池粪液浓度过高，影响正常发酵和污水处理效果，甚至造成粪液漫溢，影响环境卫生。设计清掏周期过长，则化粪池容积过大，增加造价。清掏周期一般为 3～12 个月，实际设计中多取 3～9 个月。

(3) 化粪池的设计与计算主要包括化粪池有效容积的计算、化粪池构造的选择及相应的辅助设施设备，对化粪池构造的一般要求如下：

① 粪池的长度与深度、宽度的比例应按污水中悬浮物的沉降条件和积存量，通过水力计算确定，但池体有效水深不得小于 1.30m，宽度不得小于 0.75m，长度不得小于 1.00m，圆形化粪池直径不得小于 1.00m。

② 双格化粪池第一格的容量宜为计算总容量的 75%；三格化粪池第一格的容量宜为总容量的 60%，第二格和第三格各为总容量的 20%。

③ 化粪池相邻格之间、池与连接井之间应设通气孔洞。

④ 化粪池进水口、出水口应设置连接井与进水管、出水管相接。

⑤ 化粪池进水管口应设导流装置，出水口处及每格内应设拦截污泥浮渣的设施。

⑥ 化粪池池壁和池底应作防渗处理。

⑦ 化粪池顶板上应设有人孔和盖板。

4. 应用实例

1）国外某小城镇化粪池—间歇砂滤组合系统

国外某小城镇采用化粪池—间歇砂滤技术处理生活污水，处理流程与图 4-13 所示的流程相类似，但采用间歇运行的模式。通过原污水、化粪池出水及后续砂滤出水水质的长期检测分析，得到表 4-2 所示的结果。就化粪池的处理功效而言，BOD 去除率为 33%～62%，SS 去除率为 78%～85%，TN 去除率为 25～29%，氨氮没有去除反而浓度大幅度升高，说明粪便污水中的有机氮在化粪池中转化成了氨氮，TP 没有得到去除，但大肠杆菌得到了（3～4）log 的去除。这一结果基本上反映了化粪池对各类污染物去除或转化的效能。

化粪池出水经间歇砂滤之后，BOD 和 SS 均低于当地处理水排放要求的 10mg/L，氨氮的去除最为明显，从化粪池出水的 20～60mg/L 降低到 0.5mg/L 的排放要求以下，大肠杆菌也进一步得到（1～2）log 的去除，达到了当地的处理水排放要求。

化粪池—间歇砂滤组合工艺的污水处理效果　　**表 4-2**

参　数	原污水	化粪池出水	间歇砂滤池出水
BOD（mg/L）	210～530	140～200	＜10
SS（mg/L）	237～600	50～90	＜10
TN（mg/L）	35～80	25～60	—
氨氮（mg/L）	7～40	20～60	＜0.5
TP（mg/L）	10～27	10～30	—
大肠杆菌（个/100mL）	10^6～10^{10}	10^3～10^6	10^2～10^4
病毒（个/100mL）	—	10^5～10^7	—

2）境外某小城镇化粪池—土壤渗滤组合系统

境外某小镇采用化粪池—两级毛细土壤渗滤系统处理生活污水，工艺流程如图 4-14 所示。该项目用于处理某居民区 40 个化粪池的出水，总处理规模为 $50m^3/d$。化粪池出水经过调节池后流入两级串联土壤毛细渗滤池，处理水达到排放要求。其中第一级土壤毛细渗滤池由 48 个土壤毛细渗滤床组成（长宽高分别为 32m、1.5m 和 1.4m），二级土壤毛细渗滤池由 28 个土壤毛细渗滤床组成（长宽高分别为 35m、1.5m 和 2.7m），对于每一个土壤毛细渗滤床使用内径分别为 50mm 和 70mm 的穿孔管进行布水和集水，采用的土壤孔

图 4-14　化粪池—土壤渗滤组合技术的工艺流程图

隙率约为 30%，渗透性为 50mm/d。为了保证土壤颗粒表面微生物的生长和稳定的处理水量，组合系统经历了 3 个月的启动阶段，而后稳定运行。

化粪池—土壤渗滤系统长期连续运行的处理效果见表 4-3，在进水 BOD、氨氮、SS、TP 和粪大肠杆菌的平均浓度分别为 36.2mg/L、16.1mg/L、29.1mg/L、1.8mg/L 和 6.9×10^5 CFU/100mL 时，该组合工艺对各污染物的去除率分别为 83.0%、67.2%、61.0%、74.9%和 99.99%。

化粪池—土壤渗滤组合技术的处理效果　　**表 4-3**

	BOD (mg/L)	氨氮 (mg/L)	SS (mg/L)	TP (mg/L)	大肠杆菌 (CFU/100mL)
原污水	36.2	16.1	29.1	1.8	6.9×10^5
组合系统出水	6.2	5.3	11.4	0.4	36
去除率 (%)	83	67.2	61	74.9	>99.99

3）南方某城镇化粪池—人工湿地组合系统

我国南方地区某城镇，采用化粪池—人工湿地技术进行分散式污水处理，工艺流程如图 4-15 所示，设计处理水量为 $5m^3/d$，设计出水水质要求到达《城镇污水处理厂污染物排放标准》(GB 18918—2002) 中一级 B 标准。生活污水经化粪池处理后进入潜流人工湿地，最终处理水一部分用于绿化灌溉，一部分就近排入河道。

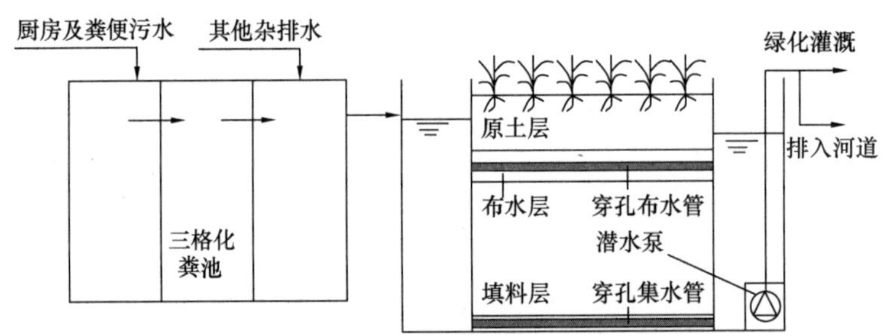

图 4-15　化粪池—潜流人工湿地组合工艺流程图

该项目对生活污水进行了分别收集，污染物浓度较高的污水包括厨房污水和粪便污水，污染物浓度较低的污水为以洗涤沐浴排水为主的其他杂排水。组合工艺中，化粪池为三格构造，厨房和粪便污水从第一格进入化粪池，其他杂排水则从第三格进入。经化粪池处理后，上清液进入潜流人工湿地进一步处理，定期清掏的化粪池沉泥就地用于人工湿地的原土层补充，从而增加人工湿地植物生长的肥分。

潜流人工湿地为三层构造，底部填料层为砾石，顶部原土层为一般土壤，水从中间的布水层进入湿地，布水层选用沸石作为基质，可实现污染物去除的强化。上部原土层种植水芹，属于经济植物，从而可提高土地利用价值。各功能层之间敷设人造纤维格网，最终出水经穿孔集水管收集，用于绿化或排入水体。

组合工艺系统稳定运行阶段的出水水质（平均值）见表 4-4，系统对 COD、BOD_5、SS、氨氮、TN 和 TP 的平均去除率分别达到了 94%、96%、95%、79.1%、62.1%和

79.1%，处理水达到了预期水质目标。

化粪池—潜流人工湿地组合技术处理效果 表 4-4

参数	进水	化粪池出水	去除率（%）	潜流人工湿地出水	去除率（%）
COD（mg/L）	487	174	64	31	94
BOD_5（mg/L）	203	52	74	9	96
SS（mg/L）	286	65	77	14	95
氨氮（mg/L）	29.7	25.7	13.5	6.2	79.1
TN（mg/L）	35.6	29.1	18.3	13.5	62.1
TP（mg/L）	4.5	4.1	8.9	0.94	79.1

以上应用实例表明，化粪池与过滤、土壤渗滤、人工湿地等简易或生态处理方法组合，可以达到很好的污水处理效果。在这些组合中，化粪池可看作是污水的预处理，一方面直接去除一部分污染物，另一方面改善污水中污染物的生化降解性质，从而在后续处理中得以高效去除。土壤渗滤和人工湿地都是近自然的生态处理技术，因地制宜地选择这些技术，并与化粪池组合，既能完成污水处理，又能达到改善环境的目的。除此之外，在有自然沟渠、水塘可利用的小城镇，也可构建化粪池与稳定塘组合的生态处理系统。

4.2.2 活性污泥法污水处理技术

活性污泥法当今仍是污水处理的主体技术，不仅适用于大中城市，也适合于小城镇污水处理。

1. 技术原理

1）基本流程

活性污泥法（activated sludge process）起源于1913～1914年英国曼彻斯特试验厂和美国马萨诸塞州卫生局Lawrence实验站的研究，经过上百年的生产应用和技术革新，活性污泥法在微生物学、反应动力学理论和工艺流程方面都不断得到完善，在污水生物处理技术中一直占据最重要的位置。活性污泥法是以活性污泥为主体的污水生物处理技术，利用活性污泥中微生物群体的吸附、降解等物化和生化作用，完成污水净化的生物工程技术。

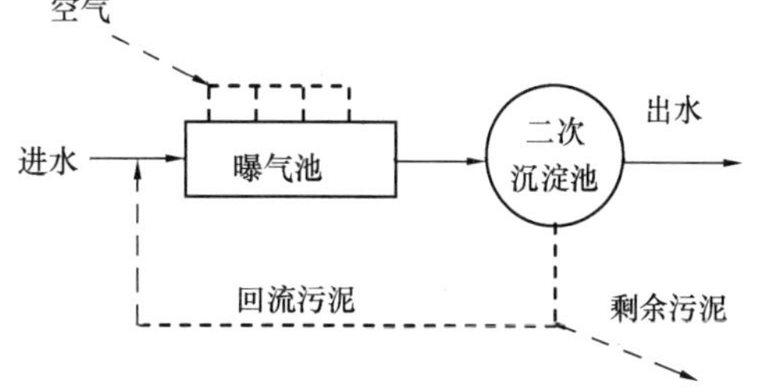

图 4-16 活性污泥法处理系统的基本流程

传统活性污泥法的基本流程如图4-16所示。主要包括：曝气池（生物反应池）、二沉池、曝气、污泥回流、剩余污泥处理等系统单元。经过初沉池或水解酸化池等预处理后的污水，从曝气池前端进入，与此同时，从二沉池连续回流的活性污泥，作为接种污泥同步进入曝气池。从鼓风机输送过来的空气，经过空气管道输送到铺设于曝气池底部的空气扩散装置，以微气泡的形式进入污泥混合液，曝气除了提供微生物代谢需要的氧气外也起到了混合搅拌、强化传质的作用。污水在曝气池中停留一定的时间，水中的有机物得到降解去除，污水得以净化，微生物也得到繁殖增长。经过处理的混合液从曝气池末端进入二沉池，从而完成固液分离。在二沉池中，活性污泥在重力作用下沉淀，上清液作为处理水排出系统，沉淀浓缩的污泥最终从二沉池底部排出，一部分作为接种污泥回流至曝气池，多余部分作为剩余污泥排出系统。剩余污泥与在曝气池内增长的污泥，在数量上保持动态平衡，使曝气池内的污泥浓度相对地维持在较为稳定的范围内。

2）活性污泥的形态组成、性能及评价指标

活性污泥上栖息着具有强大生命力的微生物群体，在这些微生物新陈代谢功能的作用下，活性污泥能够将有机污染物转化为无机物。正常的活性污泥是在外观上呈黄褐色的絮绒状，也称为“生物絮凝体”，其粒径一般为0.02～0.2mm，比表面积巨大，可达20～100cm^2/mL。活性污泥的含水率高，一般都大于99%，污泥的密度为1.002～1.006g/mL。活性污泥的含固率低于1%，这些固体物质由有机物和无机物两部分组成，两者所占的比例因原污水的性质不同而不同。

活性污泥中的有机成分主要由各类微生物聚合体组成，以好氧细菌为主体，也包含真菌、原生动物和后生动物等，这些微生物群体共同组成了一个相对稳定的微型生态系统。活性污泥中的细菌以异养型的原核细菌为主，数量大致为10^7～10^8个/mL，增殖速度快，世代时间仅为20～30min，是构成菌胶团的主要微生物，具有较强的有机物降解能力。真菌细胞结构较为复杂，种类繁多，与污水处理相关的真菌是微小的腐生或寄生的丝状菌，能够分解碳水化合物、脂肪、蛋白质等物质，但过量增殖则会导致污泥膨胀现象。同时，活性污泥中也存在原生动物，如肉足虫、鞭毛虫和纤毛虫等，主要捕食混合液中的游离细菌，起到进一步净化水质的作用。后生动物（如轮虫）的出现，通常是水质稳定的标志。因此，通过观察活性污泥的菌胶团形态和微生物生物相，能够有效地评价污泥的状态。

常用的污泥性能评价指标主要有：

（1）混合液悬浮固体（MLSS）：MLSS表示的是混合液中活性污泥的浓度，即在单位容积混合液内所含有的活性污泥固体物的总质量，在工程上往往以此表示活性微生物数量的相对值。MLSS通常包括四个部分，分别是具有代谢功能的微生物群体（Ma），微生物（主要是细菌）内源代谢、自身氧化的残留物（Me），由原水带入的难降解的惰性有机物质（Mi），由污水带入的无机物质（Mii）。其中前三项的总和表示活性污泥中有机固体物质的浓度，即为混合液挥发性悬浮固体（MLVSS）。一般情况下，MLVSS/MLSS的比值比较稳定，对于生活污水，通常为0.75左右。

（2）污泥沉降比（SV）：混合液静置30min后所形成沉淀污泥的容积占原混合液容积的百分率（%）。污泥沉降比能反映反应器正常运行时的污泥量，可用于控制剩余污泥的排放量，还能够通过它及早发现污泥生长过程中的异常现象。

（3）污泥体积指数（SVI）：曝气池出口处混合液经30min静沉后，每克干污泥所形成的沉淀污泥所占的容积，以毫升（mL）计。SVI值能够反映活性污泥的凝聚、沉淀性能，一般以介于 70～100 为宜，SVI 值过低，说明泥粒细小，无机物含量高，缺乏活性；反之则说明污泥沉降性能不好，并且已有产生膨胀现象的可能。SV、SVI 和 MLSS 之间具有如下关系：

$$SVI=SV/MLSS \tag{4-1}$$

（4）污泥负荷率（F/M）：影响活性污泥法处理效果的另一个重要因素是有机底物量（F）与微生物量（M）的比值 F/M，该比值通常是以 BOD－污泥负荷率（N_s）来表示，即：

$$\frac{F}{M}=N_s=\frac{q_v S_0}{XV} \tag{4-2}$$

式中 q_v——污水流量，m^3/d；

S_0——原污水中有机底物（BOD_5）浓度，mg/L；

V——反应器（曝气池）容积，m^3；

X——混合液悬浮固体（MLSS）浓度，mg/L。

（5）污泥龄：曝气池内活性污泥总量与每日排放的污泥量之比，称为污泥龄，即活性污泥在曝气池内的停留时间，又称为“生物固体平均停留时间”，即：

$$t=\frac{VX}{\Delta X} \tag{4-3}$$

式中 t——污泥龄，d；

ΔX——每日污泥增长量，kg/d。

3）有机物的净化反应过程

在活性污泥处理系统中，有机物去除过程的实质是有机物作为营养物质被微生物摄取、代谢和利用，这一过程的结果是污水中污染物得以去除，微生物获得能量和物质合成新细胞，活性污泥得到增长。这个过程涉及物理、化学及生化等复杂的反应过程，大致包括以下几种作用。

（1）初期吸附去除作用

在活性污泥处理系统中，污水与活性污泥接触后，在较短时间（5～10min）内水中的有机污染物即被大量去除，出现很高的 BOD 去除率，这种初期高速去除现象是物理吸附和生物吸附共同作用的结果。活性污泥混合液具有很大的固体比表面积（2000～10000m^2/m^3），在表面上栖息着大量的微生物，在其外部覆盖着多糖类的黏质层。当它与污水接触时，水中呈悬浮和胶体状态的有机污染物即被活性污泥吸附而从液相转移到固相之中，这一作用被称作初期吸附去除作用。

初期吸附去除进行的较快，一般情况下能够在 30min 内完成，污水 BOD 的去除率可达 70%左右。有机物的去除速率主要取决于微生物的活性程度和反应器内的水力扩散程度，前者决定了活性污泥中微生物的吸附、凝聚功能，后者决定了活性污泥絮凝体与有机污染物的接触程度。活性较强的活性污泥，除了应具有较大的比表面积外，活性污泥微生物所处的增殖期也很重要，一般处在“饥饿”状态的内源呼吸期的微生物，其活性最强，吸附能力也最强。被吸附在微生物细胞表面的有机物，在经过数小时的曝气后，才能相继被摄入到微生物体内，因此，被“初期吸附去除”的有机污染物数量是有一定限度的。

（2）微生物的代谢作用

被吸附在活性污泥微生物细胞表面上的有机底物，在透膜酶的作用下，穿过细胞壁而进入微生物细胞体内。进入细胞内的有机底物，在各种胞内酶（如脱氢酶、氧化酶等）的催化作用下，微生物对其进行代谢反应。一部分有机物通过氧化分解，最终转化为 CO_2 和 H_2O 等稳定的无机物质，并为合成新细胞物质提供所需的能量，称之为分解代谢；另一部分有机物则被微生物用于合成新细胞，称之为合成代谢，所需能量来源于分解代谢过程。当有机底物充足时，微生物大量合成新的细胞物质，而当有机底物匮乏时，微生物对其自身的细胞物质进行代谢反应，提供所需的能量，此即为内源呼吸或自身氧化。图4-17为上述微生物分解与合成代谢及其产物的模式图。

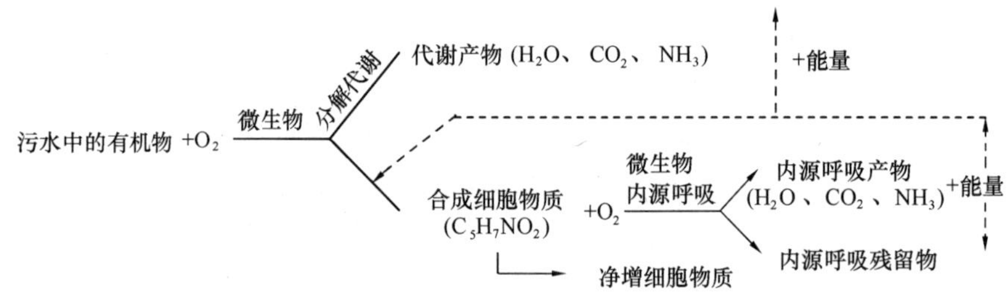

图 4-17　微生物分解代谢与合成代谢及其产物模式图

2. 活性污泥反应动力学基础

1）有机物底物降解动力学

莫诺（Monod）于 1942 年用纯种的微生物在单一底物的培养基上进行了微生物增殖速率与底物浓度之间关系的试验，该关系可用下述米—门方程式（Michaelis-Menton Eqution）来描述：

$$\mu = \mu_{max} \frac{S}{K_s + S} \tag{4-4}$$

式中　μ——微生物的比增殖速率，即单位生物量的增殖速率，d^{-1}；

μ_{max}——微生物的最大比增殖速率，d^{-1}；

K_s——饱和常数，为当 $\mu = \mu_{max}$ 时的底物浓度，也称之为半速率常数；

S——有机底物浓度。

可以设定，微生物的比增殖速率（μ）与有机底物比降解速率（ν）呈正比例关系，即：

$$\mu = \gamma\nu \tag{4-5}$$

因此，与微生物比增殖速率 μ 相对应的底物比降解速率 ν，也可以采用米—门方程式描述，即：

$$\nu = \nu_{max} \frac{S}{K_s + S} \tag{4-6}$$

式中 ν——有机底物的比降解速率，d^{-1}；

ν_{max}——有机底物的最大比降解速率，d^{-1}。

其余各符号表示意义同前。

在污水处理领域，底物的比降解速率比微生物的比增殖速率更具有实际意义，按物理意义考虑，可得到：

$$\nu = -\frac{i}{X}\frac{dS}{dt} = \frac{d(S_0 - S)}{Xdt} \tag{4-7}$$

式中 S_0——原污水中有机底物的原始浓度；

S——经过时间 t 后混合液中残存的有机底物浓度；

t——活性污泥反应时间；

X——混合液中活性污泥总量。

根据式（4-5）和式（4-6），下式成立：

$$-\frac{dS}{dt} = \nu_{max}\frac{XS}{K_s + S} \tag{4-8}$$

式中 $\frac{dS}{dt}$——有机底物降解速率。

2）有机底物降解与微生物增殖

活性污泥微生物的增殖是生物合成与内源呼吸同步进行的结果，因此单位反应器容积内，其净增殖速率为：

$$\left(\frac{dX}{dt}\right)_g = \left(\frac{dX}{dt}\right)_s - \left(\frac{dX}{dt}\right)_e \tag{4-9}$$

式中 $\left(\frac{dX}{dt}\right)_g$——活性污泥微生物净增殖速率；

$\left(\frac{dX}{dt}\right)_s$——活性污泥微生物合成速率，其值为：

$$\left(\frac{dX}{dt}\right)_s = \alpha\left(\frac{dS}{dt}\right)_u \tag{4-10}$$

式中 $\left(\frac{dS}{dt}\right)_u$——活性污泥微生物对有机底物的利用（降解）速率；

α——产率系数，即微生物每代谢 1kg BOD 所合成的混合液挥发性悬浮固体质量，kg/kg；

$\left(\frac{dX}{dt}\right)_e$——活性污泥微生物内源代谢速率，其值为：

$$\left(\frac{dX}{dt}\right)_e = bX_v \tag{4-11}$$

式中 b——活性污泥微生物的自身氧化系数，亦称为衰减系数，d^{-1}；

X_v——MLVSS。

因此，活性污泥微生物增殖的基本方程式为：

$$\left(\frac{dX}{dt}\right)_g = \alpha\left(\frac{dS}{dt}\right)_u - bX_v \tag{4-12}$$

活性污泥微生物每日在曝气池内的净增殖量为：

$$\Delta X = \alpha q_{\mathrm{v}}(S_0 - S_{\mathrm{e}}) - bVX_{\mathrm{V}} \tag{4-13}$$

式中　ΔX——每日增长（排放）的挥发性污泥量（VSS），kg/d；

$q_{\mathrm{v}}(S_0 - S_{\mathrm{e}})$——每日的有机底物降解量，kg/d；

VX_{V}——曝气池内，混合液挥发性固体质量，kg。

上式可以改写为：

$$\frac{\Delta X}{X_{\mathrm{V}}V} = \frac{1}{t} = \alpha\frac{q_{\mathrm{v}}S_{\mathrm{r}}}{X_{\mathrm{V}}V} - b = \alpha N_{\mathrm{rs}} - b \tag{4-14}$$

式中　$\frac{q_{\mathrm{v}}S_{\mathrm{r}}}{X_{\mathrm{V}}V}$——污泥负荷率，$\frac{q_{\mathrm{v}}S_{\mathrm{r}}}{X_{\mathrm{V}}V} = \frac{q_{\mathrm{v}}(S_0 - S_{\mathrm{e}})}{X_{\mathrm{V}}V} = N_{\mathrm{rs}}$，$kgBOD_5$/（kgMLVSS·d）；

t——污泥停留时间，d。

3）有机物降解的需氧量

微生物对有机底物的氧化分解及其自身氧化，都是需氧过程，这两部分的氧化所需要的氧量一般用下列公式计算：

$$O_2 = \alpha' q_{\mathrm{v}}S_{\mathrm{r}} + b'VX_{\mathrm{v}} \tag{4-15}$$

式中　O_2——混合液需氧量，kgO_2/d；

α'——微生物对有机底物氧化分解过程的需氧率，即微生物每代谢 1kgBOD 所需的氧量，以 kg 计；

b'——活性污泥微生物自身氧化的需氧率，即千克活性污泥每天自身氧化所需的氧量，以 kg 计；

其他符号表示意义同前。

上式可改写为：

$$\frac{O_2}{X_{\mathrm{V}}V} = \alpha'\frac{q_{\mathrm{v}}S_{\mathrm{r}}}{X_{\mathrm{V}}V} + b' = \alpha' N_{\mathrm{rs}} + b' \tag{4-16}$$

或：

$$\frac{O_2}{q_{\mathrm{v}}S_{\mathrm{r}}} = \alpha' + b'\frac{X_{\mathrm{V}}V}{q_{\mathrm{v}}S_{\mathrm{r}}} = \alpha' + b'\frac{1}{N_{\mathrm{rs}}} \tag{4-17}$$

从式（4-17）可以看出，当污泥负荷高，污泥龄短，则每降解 1kgBOD 的需氧量就较低。这是因为在高负荷条件下，一部分被吸附而未被摄入细胞体内的有机底物随剩余污泥排出，而且污泥的自身氧化作用也较低，污泥龄较长，则微生物对有机底物的降解代谢程度较深，每降解 1kgBOD 的需氧量就较大。

从式（4-16）可以看出，当污泥负荷率高，污泥龄短时，1kg 污泥的需氧量较大，也就是单位曝气池容积的需氧量较大，所需曝气强度较高。

3. 活性污泥的常用技术类型

传统活性污泥法工艺形式多样，例如：完全混合活性污泥法、阶段曝气活性污泥法、再生曝气活性污泥法、吸附再生活性污泥法、延时曝气活性污泥法、高负荷活性污泥法、深水曝气活性污泥法和纯氧曝气活性污泥法等，这些技术都是基于对传统活性污泥法的改进。

活性污泥法也存在某些有待解决的问题，如曝气池体积庞大、占地面积大、电耗高、管理复杂等。特别是，近年来污水排放标准要求愈发严格，促进了传统活性污泥法的革新，国内外的研究者针对活性污泥的反应机理、降解功能、运行方式、工艺系统等进行了大量研究和改进。为了强化污水中氮磷等营养物质的去除，开发出了多种形式的新型高效处理技术，旨在提高活性污泥法处理效率，强化微生物代谢功能。

常用的生物脱氮技术主要包括：缺氧/好氧（AO，Anoxic-Oxic）活性污泥法、氧化沟（OD，Oxidation Ditch）工艺、移动床生物膜反应器（MBBR，Moving Bed Biofilm Reactor）等；常用的生物脱氮除磷的技术主要包括：厌氧/缺氧/好氧活性污泥法（A^2O，Anaerobic-Anoxic-Aerobic）、序批式活性污泥法（SBR，Sequencing Batch Reactor）、循环式活性污泥法（CASS，Cyclic Activated Sludge System）等。这些工艺都是在传统活性污泥法工艺基础上的革新。表 4-5 列举了常用活性污泥法的工艺特征及适用性。

常用活性污泥法的工艺特征及适用性　　表 4-5

工艺技术	优　点	缺　点	适　用　性
传统活性污泥法	有机物去除效率高； 适合于水质相对稳定的污水； 工艺成熟、运行维护简单	能够去除的污染物相对单一； 对水质变化的适应性差； 溶解氧的利用不充分，能耗高	以有机物去除为主要目的的大中型污水处理厂
AO	生物脱氮效率较高； 反硝化碳源利用充分	增加了内回流，运行费用增加； 生物除磷效果较差； 运行管理较复杂	有脱氮要求的大中型污水处理厂
A^2O	较好的生物脱氮除磷效果； 污泥交替处于不同的环境条件下，有利于污泥膨胀的控制	构筑物较多，占地面积较大； 两套回流系统，运行费用增大； 运行管理复杂	有同时脱氮除磷要求的大中型污水处理厂
SBR	流程简单，易于自动化控制； 运行模式灵活可调控，运行费用低； 构筑物少，基建费用低，占地少； 抗冲击负荷能力强，脱氮除磷效果好	自动控制要求较高； 间歇进水； 对操作人员要求较高	有同时去除有机物和氮磷要求的中小型污水处理厂
CASS	流程简单，可实现自动化控制，运行管理简便，运行费用低； 构筑物少，基建费用较低，占地较少； 脱氮除磷效果好； 有生物选择器，可抗污泥膨胀	自动控制要求较高； 对操作人员要求较高	有同时去除有机物和氮磷要求的各种类型污水处理厂
氧化沟	工艺流程简单，技术形式多样； 可抗水质水量冲击负荷； 低负荷，脱氮效果好； 污泥沉降性能好，污泥稳定	氧的利用效率低，能耗较高； 无独立除磷系统，除磷效果较差； 池深受到限制，占地较大	有同时去除有机物和氮磷要求的各种类型污水处理厂

续表

工艺技术	优　点	缺　点	适　用　性
MBBR	填料类型及技术类型多样化； 对外界环境条件变化的适应性强； 强化了有机物和氮的去除效果； 节省占地和投资，易于管理维护	依靠水力作用实现填料的移动，易出现局部堵塞的问题； 为避免填料随出水流失需设置栅板或格网	有同时去除有机物和脱氮要求的中小型污水处理厂

4. 适合小城镇的活性污泥法污水处理技术

由上述讨论可知，传统活性污泥法、AO 和 A^2O 等工艺主要适合于大中型污水处理厂。鉴于小城镇污水处理规模小的特点，以下主要讨论几类适合于小城镇的污水处理技术。

1）SBR 技术

SBR 属于简易、灵活、高效、低耗的活性污泥法处理技术，抗冲击负荷能力强，与传统活性污泥法相比，具有投资少的特点，适合于水量小，水质变化较大的小城镇污水处理。

（1）技术原理

SBR 是 20 世纪 80 年代起发展起来的污水处理工艺，问世以来得到污水处理界的高度重视，国内外在 SBR 工艺的操作方式、运行控制和工艺优化等方面不断开展研究，也形成了一系列以 SBR 为基础的工艺模式，如 MSBR、ICEAS、CASS、DAT-IAT、UNITANK 等。

SBR 工艺的基本特点是，采用时间分割的操作方式来替代传统活性污泥法的空间分割，使反应池集均化、初沉、生物降解、二沉等功能于一池，实现运行上的有序和间歇操作。因为曝气和搅拌工序的时间可根据具体水质情况进行调节，所以提高了整个反应过程的灵活性，进水、反应、沉淀、出水、排泥等环节均在同一反应器中完成；因为可以在不同的时间段进行不同的反应，所以微生物环境能得到很好的维持；因为采取静止沉淀，所以泥水分离效果特别好；因为反应器在空间上属于完全混合，时间上属于推流反应，所以抗冲击负荷能力强，处理水质好。

典型的 SBR 工艺，其一个完整的操作过程称为一个运行周期，包括五个阶段，按时间顺序依次为进水阶段、反应阶段、沉淀阶段、排水排泥阶段、闲置阶段。图 4-18 是

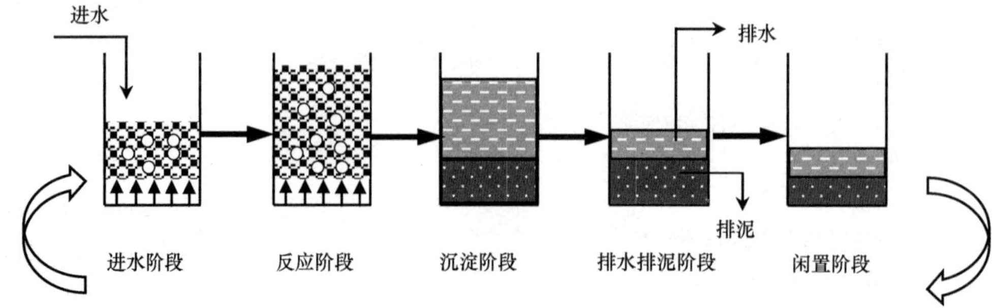

图 4-18　SBR 工艺运行周期的基本操作流程图

SBR 工艺一个运行周期内的基本操作流程，详述如下。

① 进水阶段

污水进入前，SBR 池处于操作周期的待机（闲置）工序，此时沉淀后的上清液已排放，曝气池内留有沉淀下来的活性污泥，一般为反应池有效容积的 50%左右。进水的同时施以搅拌，使污水与污泥得到均匀混合。因为进水时不供氧，反应器内能发生一定程度的水解酸化，可提高污染物的可生化降解性，同时发挥一定的缺氧脱氮、缺氧释磷功效，有利于后续阶段的好氧吸磷。进水阶段的时间通常根据进水量、反应池的规模及池子组数综合考虑。待反应池水位到达设定值时，进水阶段结束，反应器进入下一操作阶段。

② 反应阶段

当污水注满 SBR 池后，则可开始生化反应阶段的运行，这是最重要的一道工序。曝气模式可根据处理要求灵活选择，并结合搅拌形成不同的运行方式，如 BOD 去除、硝化和磷的吸收则需要通过曝气维持好氧条件，同时通过搅拌保持完全混合条件。而反硝化和释磷则需要停止曝气来提供缺氧条件。并辅以缓速搅拌。

③ 沉淀阶段

与传统活性污泥法相同，沉淀过程是为了实现有效的固液分离。该阶段要停止曝气和搅拌，使混合液处于静止状态，沉淀时间一般为 1.0～1.5h。SBR 反应池集反应与沉淀于一体，避免了反应器中泥水混合液通过管渠输送到二沉池的过程，同时也无需进行污泥回流，因此沉淀过程受外界的干扰很小，活性污泥具有良好的絮凝性能，并获得良好的沉淀效果。

④ 排水排泥阶段

沉淀后期或沉淀结束后，要排除池中沉淀后的上清液，使反应器恢复至周期初始的最低水位，但该水位必须高于沉淀后的污泥层。为了保持基本稳定的污泥量，排水的同时也需要及时排除剩余污泥。SBR 中的排水通常通过滗水器完成，排水排泥所需时间一般为 1～2h。

⑤ 闲置阶段

排水排泥后，反应器进入闲置阶段。该阶段的功能是在无进水的静置条件下，使活性污泥中的微生物通过内源呼吸作用恢复其对污染物的快速吸附能力，同时在缺氧（或者）厌氧的条件下实现一定的反硝化和释磷。

（2）技术特征

① 工艺流程简单，不需二沉池和污泥回流。实际上，SBR 工艺技术的主体设备只有一个序批式反应器，与传统活性污泥法相比，省去了庞大的二沉池，也无需设置混合液回流及污泥回流设备，一般也可不设调节池，多数情况下可省去初沉池。

② 处理效果好。SBR 中，一个运行周期内底物浓度和微生物浓度随反应时间发生变化，从而有别于连续流活性污泥法。另外，各个运行阶段相对独立，使得反应过程处于非连续状态，活性污泥交替处于吸附、降解、活化再生的周期变化过程中，从而微生物活性高，抗冲击负荷能力强。只要选择合适的运行条件，SBR 不仅能有效去除有机物，还具

有良好的脱氮除磷功能。

③ 污泥沉淀性能好，抗污泥膨胀性能好。污泥膨胀影响污泥沉淀效果和处理水水质，是传统活性污泥法运行中经常遇到的难题，引起污泥膨胀的原因 90%以上是由丝状菌过度繁殖造成的。目前的研究认为，不同的活性污泥处理技术发生污泥膨胀的可能性顺序为：间歇式<传统推流式<阶段曝气<完全混合式。SBR 之所以能够有效地控制丝状菌的过量繁殖，主要原因在于，反应器中存在较高的底物浓度和较大的浓度梯度，缺氧（或厌氧）和好氧状态并存，从而能够抑制大多数的专性好氧丝状菌生长，同时由于污泥龄短，剩余污泥的排放速率可能大于丝状菌的生长速率。这些条件都使得丝状菌难以成为 SBR 中的优势微生物。

④ 占地少，投资省，运行管理方便。根据经验，规模小于 10 万 m^3/d 的污水处理厂采用 SBR 技术，基建投资比传统活性污泥法节省 10%～20%，设施占地面积减少 30%～50%，同时处理成本也低于传统活性污泥法。另一方面，由于处理设施单元数少，所以运行管理可大为简化。

⑤ 自控程度高，设备国产率高。SBR 系统的周期运行都可通过自动控制来实现，从而大幅度节省了劳动力。同时，除了仪器仪表和自控原件外，SBR 所需的大部分设备和配件并不复杂，基本上都能实现国产化。

（3）设计要点

① SBR 主要适用于中小规模污水处理厂。

② SBR 工艺中原则上不设调节池，为了适应流量的变化，反应池的容积应留有余地，但在流量变化很大的场合，可以考虑设置流量调节池。

③ 反应池的数量原则上为 2 个以上，水量较小时（<500m^3/d）或者投产初期污水量较少时，可以建一个反应池。采用单池时，原则上采用低负荷连续进水的方式。

④ 曝气装置应不易堵塞，具备提供足够供氧量和对混合液进行充分搅拌的功能。

⑤ 上清液排出装置应能在设定的排出时间内，且在活性污泥不发生上浮的情况下，顺利排出上清液。

⑥ 为了避免曝气装置或污泥泵发生堵塞而造成事故，在反应池前应设置格栅截留较大的杂质。

⑦ 为了避免 SBR 反应池内聚集浮渣，应考虑采用能去除浮渣的池型结构。

表 4-6 为 SBR 工艺主要用于污水中有机物去除时的主要设计参数，表 4-7 为 SBR 工艺用于生物脱氮除磷时的主要设计参数。

SBR 工艺去除有机物的主要设计参数　　　　表 4-6

项目名称		符号	单位	参数值
反应池五日生化需氧量污泥负荷	（BOD_5/MLVSS）	L_s	kg/（kg·d）	0.25～0.50
	（BOD_5/MLSS）		kg/（kg·d）	0.10～0.25
反应池混合液悬浮固体（MLSS）平均质量浓度		X	kg/m^3	3.0～5.0

续表

项目名称		符号	单位	参数值
反应池混合液挥发性悬浮固体（MLVSS）平均质量浓度	X_v	kg/m³	1.5～3.0	
污泥产率系数（VSS/BOD₅）	设初沉池	Y	kg/kg	0.3
	不设初沉池		kg/kg	0.6～1.0
总水力停留时间		HRT	h	8～20
需氧量（O_2/BOD_5）		O_2	kg/kg	1.1～1.8
活性污泥容积指数		SVI	mL/g	70～100
充水比		m		0.4～0.5
BOD_5总处理率		η	%	80～95

SBR 工艺生物脱氮除磷的主要设计参数 **表 4-7**

项目名称		符号	单位	参数值
反应池五日生化需氧量污泥负荷	$BOD_5/MLVSS$	L_s	kg/（kg·d）	0.15～0.25
	$BOD_5/MLSS$		kg/（kg·d）	0.07～0.15
反应池混合液悬浮固体（MLSS）平均质量浓度		X	kg/m³	2.5～4.5
总氮负荷率（VSS/BOD₅）			kg/（kg·d）	≤0.06
污泥产率系数（VSS/BOD₅）	设初沉池	Y	kg/kg	0.3～0.6
	不设初沉池		kg/kg	0.5～0.8
厌氧水力停留时间占反应时间比例			%	5～10
缺氧水力停留时间占反应时间比例			%	10～15
好氧水力停留时间占反应时间比例			%	75～80
总水力停留时间		HRT	h	20～30
需氧量（O_2/BOD_5）		O_2	kg/kg	1.5～2.0
活性污泥容积指数		SVI	mL/g	70～140
充水比		m		0.3～0.35
BOD_5总处理率		η	%	85～95
TP 总处理率		η	%	50～75
TN 总处理率		η	%	55～80

（4）应用实例

① 世界上首例小型 SBR 污水处理厂

世界上第一座小型 SBR 污水处理厂建在美国印第安纳州 Culver 污水处理厂，处理规模为 1000m^3/d，建有两座容积为 440m^3 的 SBR 反应池，$BOD_5/MLSS$ 负荷率分别设计为 0.06～0.16kg/（kg·d）和 0.16～0.42kg/（kg·d），运行周期均为 6h（每日运行 4 个周期），但各个阶段的时间分配不同（表 4-8）。由于有机物负荷率差别较大，两座 SBR 反应池的污泥龄、污泥产率、MLSS 也均有很大差别，且单位 BOD 去除能耗和污泥中的含磷量也不同（表 4-9）。但在相同的进水水质条件下（BOD_5＝130～170mg/L，SS＝100～120mg/L，TP＝6.2～8.2mg/L），两座 SBR 的出水水质没有明显差别（BOD_5＝3～6mg/L，SS＝4～7mg/L，TP＝0.6～1.1mg/L），BOD_5去除率达到 95％～98％，SS 去除率达到 93％～97％，TP 去除率达到 82％～93％，充分表明 SBR 工艺具有很强的适应性，在较宽的操作条件范围内，都能得到稳定的处理水质。

Culver 污水处理厂 SBR 工艺的运行周期时间分配　　表 4-8

SBR	进水阶段（h）	反应阶段（h）	沉淀阶段（h）	排水排泥阶段（h）	闲置阶段（h）
1	2.9	0.7	0.7	0.7	1
2	3.1	0.4	0.7	0.7	1.1

Culver 污水处理厂 SBR 工艺的运行参数　　表 4-9

参　　数	SBR1	SBR2
污泥负荷（BOD_5/MLSS）[kg/（kg・d）]	0.06～0.16	0.16～0.42
污泥龄（d）	38	9.5
污泥产率（MLSS/BOD_5）[kg/（kg・d）]	0.56	0.82
去除 BOD_5能耗（kWh/kg）	3.3	2.1
污泥中含磷率（％）	7.4	5
MLSS（mg/L）	3450	1950

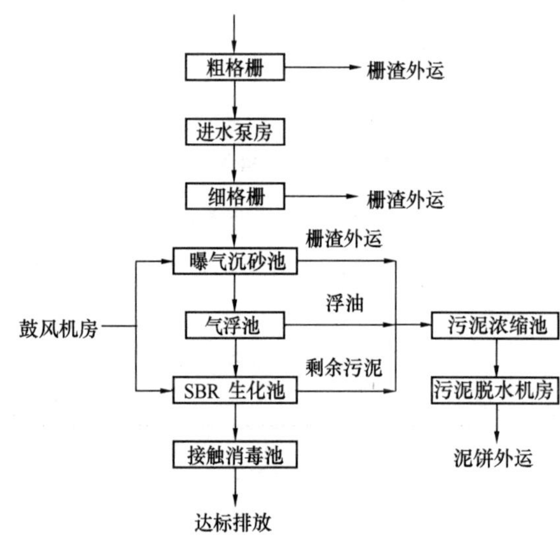

图 4-19　北方某污水处理厂 SBR 工艺流程图

② 我国北方某污水处理厂 SBR 工艺

我国北方某经济技术开发区污水处理厂采用以 SBR 为主体的二级生物处理工艺。如图 4-19 所示，由于进水既包括生活污水，也包括一定量不同来源的工业废水，水质比较复杂，所以在 SBR 生化池之前增加了曝气沉砂池以去除粗大悬浮物，气浮池去除水中的浮油。污水处理厂建设规模为 4000m^3/d，采用 SBR 池 2 座，每座分为 2 格，设计污泥负荷为 0.065kgBOD_5/（kgMLSS・d），与前述 Culver 污水处理厂负荷的下限基本相当，稳定运行期间，MLSS 浓度为 3000～4000mg/L，MLVSS/MLSS 比为 50％～60％，污泥沉降比为 20％～30％。如表 4-10 所示，该工艺的 BOD 去除率超过 80％，COD 去除率为 60％左右，NH_3-N 和 TP 去除率均接近 50％，SS 去除率为 60％左右。

北方某污水处理厂 SBR 工艺处理功效 表 4-10

水质指标	进水		出水	
	浓度（mg/L）	均值（mg/L）	浓度（mg/L）	平均去除率（%）
BOD_5	103～216	172.0	20.1～33.4	82.2～85.2
COD	242～631	468.0	100～292	58.3～64.0
氨氮	12.1～25.6	17.1	6.8～10.9	46.5～50.5
TP	2.3～5.8	3.0	0.5～2.97	42.5～54.2
SS	169～372	249.0	72～113	59.2～61.8

2）CASS 工艺

（1）技术原理

CASS 工艺又称之为连续进水周期循环式活性污泥法，是 SBR 的变形工艺。主体构筑物为一间歇式反应器，反应器中活性污泥反应过程按曝气和非曝气阶段不断重复，在一个处理单元中完成有机物的生物降解和泥水分离。CASS 系统整体上以推流式方式运行，但包含几个反应区，各反应区内基本上是完全混合流态。

如图 4-20 所示，CASS 系统通常包括三个反应区，即生物选择区、预反应区（兼氧区）和主反应区（好氧区），它与 SBR 工艺的一个重要的不同点在于沉淀污泥从主反应区的泥斗回流到生物选择区。生物选择区是设置在反应池进水处的小池子（约为反应池总容积的 10%），水力停留时间为 0.5～1h，通常在厌氧或者兼氧条件下运行，在此污水和回流污泥相互混合，充分利用了活性污泥的快速吸附作用而加速对溶解性底物的去除并对难降解有机物也起到良好的水解作用，可使污泥中的磷在厌氧条件下得到有效的释放，此外选择区中还可发生比较显著的反硝化作用。设置选择区对进水水质、水量、pH 和有毒有害物质具有较好的缓冲作用，同时在高 BOD 负荷下运行有利于选择出絮凝性良好的污泥絮体，防止污泥膨胀，提高系统的稳定性。预反应区一般在兼氧条件下运行，不仅具有辅助生物选择区对进水水质、水量变化的缓冲作用，同时具有促进磷的进一步释放和强化反硝化作用。主反应区位于池体的后端，在好氧条件下运行，是实现有机物去除、硝化反应和磷吸收的主要场所。

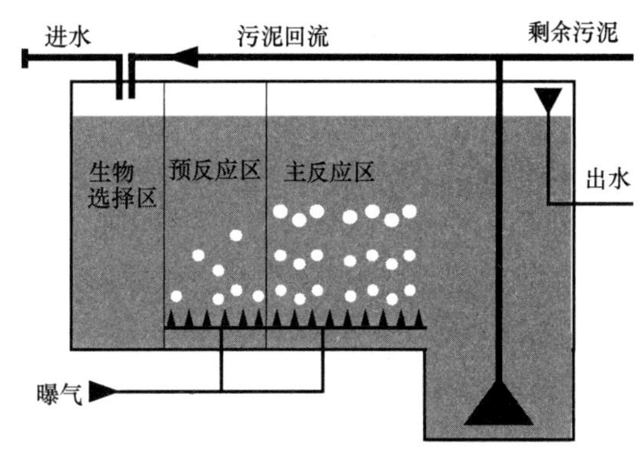

图 4-20　CASS 工艺构造示意图

采用三区式的 CASS 工艺主要用于脱氮除磷，当 CASS 工艺仅用于脱氮时也可采用两区式。无论采用哪种分区方式，CASS 的运行类似于 SBR，即按一定的时间序列运行，包括充水—曝气、充水—沉淀、滗水和充水—闲置等四个阶段，并组成其运行的一个周期。以三区式的 CASS 工艺为例（图 4-21），上述四个阶段依次为：

① 充水—曝气阶段

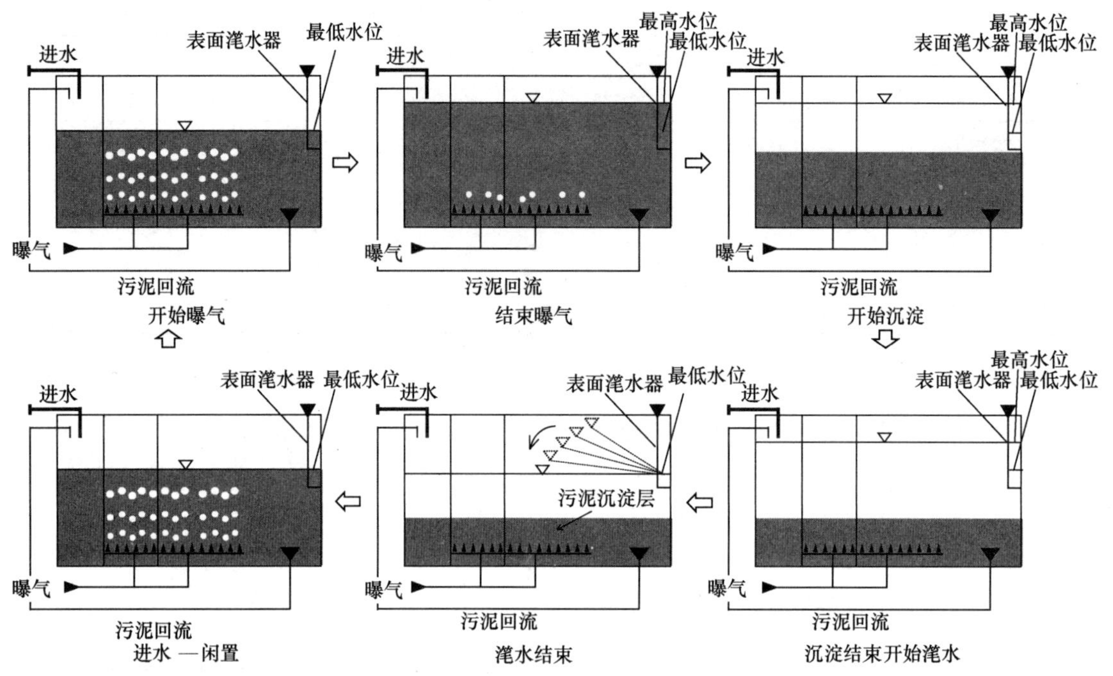

图 4-21　CASS 工艺运行周期的操作流程示意图

充水时即开始曝气，同时将主反应区的污泥回流至生物选择区，污泥回流量约为处理水量的 20%。在该阶段，曝气系统向反应池内供氧，一方面满足好氧微生物对氧的需要，另一方面有利于活性污泥与有机物的混合，从而使有机污染物被微生物氧化分解，同时污水中的氨氮也通过硝化作用转化为硝态氮。

② 充水—沉淀阶段

停止曝气，静置沉淀以使泥水分离。在沉淀刚开始时，由于曝气所提供的搅拌作用能使污泥发生絮凝，随后污泥以集团沉降的形式下沉，因而所形成的沉淀污泥浓度较高。与传统 SBR 工艺不同的是，CASS 工艺在沉淀阶段不仅不停止进水，而且也不停止污泥回流，但还能可获得良好沉淀效果。当混合液的污泥浓度为 3500～5000mg/L 时，经沉淀后污泥的浓度可达到 15000mg/L 左右。

③ 滗水阶段

沉淀阶段完成后，置于反应池末端的滗水器开始工作，自上而下逐层排出上清液，排水结束后，滗水器将自动复位。排水过程中，反应池底部污泥层内由于溶解氧含量较低，从而有助于发挥反硝化作用。CASS 反应器在滗水阶段需停止进水，根据处理系统中 CASS 反应器个数的不同，也可将原污水引入其他 CASS 反应器（2 个或以上 CASS 反应器的情况下），或将原污水引入 CASS 反应器之前的集水井（单个 CASS 反应器的情况下）。滗水阶段，污泥回流系统照常工作，目的是提高缺氧区的污泥浓度，使回流污泥中的硝氮进行反硝化，并促进磷的释放。由于 CASS 反应器在运行过程中的最高水位和滗水时的最低水位是确定的，所以在滗水期间进行污泥回流不会影响出水水质。

④ 充水—闲置阶段

闲置阶段的时间一般较短，主要保证滗水器在此阶段内上升到原始位置，防止污泥流失。若在此阶段进行适量的曝气，则有利于恢复污泥的活性。正常的闲置期通常在滗水器恢复到待运行状态 4min 之后开始。

CASS 工艺的运行就是上述四个阶段依次进行并不断循环重复的过程。

（2）技术特征

与传统活性污泥法和 SBR 工艺相比较，CASS 工艺主要具有以下特征：

① 根据生物选择原理，利用与主反应区分建或合建，以及位于系统前端的生物选择区的释磷作用和反硝化作用，对进水中有机底物的快速吸附作用，增强了系统运行的稳定性。选择区的设置有利于创造适合微生物生长的条件，并选择出絮凝性强的微生物，因而可更有效地保持污泥良好的沉降性能，提高了系统抗冲击负荷的能力。

② 可实现变容积运行，从而提高了系统对水量水质变化的适应性和操作的灵活性。

③ 根据生物反应动力学原理，采用多池串联运行，使废水在反应器的流动呈现出整体推流而在不同区域完全混合的复合流态，不仅保证了稳定的处理效果，而且提高了容积利用率。

④ CASS 工艺是一个好氧/缺氧/厌氧交替运行的过程，可实现同步硝化—反硝化和生物除磷，具有良好的脱氮除磷效果。

⑤ 污泥产量低，性质稳定。传统活性污泥法的泥龄仅为 2～7d，而 CASS 工艺的泥龄为 25～30d，因此污泥稳定性好，脱水性能好，产生的剩余污泥少。由于污泥在 CASS 反应池中已得到一定程度的消化，所以剩余污泥一般不需要再经稳定化处理，可直接脱水。

（3）设计要点

CASS 反应区的主要设计参数如下：

① 最大设计水深：5～6m。

② MLSS 浓度：3500～4000mg/L。

③ 充水比：30%左右。

④ 最大上清液滗除速率：30mm/min。

⑤ 固液分离时间：60min。

⑥ SVI：140mL/g。

⑦ 单循环时间（即一个运行周期）：4h（标准处理模式为：曝气 2h、沉淀 1h、排水 1h）。

当 CASS 工艺仅用于脱氮时，反应池的设计应符合以下要求：

① 反应池一般分为两个反应区，即缺氧生物选择区和好氧区。缺氧区的溶解氧小于 0.5mg/L，以满足反硝化条件。

② 缺氧区的有效容积宜占反应池总有效容积的 20%。

③ 好氧区混合液回流至缺氧区，回流比应根据实验确定，不宜小于 20%。

当 CASS 工艺用于脱氮除磷时，反应池的设计应符合以下规定：

① 反应池分为三个反应区，分别为厌氧生物选择区、缺氧区和好氧区；

② 厌氧生物选择区的溶解氧为 0，以满足聚磷菌释磷，其有效容积宜占反应池总有效容积的 5%～10%；

③ 缺氧区的溶解氧小于 0.5mg/L，以满足反硝化条件，其有效容积宜占反应池总有效容积的 20%；

④ 反应池内好氧区污泥回流至厌氧生物选择区，回流比应根据实验确定，不宜小于 20%。

（4）应用实例

我国南方某小城镇，根据该镇污水处理厂可用地面积较小，厂址附近有住宅区需进行全厂除臭以及项目需分期建设的特点，以及污水必须有效脱氮除磷的要求，经方案比较后选用 CASS 为污水处理的主体工艺，处理规模为 6000m^3/d，工艺流程如图 4-22 所示。

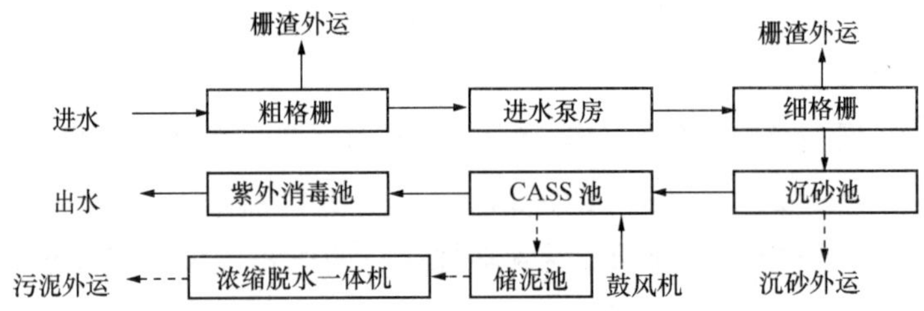

图 4-22　以 CASS 工艺为主的污水处理流程图

污水经厂外截污干管进入污水处理厂，经水泵提升后，进入细格栅和旋流沉砂池，以去除漂浮物和砂粒，砂粒经螺旋分离机分离后外运。沉砂池的出水自流进入 CASS 池，CASS 池分为生物选择区和主反应区，在这两个反应区内，经过 CASS 工艺四个阶段完成污水处理。出水经紫外消毒后排放。剩余污泥通过污泥泵排入储泥池，储泥池污泥由螺杆泵提升至浓缩脱水一体机，脱水后的污泥由皮带输送机输送到污泥料斗。储泥池排出的上清液以及脱水机排出的压滤液自流进入厂内泵房。

该系统稳定运行状态下的进出水平均水质如表 4-11 所示，可见该工艺对有机物（COD、BOD_5）的去除率均在 80%以上，对氨氮和 TP 的去除率大于 70%，但 TN 的去除率稍低。总体来说，处理水达到了预期的水质指标（优于一级 B 排放标准）。

CASS 工艺的处理效果　　　　**表 4-11**

参　数	COD	BOD_5	SS	氨氮	TN	TP
进水（mg/L）	218	76	127	21	30	2.7
出水（mg/L）	25	14	16	6	18	0.7
去除率（%）	88.5	81.6	87.4	71.4	40.0	74.1
排放标准（mg/L）	≤60	≤20	≤20	≤8	≤20	≤1.0

3）氧化沟技术

（1）技术原理

氧化沟又名氧化渠，因其构筑物呈封闭的环状沟渠形而得名，是20世纪60年代初问世的污水处理工艺。氧化沟内的水流混合状态基本上属于完全混合式，但也具有推流式的某些特征：即从整个氧化沟看，由于水流循环的作用，沟体内各处水质几乎相同，所以基本处于完全混合状态，类似于完全混合式的活性污泥系统。但因为氧化沟的流道类似于渠道，所以水流的推移流动也很明显，加之曝气装置并非沿池长均匀布置，而只集中在几处，因此在曝气器下游附近，水流搅动激烈，溶解氧浓度较高，但是远离曝气器的位置，水流搅动变缓，溶解氧浓度减少，甚至出现缺氧区，从而在某一流段溶解氧浓度沿池长是递减的，这又是推流式的特点。氧化沟的这种水流混合状态和溶解氧沿池长的变化，既有利于污泥的生物凝聚作用，由有利于硝化—反硝化作用从而实现生物脱氮。氧化沟通常水力停留时间（HRT）较长，污泥龄（SRT）也较长，因此有机负荷低，本质上属于延时曝气法，剩余污泥量少且稳定。氧化沟内的污泥浓度（MLSS）一般维持在2000～5000mg/L的范围。

图4-23为普通氧化沟的工艺流程图，可知进入池内的污水和活性污泥混合液是在池中沿着闭合式曝气渠道进行连续循环，利用一种带流向控制的曝气和搅拌装置，使被搅动的污水和活性污泥混合液在闭合式曝气渠道中循环流动。池体狭长时，曝气装置多采用表面曝气器。当混合液流经曝气装置时，混合液中的DO升高，此后随着水流离开曝气装置的距离增大，以及微生物对污水中有机物的降解，水中DO逐渐降低，直到水流经过下游的另一曝气装置时又得到充氧，从而混合液的DO浓度又一次经历上述变化。因此，氧化沟实质上是一种将混合液不断循环和DO浓度周期性变化相结合的活性污泥法，混合液中的微生物能够周期性的处于（厌氧）缺氧和好氧环境。通过进水点、曝气方式和回流污泥位置的合理设计，氧化沟工艺在有效去除有机物的同时，能达到很好的脱氮除磷效果。

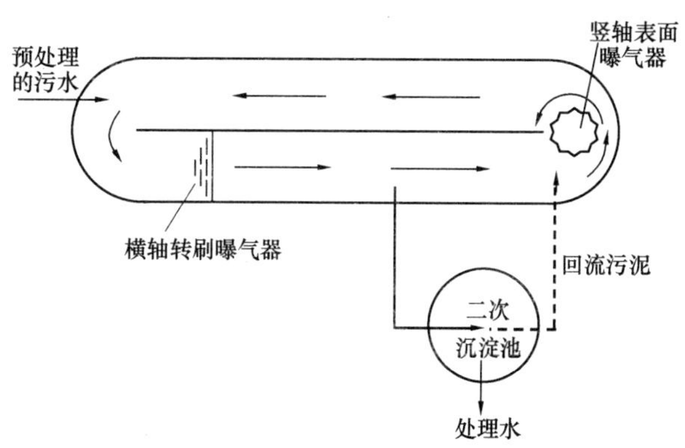

图4-23 普通氧化沟的工艺流程图

（2）技术类型与特征

根据构造和运行特点的不同，氧化沟可分为多种工艺类型，常用的典型氧化沟系统包括卡鲁塞尔（Carrousel）氧化沟、奥贝尔（Orbal）氧化沟、交替工作氧化沟、一体化氧化沟等。

① Carrousel 氧化沟

图 4-24 为 Carrousel 氧化沟的典型布置。它一个多沟串联系统，进水与活性污泥汇合后在沟内不停的循环流动。供氧装置采用表面机械曝气器，每个沟渠的一端各安装一个。靠近曝气器下游的区段为好氧区，处于曝气器上游和外环的区段为缺氧区，混合液交替处于好氧和缺氧环境，不仅能提供良好的生物脱氮条件，而且有利于生物絮凝作用，使活性污泥易于沉淀。由于 Carrousel 氧化沟采用了表面曝气器，其水深可采用 4～4.5m，池内水流速度 0.3～0.4m/s，同时使得氧的转移效率大大提高，平均传氧效率达到 2.1kg/kWh 以上，因此 Carrousel 氧化沟具有极强的混合搅拌和耐冲击负荷能力。如果有机负荷较低时，可停止某些曝气器的运行，在保证水流搅拌混合循环流动的前提下，减少能量消耗。与其他氧化沟工艺相比较，Carrousel 氧化沟占地面积少，土建费用低，节能效果显著，运行管理简单。其 BOD 去除率高达 95%～99%，脱氮率可达 90%以上，除磷率在 50%左右。Carrousel 氧化沟是目前应用最为广泛的氧化沟工艺技术。

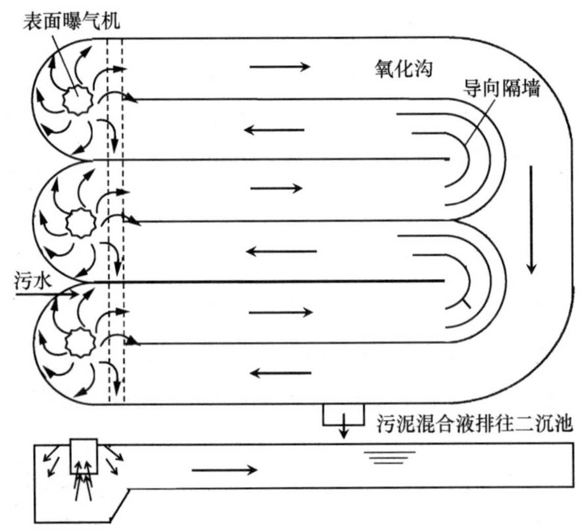

图 4-24　Carrousel 氧化沟

② Orbal 氧化沟

如图 4-25 所示，Orbal 氧化沟一般由 3 个同心椭圆形沟道组成，由外向内依次为第一沟、第二沟、第三沟，又称外沟、中沟和内沟。外沟的容积约占总容积的 60%～70%，中沟的容积约占总容积的 20%～30%，内沟的容积约占总容积的 10%。外沟与中沟、中沟与内沟之间通过水下连通口相连，污水连续从外沟进入，再通过水下连通口依次进入中沟、内沟，最后自内沟排入二沉池，回流污泥自二沉池送回到外沟与原污水混合。Orbal 氧化沟的每一条沟道都是一个闭路连续循环的完全混合反应器，各沟道内的混合液在排入下一级沟道之前，污水及污泥混合液在沟内已经

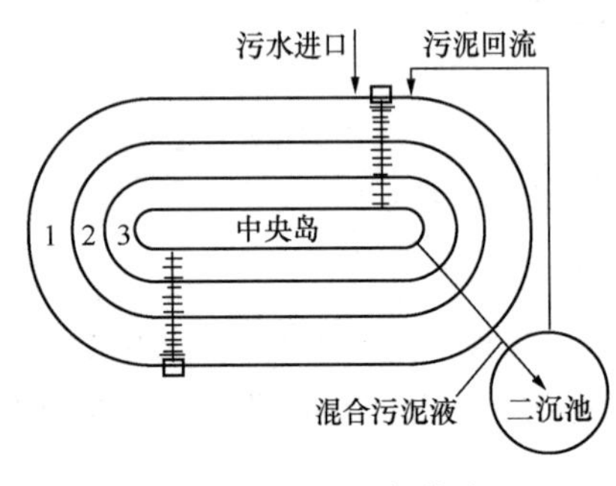

图 4-25　Orbal 氧化沟

绕了数百圈的循环，以实现生物反应。每条沟内均设有导向阀，使进水位于出水口的下游，以避免污水的短流。Orbal 氧化沟的曝气设备多采用曝气转盘，转盘的数量取决于沟道内所需的溶解氧量，水深一般 3.5～4.5m，并保持沟底流速为 0.3～0.9m/s。在运行时，外、中、内沟道分别处于厌氧、缺氧、好氧状态，使溶解氧保持较大的梯度，提高了充氧效率，同时有利于有机物的去除和脱氮除磷。

③ 交替式氧化沟

交替式氧化沟由丹麦 Kruger 公司开发，有两池（D 型）、三池（T 型）两种形式，可以在不设二沉池的条件下运行，沟深可以在 2～3.5m 之间调整。

图 4-26 为 D 型氧化沟的示意图。它由容积相同的 A、B 两池组成，交替作为曝气池和沉淀池串联运行，一般以 8h 为一个运行周期。该系统无需设污泥回流系统，但必须安装自动控制系统以控制进、出水的方向、溢流堰的启闭，以及曝气转刷的启闭。D 型交替式氧化沟以去除 BOD 为主，若要同时脱氮除磷，就需要在氧化沟前后分别增设厌氧池和沉淀池。

图 4-27 为 T 型氧化沟的示意图。它由三条同容积的沟道串联而成，两侧的 A 池、C

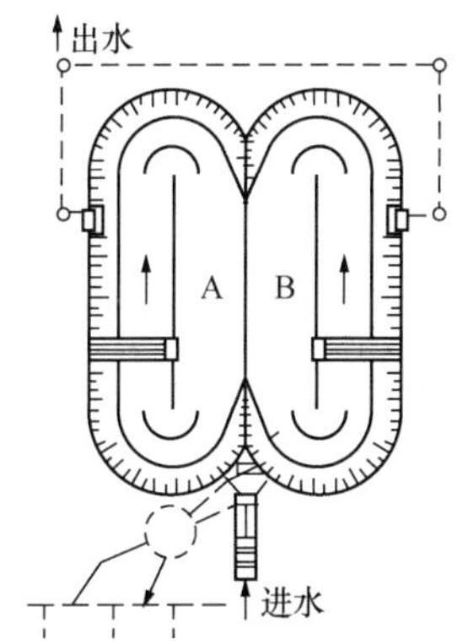

图 4-26 两池（D 型）交替式氧化沟

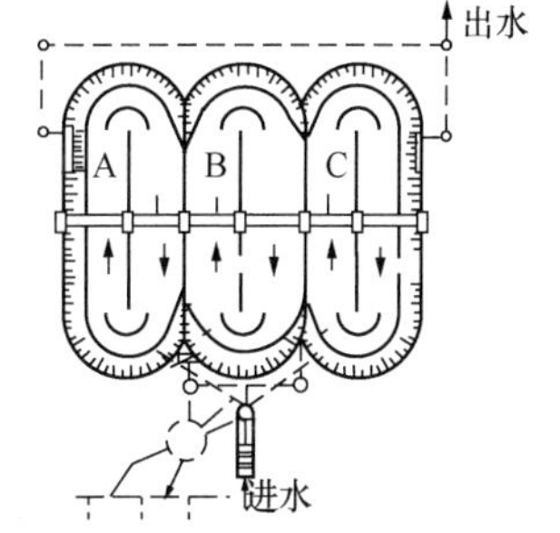

图 4-27 三池（T 型）交替式氧化沟

池交替作为曝气池和沉淀池，中间的 B 池一直作为曝气池。原污水交替进入 A 池或 C 池，处理水则相应地从作为沉淀池的 C 池或 A 池流出。这样交替运行的优点在于，有利于生物脱氮效率的提高，不需要污泥回流系统，同时也提高了曝气转刷的利用效率。

④ 一体化氧化沟

所谓一体化氧化沟，是将二沉池内嵌在氧化沟之中，从而在一体化构筑物中完成生物处理和污泥沉淀。如图 4-28 所示，在氧化沟的一个沟内设置沉淀区，沉淀区两侧设有隔墙，并在其底部设一排三角形导流板，同时在水面设穿孔集水管，以收集澄清水。

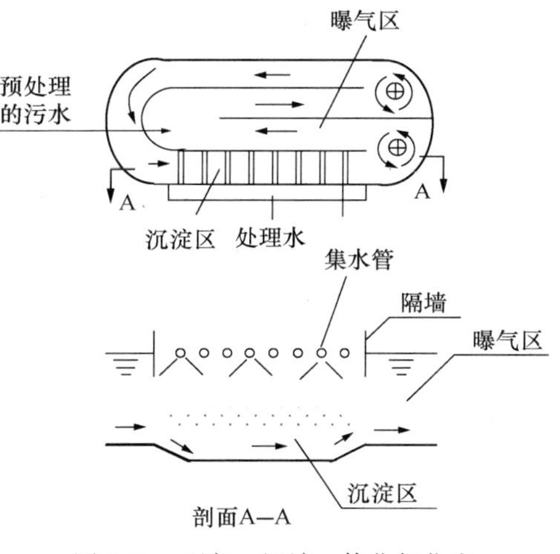

图 4-28 曝气—沉淀一体化氧化沟

沉淀区底部设有过流空间，可供氧化沟内的混合液通过，从而仍能保证氧化沟内水流循环。部分混合液从导流板间隙上升进入沉淀区，而沉淀下来的污泥则从导流板间隙下滑，回到氧化沟内，从而实现污泥回流，但无需专门设置污泥回流系统。曝气设备通常采用机械表面曝气机。

图 4-29 是一种侧渠形一体化氧化沟的示意图。在氧化沟的外侧设置两条侧渠作为二沉池，混合液从氧化沟进入侧渠，澄清水通过堰口排出。两条侧渠交替用于沉淀和污泥回流。曝气设备可采用机械表面曝气或转刷曝气。

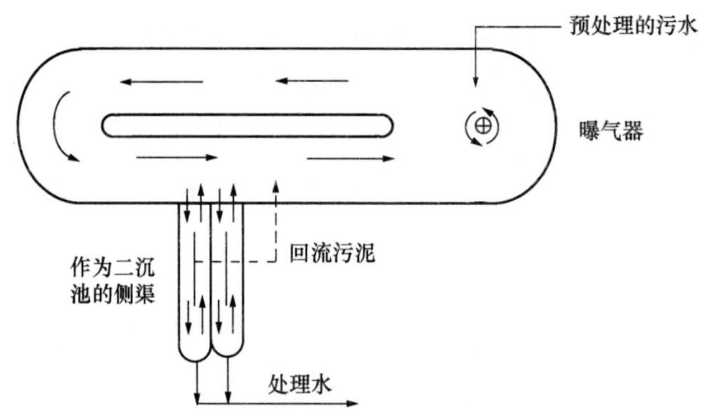

图 4-29　侧渠形一体化氧化沟

上述四种类型氧化沟的特点及适用条件见表 4-12。

不同类型氧化沟工艺的特点及适用条件　　表 4-12

名称	性能特点	结构形式	曝气设备	适用条件
Carrousel 氧化沟	出水水质好，存在明显的好氧区与缺氧区，脱氮效果好；曝气设施单机功率大，设备数量少，曝气量可调节；有较强的耐冲击负荷能力；用电量较大，设备较为复杂，维护更换繁琐	多沟串联	立式低速表曝机	用地受限地区的污水厂
Orbal 氧化沟工艺	出水水质好，脱氮效率高，耐冲击负荷，处理负荷增加时方便扩展，节能、容易维护	3 个或多个沟渠，相互连通	水平轴曝气转盘（转碟）	出水要求高的污水处理厂
交替式氧化沟	可以不设二沉池，处理流程短，节省占地；无需设置反硝化区，运行中停止曝气进行反硝化，脱氮效果好；设备闲置率高，自动化要求高	双沟（D 型）或三沟（T 型），沟之间相互连通	水平轴曝气转盘	出水要求高的污水处理厂
一体化氧化沟	工艺流程短，构筑物和设备少；可不单独设置二沉池，沟内设置沉淀区，污泥自动回流，节省投资和运行费用；运行管理工作量少，技术尚不成熟	单沟环形沟道，沉淀区有内置式和外置式	水平轴曝气转盘	小型污水处理厂

氧化沟工艺具有如下的工艺特征：

① 构造形式多样化，运行操作灵活。氧化沟的构造形式基本上呈封闭的沟渠形，沟渠的形状和构造多种多样，形状可为圆形或椭圆形。可为单沟系统或多沟系统，多沟系统可以是一组同心的互相连通的沟渠，也可以是互相平行、尺寸相同的一组沟渠。二沉池可与氧化沟分建，也可与氧化沟合建；合建的二沉池可为体内式船型，也可为体外侧沟式。因此可以根据不同的处理要求选择不同的工艺类型和运行方式，以满足不同的出水水质要求。

② 工艺流程简化，运行管理简便。氧化沟的水力停留时间和污泥龄都比传统活性污泥法工艺长，因此有机物去除更为彻底。氧化沟工艺一般不要求设置初沉池，同时由于污泥负荷低，排出的剩余污泥量小，泥质比较稳定，所以不需要再进行污泥消化，而直接进行浓缩脱水。将曝气池和二次沉淀池合建的一体式氧化沟，以及近年来发展的交替氧化沟，可以不设二次沉淀池，从而使处理流程更为简化。因此，虽然氧化沟水力停留时间较长，曝气池体积较大，但因构筑物数量少，往往不会增大污水厂占地面积，还会使占地面积缩小。由于工艺流程的简化，运行管理也更为便利。

③ 曝气设备多样化，曝气强度易调节。氧化沟常用的曝气装置有转刷、转盘、表向曝气器、射流曝气器等，不同的曝气装置适合于不同的氧化沟形式，也可以在一种氧化沟内安装几种形式的曝气设备。与其他活性污泥法不同的是，氧化沟的曝气装置只在沟渠的某一处或几处安装，数目可按污水处理厂的规模、原污水水质及氧化沟构造决定。曝气装置的作用除供应足够的溶解氧外，还要提供沟渠内不小于 0.3m/s 的水流速度，以维持循环及活性污泥的悬浮状态。氧化沟的曝气强度可以通过两种方法调节：一种是调节曝气设备的吃水深度，另一种是调节曝气器的转速。可通过调节出水堰高度以改变沟渠内的有效水深，进而改变曝气装置的淹没深度，使其充氧量适应运行的需要，也可直接调节曝气器的浸没深度。淹没深度的大小会影响曝气设备的推动力，从而通过水深的调节来实现水力推动调节。氧化沟曝气器的转速也可以调节，从而可以调整曝气强度和推动力。

④ 兼具完全混合和推流式特征，功能完善，处理效果好。氧化沟从整体的流态上是完全混合的，但又具有推流式特性，由此带来良好的生化反应效果，同时形成良好的生物絮凝体，从而在后续的二沉池中实现良好的固液分离。另外，通过对系统合理的设计与控制，氧化沟的流道内可以沿程呈现缺氧和好氧交替的流段，从而有助于提高反硝化脱氮效果并有助于生物除磷。

(3) 设计要点

氧化沟的主要设计要点如下：

① 有机负荷一般为 0.05～0.08kgBOD$_5$/（kgMLSS·d）。

② 水力停留时间一般不小于 16h。

③ 污泥龄与处理目的相关，只要求去除 BOD 时，污泥龄取 5～8d，污泥产率系数 Y=0.6 左右；若同时要求氨的硝化时，污泥龄取 10～20d，污泥产率系数 Y=0.5～0.55；如要求实现反硝化生物脱氮时，污泥龄取 30d，污泥产率系数 Y 略小于 0.5。

④ 污泥浓度（MLSS）一般为 2000～5000mg/L。

⑤ 采用转刷曝气时，氧化沟水深为 2.5～3.5m；采用曝气转盘曝气时，氧化沟水深为 3.5m 左右；采用垂直表面曝气时，氧化沟水深为 4～4.5m，垂直轴表面曝气器一般安装在弯道上。

为便于比较和参数选取，表 4-13 列出了氧化沟工艺主要用于污水中有机物去除时的主要设计参数，表 4-14 列出了氧化沟工艺主要用于污水中有机物去除和生物脱氮时的主要设计参数，表 4-15 列出了氧化沟工艺主要用于污水中有机物去除和生物脱氮除磷时的主要设计参数。

氧化沟工艺用于有机物去除的主要设计参数　　表 4-13

项目		符号	单位	参数值
反应池 BOD_5 污泥负荷	BOD_5/MLVSS	L_S	kg/（kg·d）	0.14～0.36
	BOD_5/MLSS		kg/（kg·d）	0.10～0.25
反应池混合液悬浮固体（MLSS）平均质量浓度		X	kg/L	2.0～4.5
反应池混合液挥发性悬浮固体（MLVSS）平均质量浓度		X_v	kg/L	1.4～3.2
MLVSS 在 MLSS 中所占比例	设初沉池	y	g/g	0.7～0.8
	不设初沉池		g/g	0.5～0.7
BOD_5 容积负荷		L_v	kg/（m^3·d）	0.20～2.25
设计污泥泥龄（供参考）		θ_c	d	5～15
污泥产率系数（VSS/BOD_5）	设初沉池	Y	kg/kg	0.3～0.6
	不设初沉池		kg/kg	0.6～1.0
总水力停留时间		HRT	h	4～20
污泥回流比		R	%	50～100
需氧量（O_2/BOD_5）		O_2	kg/kg	1.1～1.8
BOD_5 总处理率		η	%	75～95

氧化沟工艺用于生物脱氮的主要设计参数　　表 4-14

项目名称		符号	单位	参数值
反应池 BOD_5 污泥负荷	BOD_5/MLVSS	L_S	kg/（kg·d）	0.07～0.21
	BOD_5/MLSS		kg/（kg·d）	0.05～0.15
反应池混合液悬浮固体（MLSS）平均质量浓度		X	kg/L	2.0～4.5
反应池混合液挥发性悬浮固体（MLVSS）平均质量浓度		X_v	kg/L	1.4～3.2
MLVSS 在 MLSS 中所占比例	设初沉池	y	g/g	0.65～0.75
	不设初沉池		g/g	0.5～0.65
BOD_5 容积负荷		L_v	kg/（m^3·d）	0.12～0.50
总氮负荷率（TN/MLSS）		LTN	kg/（kg·d）	≤0.05
设计污泥泥龄（供参考）		θ_c	d	12～25
污泥产率系数（VSS/BOD_5）	设初沉池	Y	kg/kg	0.3～0.6
	不设初沉池		kg/kg	0.5～0.8

续表

项 目 名 称	符号	单位	参数值
污泥回流比	R	%	50～100
缺氧水力停留时间	t_n	h	1～4
好氧水力停留时间	t_o	h	6～14
总水力停留时间	HRT	h	7～18
混合液回流比	R_i	%	100～400
需氧量（O_2/BOD_5）	O_2	kg/kg	1.1～2.0
BOD_5总处理率	η	%	90～95
NH_3-N 总处理率	η	%	85～95
TN 总处理率	η	%	60～85

氧化沟工艺用于生物脱氮除磷的主要设计参数 **表 4-15**

项 目 名 称		符号	单位	参数值
反应池 BOD_5污泥负荷	$BOD_5/MLVSS$	L_S	kg/（kg·d）	0.10～0.21
	$BOD_5/MLSS$		kg/（kg·d）	0.07～0.15
反应池混合液悬浮固体（MLSS）平均质量浓度		X	kg/L	2.0～4.5
反应池混合液挥发性悬浮固体（MLVSS）平均质量浓度		X_v	kg/L	1.4～3.2
MLVSS 在 MLSS 中所占比例	设初沉池	y	g/g	0.65～0.7
	不设初沉池		g/g	0.5～0.65
BOD_5容积负荷		L_v	kg/（m^3·d）	0.20～0.7
总氮负荷率（TN/MLSS）		LTN	kg/（kg·d）	≤0.06
设计污泥泥龄（供参考）		θ_c	d	12～25
污泥产率系数（VSS/BOD_5）	设初沉池	Y	kg/kg	0.3～0.6
	不设初沉池		kg/kg	0.5～0.8
厌氧水力停留时间		t_p	h	1～2
缺氧水力停留时间		t_n	h	1～4
好氧水力停留时间		t_o	h	6～12
总水力停留时间		HRT	h	8～18
污泥回流比		R	%	50～100
混合液回流比		R_i	%	100～400
需氧量（O_2/BOD_5）		O_2	kg/kg	1.1～1.8
BOD_5总处理率		η	%	85～95
NH_3-N 总处理率		η	%	50～75
TN 总处理率		η	%	55～80

（4）应用实例

① 美国某小型污水处理厂

美国某小型污水厂（处理规模<3000m^3/d）采用 Carrousel 氧化沟工艺进行生活污水处理，工艺流程类似于图 4-24，其稳定运行期间平均进水水质为 BOD_5＝238mg/L，SS＝202mg/L，TN＝27.1mg/L，平均出水水质为 BOD_5＝3.1mg/L，SS＝5.1mg/L，TN＝

2.3mg/L，三项指标的去除率分别达到 98.7%，97.5%和 91.5%，可见 Carrousel 氧化沟在适宜的操作条件下可以获得非常好的有机物、SS 去除，并具有很好的生物脱氮效果。

② 我国某小城镇污水处理厂

我国西南地区某小城镇污水处理厂采用 Orbal 氧化沟工艺处理城镇污水，近期建设规模为 1000m^3/d，工艺流程如图 4-30 所示。城镇污水首先进入截留溢水井，进行污水量的调控，而后经过粗格栅、提升泵、细格栅及曝气沉砂池进一步去除大的漂浮物、悬浮物及无机砂粒，然后进入生物处理单元。为了强化生化处理，Orbal 氧化沟之前增加了一个厌氧池。生化处理水经二次沉淀和二氧化氯消毒后，部分进行回用，其余排入附近河流。

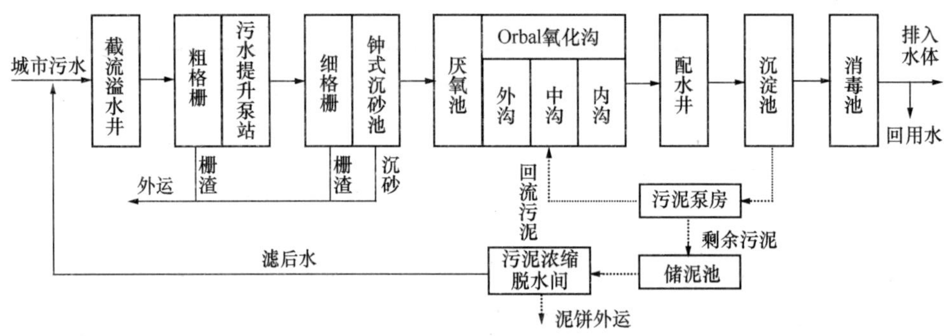

图 4-30　Orbal 氧化沟处理工艺流程图

连续稳定运行过程中的进出水质和主要污染物去除情况如表 4-16 所示。就 COD 而言，进水浓度为 320～408mg/L，出水平均浓度为 48mg/L，平均去除率为 91%，除个别气温较低的天气去除率不太稳定以外，出水能够达到一级 A 排放标准。就氨氮与 TN 而言，进水浓度较高且波动性较大，出水 TN 平均浓度为 18.2mg/L，氨氮平均浓度为 7.0mg/L，平均氨氮去除率达到 80%，总体上能够达到一级 B 排放标准。就 SS 和 TP 而言，进水 SS 浓度变化范围很大，平均值为 238mg/L，而出水 SS 的浓度平均为 17mg/L，平均去除率 93%；TP 的平均去除率达到 83%。

Orbal 氧化沟工艺的处理效果　　**表 4-16**

项　目	COD	SS	NH_3-N
进水 (mg/L)	320.2～408.0	198～286	31.8～43.2
进水平均值 (mg/L)	378.6	238	36.5
出水 (mg/L)	39.5～59.5	14.5～26.0	0.5～9.8
出水平均值 (mg/L)	47.8	17.2	7.0
去除率 (%)	90.7	92.8	80.8

4）MBBR 技术

（1）技术原理

MBBR 技术是移动床生物膜反应器的简称，它是将基于微生物悬浮生长的活性污泥法和附着生长的生物膜法相结合的生化反应器，该技术始于 20 世纪 80 年代中期，其技术要点是将比重约小于水，比表面积大，适合于微生物吸附生长的悬浮填料直接投加到反应器中作为微生物的活性载体。悬浮填料在曝气和水流提升作用下处于流化态，与污水和污泥频繁接触，逐渐实现生物膜在填料表面附着生长，强化了污染物和溶解氧的传质效果。德国的 LINDE AG 公司和挪威的 Kaldnes A/S 公司在 MBBR 工艺技术的研发和应用方面居于世界领先地位。MBBR 具有处理能力强，能耗低，无需反冲洗，水头损失小、不发生堵塞等优点，特别适合于现有污水处理工艺流程的升级改造，自 20 世纪 90 年代以来，在欧美、日本及我国均陆续得到实际应用，并取得了良好的工艺效果，近年来国内应用 MBBR 工艺的工程案例也越来越多。

MBBR 工艺通过在曝气池中投加一定数量的悬浮填料，微生物的生存环境由传统活性污泥法的气、液两相转变为气、液、固三相，这种转变为微生物创造了良好的生存环境，形成更为复杂的复合式生态系统。MBBR 中悬浮生长的活性污泥的污泥龄相对较短，而附着生长在悬浮填料中的生物膜的更新周期相对较长，从而为生长缓慢的硝化菌提供了有利的生存环境。悬浮污泥中和位于生物膜表面的微生物通常处于好氧状态，而填料部分因受到氧转移的限制，则处于缺氧甚至厌氧的状态，有利于实现反硝化作用。悬浮载体一般具有较大的比表面积，附着生长的微生物数量大，种类多，因此污泥浓度可高达传统活性污泥法的 5～10 倍。由于 MBBR 中混合污泥和生物膜共同作用，并发挥各自的优势，使得整个反应器中微生物量增大，活性提高，一方面强化了脱氮能力，另一方面也提高了系统的抗冲击负荷能力。图 4-31 是 MBBR 生物膜内同时发生硝化反硝化（SND）的反应模式图，由于生物膜中具有丰富的微生物相，包括好氧层中的好氧氨氧化细菌、亚硝酸盐氧化菌、好氧反硝化菌，以及缺氧层中的厌氧氨氧化细菌、自养亚硝酸细菌和反硝化细菌。这些细菌协同作用，提供了良好的 SND 条件，从而很好地实现同步硝化反硝化脱氮。

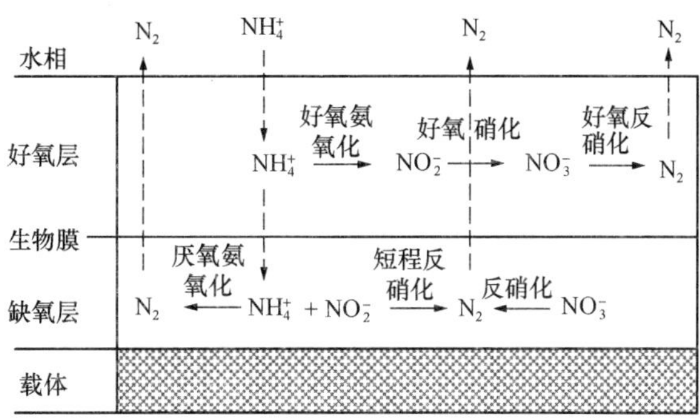

图 4-31 MBBR 生物膜内的 SND 反应模式

（2）技术类型与特征

MBBR 工艺类型包括 LINPOR MBBR 和 Kaldnes MBBR 两类，根据处理要求的不同，又可细分为不同的工艺类型。

① LINPOR MBBR 工艺

LINPOR MBBR 工艺是在曝气池中投加一定数量的多孔泡沫塑料颗粒作为微生物载体，载体的投加量一般占到曝气池有效容积的 10％～30％左右（通常为 20％）。采用的载体要求尺寸小而比表面积大，孔多且均匀，并具有良好的润湿性和机械、化学和生物稳定性。根据处理污水类型及所处理目的，LINPOR 工艺可分为两类，一是主要用于去除有机物的 LINPOR-C MBBR 工艺，二是用于同时去除有机物和脱氮的 LINPOR-C/N MBBR 工艺。

图 4-32 为 LINPOR-C MBBR 工艺的流程图。该工艺主要用于强化活性污泥工艺对污水中有机污染物的去除效果，其工艺设施组成与典型的活性污泥法处理工艺相同，通常由初沉池、曝气池（LINPOR 反应器）、二沉池、污泥回流和剩余污泥排放等单元组成。通过在曝气池中投加填料，载体表面所生长的生物量通常为 10～18g/L，最大可达 30g/L，而处于悬浮状态的生物量浓度一般为 4～7g/L，从而显著提高了系统中的微生物总量。在运行过程中，附着型微生物随填料运动，但由于曝气池末端设置有特制格栅，所以不会发生填料即附着型微生物的流失；处于悬浮态的活性污泥则可随水流穿过格栅而流出曝气池，在二沉池内进行泥水分离后再进行污泥的回流。LINPOR-C 反应器几乎适用于所有形式的曝气池，尤其适用于对超负荷运行的活性污泥法处理厂的改造。应用 LINPOR-C 工艺，可在不增加原有曝气池容积和不变动其他处理单元的前提下提高原有设施的处理能力和处理效果。

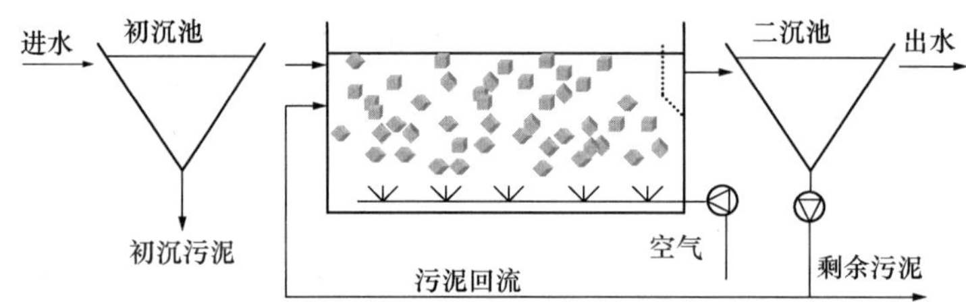

图 4-32　LINPOR-C 工艺流程图

图 4-33 为 LINPOR-C/N MBBR 工艺流程图。它与 LINPOR-C MBBR 工艺的差别主要在有机负荷上，通常在低有机负荷的条件下运行。在 LINPOR-C/N MBBR 工艺中，由于存在较大数量的附着生长型硝化细菌，且附着型硝化菌在反应器中的停留时间要比悬浮型微生物的停留时间长得多，所以更能获得优良的硝化和反硝化效果，脱氮效率通常在 50%以上，且不必另设单独运行的反硝化区。曝气池中投加的 LINPOR 载体填料为立方多孔泡沫塑料，能有效强化处理效果。原因在于，载体内部存在良好的缺氧环境，加之塑料泡沫的多孔性，载体填料的内部能形成无数个微型的反硝化反应器，故而在同一个反应

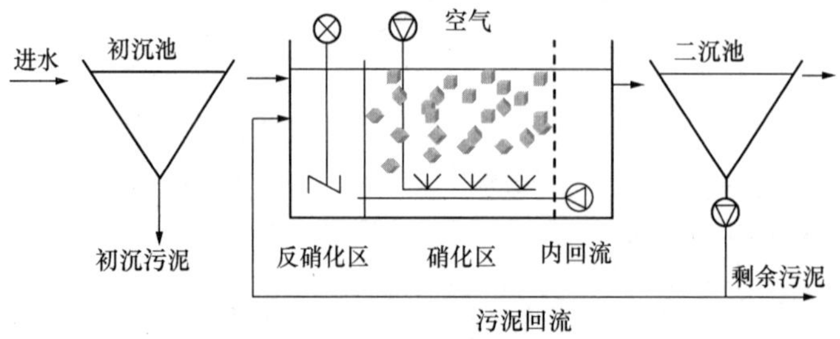

图 4-33　LINPOR-C/N 工艺流程图

器中同时发生碳化、硝化和反硝化的作用。

② Kaldnes MBBR

Kaldnes MBBR 工艺的核心是使用聚乙烯环状悬浮载体，其比表面积高达 800m^2/m^3。Kaldnes 公司已经开发出了多种不同形状和尺寸的载体，其中 ANOX 型的载体尺寸为 5～50mm×60mm，主要应用于工业废水，而 Kaldnes 型载体（聚乙烯塑料环）尺寸大多为 10mm×10mm，主要应用于城市生活污水处理。Kaldnes MBBR 工艺中载体的投加量一般为反应池有效容积的 20%～50%，工艺也可以分为三种类型，即完全 MBBRTM（Kaldnes P-MBBR）工艺，复合式 HYBASTM（hybrid activated sludge）-MBBR 工艺和分离式 BAS（biofilm-activated sludge）-MBBR 工艺。

图 4-34 为 Kaldnes P-MBBR 的基本工艺流程。该工艺的运行特征是，所采用的载体可根据所需达到的处理功能来选择，如以反硝化脱氮为处理目标时，则采用载体的尺寸较大（如 ANOX 型，（5～50）mm×60mm），以使载体内部形成良好的缺氧条件；而以强化硝化为处理目标时，则一般选用小尺寸的载体（Kaldes 型，10mm×10mm）。该工艺无需专设污泥回流装置，通过曝气的选择（曝气及不曝气）可以实现好氧和缺氧两种不同的运行方式，达到不同的处理目的。

图 4-35 为 HYBAS-MBBR 的工艺流程。该工艺充分结合了活性污泥工艺和生物膜工艺的优点，通过悬浮载体的投加，反应池中总体生物量大大增加（30～40g/L），其中大部分附着生长的微生物具有很长的泥龄，从而实现有效的硝化或反硝化脱氮效果。HYBAS-MBBR 工艺不必控制悬浮型活性污泥的泥龄控制，因为高活性的悬浮微生物主要用于污水中有机物的去除。因此，HYBAS-MBBR 工艺的容积利用率高，可在不扩大原有处理设施规模的情况下，对现有超负荷运行的活性污泥工艺进行升级改造，以满足更为严格的处理出水水质要求。此外，HYBAS-MBBR 工艺还可有效地改善低温条件下污水的处理效果。

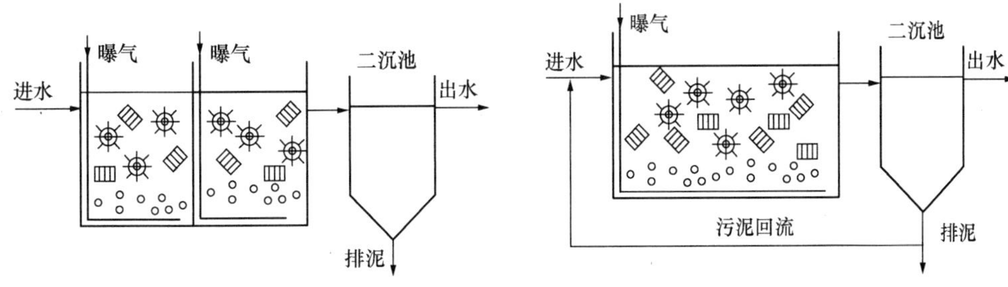

图 4-34 Kaldnes P-MBBR 工艺流程图　　图 4-35 Kaldnes HYBAS-MBBR 工艺流程图

图 4-36 为 BAS-MBBR 工艺的流程图。一般而言，在活性污泥曝气池前端设置 Kaldnes 反应器，可有效降低进水中的 50%～70%的 BOD_5，使整个工艺的处理能力比原有工艺提高 2～3 倍。一方面改善了污泥的沉降性能，另一方面由于载体表面生物膜的污泥龄长，使得整个系统的剩余污泥产量能降低 30%～50%。BAS-MBBR 工艺的组成和运行方式整体上与吸附—再生活性污泥法相类似，只是 A 段的微生物以附着态形式存在，

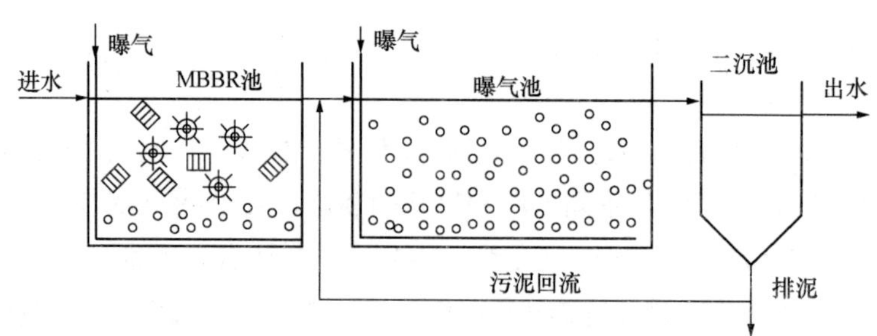

图 4-36　Kaldnes BAS-MBBR 工艺流程图

因而同样具有良好的抗冲击负荷能力和稳定的处理效果。该工艺同样适合于对原有活性污泥工艺进行升级改造，改造时仅需在曝气池前端增设一 MBBR 池，或将曝气池前段改为 MBBR 池，从而实现一体化设置。

MBBR 工艺既具有活性污泥法的高效性和运转灵活性，又具有生物膜法耐冲击负荷、泥龄长、剩余污泥少的特点，其主要的工艺特征如下：

① 填料类型多，挂膜快，投加方便。填料多为聚乙烯、聚丙烯及其改性材料、聚氨酯泡沫体等制成的，比重接近于水，以圆柱状和球状为主，易于挂膜，不结团、不堵塞、脱膜容易，填料投加量可灵活调控。

② 载体投加强化了传质作用，提高了微生物活性及多样性。悬浮载体在曝气作用下处于流化态，在流化过程中切割分散气泡，使得布气更为均匀，提高了氧的利用率，附着生物膜与污水频繁接触，使得固液气三相充分接触，增大了溶解氧和底物的传质效率。悬浮填料受到气液两相流的持续冲刷，老化的生物膜自然脱落，保证了微生物活性，同时悬浮填料载体的存在能避免混合液中丝状菌的繁殖，从而防止发生污泥膨胀。

③ 对外界环境变化的适应性强。MBBR 中生物膜位于载体内部，因此在一定程度上受到了载体的“保护”，从而受水质变化的影响小，抗冲击负荷能力较强，也能抵御低温等极端条件。

④ 污染物去除效果好。反应器内污泥由悬浮型和附着型污泥构成，污泥浓度高，同时生物膜的吸附作用延长了难降解有机物在生物膜内的停留时间，从而能够强化有机物去除。同时填料上生物膜内易于形成好氧、缺氧和厌氧的微环境，硝化和反硝化反应能够同时进行，提高了总氮的去除效果。

⑤ 易于维护管理。曝气池内无需设置填料支架，只需要在曝气池出水处设置栅网来拦截载体。填料的添加或更换方便，且池底曝气装置的维护与一般曝气池基本相同，不会增大维护难度。同时能够节省投资及占地面积，适合于在不进行大规模构筑物改建的条件下完成现有污水处理设施的升级改造。

（3）设计要点

为了达到设计处理效果，需要重点考虑以下参数对 MBBR 工艺的影响。

① 填料投加率。

MBBR 生物池设计时，可根据污染负荷的大小将填料的投加率控制在 10%～67%之间。当实际运行进水水质或水量发生变化时，只通过改变填料填充率，即可保证在原设计生物池容积不变的情况下，满足原设计出水标准。实际运行经验表明，对于 Kaldnes K1 和 K2 型填料，为了保证其能够自由悬浮，填料投加量要低于 70%。因此在保证充氧能力及填料自由悬浮的前提下，可以根据实际需要选择填料的投加率。

② 有机负荷

以 Kaldnes MBBR 工艺为例，仅用于去除有机物时，在投加量为 67%的条件下，有机负荷宜在 15gBOD/（m^2 · d）左右；当用于脱氮时有机负荷应尽量低，不应超过 4gBOD/（m^2 · d）。

③ 溶解氧

MBBR 中 DO 浓度大于 2～3mg/L 时硝化作用才开始进行，硝化率和 DO 浓度接近线性关系，直到 DO 达到饱和浓度。当有机负荷超过 4gBOD/（m^2 · d）时，为了实现良好的硝化作用，DO 浓度需大于 6mg/L。

以 Kaldnes MBBR 工艺为例，其主要设计参数如表 4-17 所示。

Kaldnes MBBR 工艺的典型设计参数 **表 4-17**

处理功能		设计处理效果（%）	污染物去除负荷 [g/（m^2 · d）]	设计运行负荷 [kg/（m^3 · d）]
有机物去除	高负荷	75～80，BOD_5	25	8
	中负荷	85～90，BOD_5	15	5
	低负荷	90～95，BOD_5	7.5	2.5
硝化	BOD 去除	90～95，BOD_5	6	2
	氨氮>3mg/L	90，氨氮	1	0.35
	氨氮<3mg/L	90，氨氮	0.45	0.15
反硝化	前置反硝化	70，硝态氮	0.9	0.3
	后置反硝化	90，硝态氮	2.0	0.7

（4）应用实例

① 国内污水处理厂升级改造

MBBR 可用于污水处理厂的升级改造，国内不乏一批工程范例，如天津开发区西区污水厂、兖州市污水厂、无锡芦村污水厂、青岛李村河污水处理厂等。其中最典型的是原有的 A^2O 工艺由于水量增大难以达到一级 A 排放标准，需要在不增加生物池容积的前提下提高工艺的整体处理功效。一种做法是在原有好氧池的部分区域投加悬浮载体，形成改良 A^2O—MBBR 工艺，从而获得良好且稳定的处理水质。

② 南方某小城镇 MBBR 污水处理工程

我国南方某小城镇人口为 1500 人左右，位于山区，地形坡度大，缺乏空旷平整的场地建设污水处理站。需要选用投资省，运行费用低，维护管理方便的污水处理工艺。设计污水处理量 150m^3/d，采用图 4-37 所示的 MBBR 工艺。污水首先通过格栅以去除漂浮物，再进入水解酸化池（兼作调节池），最后由泵提升至 MBBR 池，在好氧、兼氧微生物的共

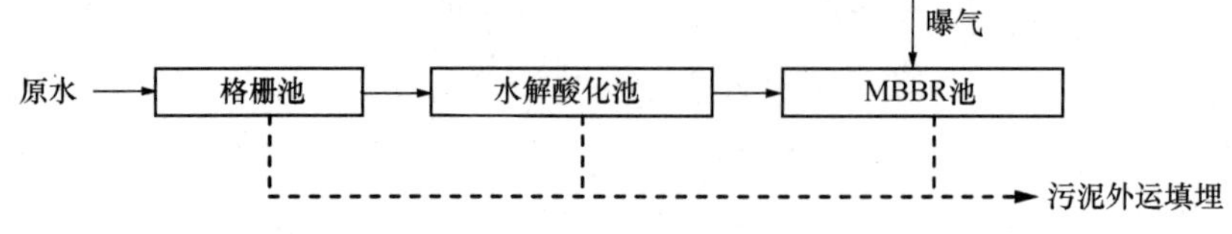

图 4-37　MBBR 工艺流程图

同作用下，有机污染物和氨氮得到去除，出水达标排放。该工艺产生的剩余污泥量极少，只需每半年或每年抽吸一次，并外运填埋处理。

该工程建成后满负荷运转，不同季节工艺的处理效果见表 4-18。出水水质能够达到城镇污水厂二级排放标准。

MBBR 工艺的处理效果　　**表 4-18**

日　期	监测项目	进　水	出　水
冬季	pH	7.5	7.2
	BOD_5 (mg/L)	131	17
	COD (mg/L)	237	93
	氨氮 (mg/L)	27	14
夏季	pH	7.2	7.1
	BOD_5 (mg/L)	123	16
	COD (mg/L)	215	90
	氨氮 (mg/L)	29	15

③ 北方某工业园区污水处理与回用工程

我国北方某工业园区，针对低浓度的生活污水（COD＝60～90mg/L），采用 MBBR 工艺进行污水处理与回用，工艺流程如图 4-38 所示，污水经过 MBBR 进行生物处理后，出水 COD 为 20～40mg/L，氨氮为 1mg/L 左右。为了满足工业循环水的回用水质要求，增加了过滤及活性炭吸附深度处理单元，出水 COD 和氨氮进一步降低（图 4-39）。

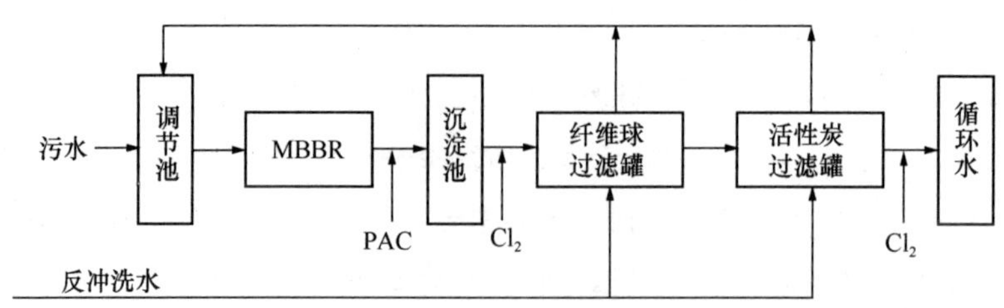

图 4-38　MBBR 污水处理与回用工艺流程图

4.2.3　生物滤池污水处理技术

早在传统活性污泥法之前，最早的生物膜法工艺技术——生物滴滤池就已经出现。经过多年的研究与应用，生物膜法不断发展，由普通生物滤池、高负荷生物滤池、塔式生物

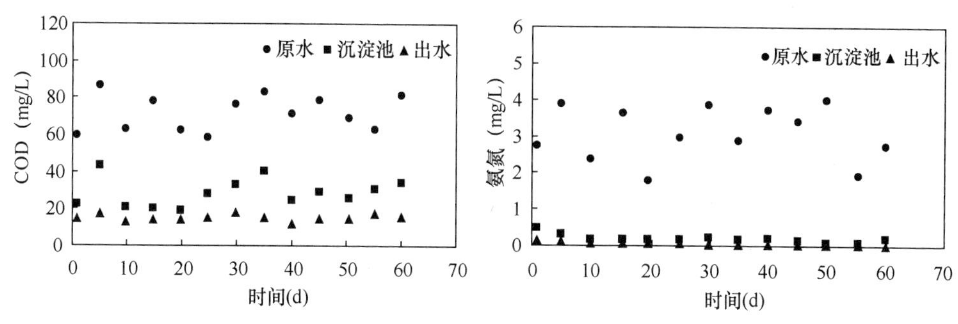

图 4-39　MBBR 工艺处理效果

滤池、生物转盘为代表的第一代生物膜法工艺，逐步发展为以生物接触氧化法、淹没式生物滤池、生物流化床为代表的第二代生物膜法工艺。20 世纪 90 年代初，产生了第三代生物膜法处理工艺——曝气生物滤池，并且成为一种日趋成熟的污水处理技术。由生物膜法的发展历程来看，生物滤池在其各个发展阶段均处于重要地位，从低负荷发展到高负荷，广泛应用于污水的二级处理和深度处理等领域。

1. 技术原理

生物滤池中装填一定量粒径较小的粒状滤料，滤料表面生长着生物膜，滤池内部曝气，污水流经滤层，利用滤料上高浓度微生物的吸附、生物降解等作用使得污水中的污染物得以降解，同时利用滤料截留和生物膜的生物絮凝作用，能有效去除污水中的悬浮物，且脱落的生物膜也不会随水流出。运行一定时间后，因水头损失增加，需对滤池进行反冲洗，以释放截留的悬浮物并进行生物膜更新。

对于一般的城市污水，常温下滤料表面形成稳定的生物膜（即挂膜）通常需要 20～30d。生物膜的构造如图 4-40 所示，由于生物膜具有亲水性，污水流过时会在生物膜表面外侧形成附着水层，沿着厚度方向生物膜又可以分为好氧层和缺氧（厌氧）层，它们是由污染物、微生物及其代谢产物组成的聚集体，有大量的微生物和微型动物繁殖生长，形成污染物—细菌—原生动物（后生动物）的食物链。

生物膜内的微生物有细菌、真菌、藻类（有光照时）、原生动物和后生动物等，也包括病毒。从微生物的细胞结构来看，包括原核生物、真核生物和无细胞结构的病毒。其中细菌是生物膜的主体，其产生的胞外聚合物为生物膜结构的形成提供了条件，按照营养方式的不同，又可以分为自养菌和异养菌，异养菌是生物膜中的主要细菌类型。当污水中有机物的成分变化，负荷增加，温度降低，pH 降低及溶解氧下降时，易产生真菌，大多数真菌具有丝状形态，包括单细胞

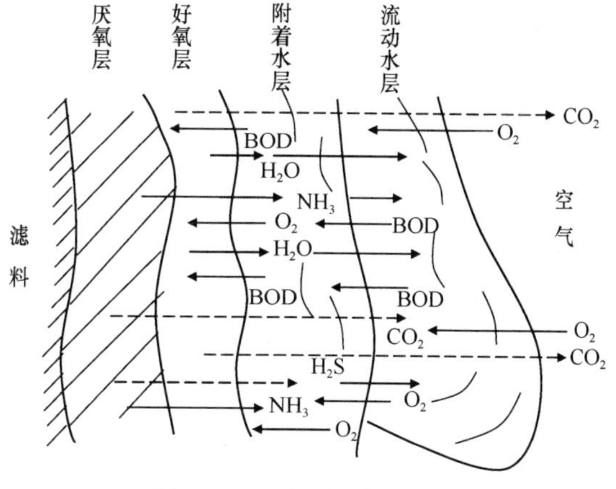

图 4-40　生物膜结构示意图

的酵母菌和多细胞的霉菌，真菌对有机物的利用范围很广，有些可以降解木质素等难降解的有机物。藻类是光照条件下生物膜微生物的主要构成成分，但是由于藻类只是生物膜表层的很小一部分，对污水处理的作用有限。生物膜中的常见原生动物包括鞭毛类、肉足类和纤毛类，纤毛类所占的比例最大，能不断地捕食细菌，在保持生物膜活性方面发挥着积极作用，另外浮游原生动物在生物膜内运动产生的紊动也增强了传质作用。后生动物也会出现在成熟的生物膜中，包括轮虫类、线虫类、寡毛类等。各类微生物因为营养级的不同而相互联系，共同保持着生物膜中的微生态系统的平衡。

2. 技术类型与特征

1）技术类型

生物滤池工艺经历了由普通生物滤池到高负荷生物滤池、塔式生物滤池和曝气生物滤的逐步发展，BOD 负荷由早期普通生物滤池的 0.15～0.3kg/（m^3・d）增加到曝气生物滤池的 3～6kg/(m^3・d)，曝气生物滤池采用了人工强化曝气，其他均采用自然通风曝气。

（1）普通生物滤池

普通生物池，也称为滴滤池，是生物滤池早期出现的类型，其水力负荷一般为 1～3m^3/(m^2・d)，BOD_5负荷为 0.15～0.3kg/(m^3・d)。普通生物滤池由池体、滤料、布水装置和排水装置组成，污水通过布置在滤池表面的布水装置，被均匀撒布在滤池表面，而后在重力作用下流经滤料，到达滤池底部的渗水装置，然后收集排出。滤池内部通风供氧主要依靠底部的通风孔道。普通生物滤池一般适用于处理水量不大于 1000m^3/d 的小型污水处理，BOD_5去除率可达到 95%，且运行稳定，易于管理，节省能源，剩余污泥量少且易于沉淀分离。但是占地面积较大，滤料易于堵塞。此外，普通生物滤池的环境卫生条件较差，存在臭气发生问题。

（2）高负荷生物滤池

高负荷生物滤池是在对普通生物滤池改进的基础上提出的，通过采取处理水回流稀释进水 BOD_5值（<200mg/L）的技术措施，实现了高滤速，大幅度提高了滤池的负荷，其 BOD_5容积负荷可为普通生物滤池的 6～8 倍，水力负荷则高达 10 倍。高负荷生物滤池在平面上多为圆形，广泛使用由高分子聚合物为材料的人工滤料，多采用旋转式布水。该工艺适合于处理水质水量变化较大的污水，通过处理水回流，稀释了进水浓度又增大了冲刷生物膜的力度，保持其活性，防止堵塞。占地面积小是高负荷生物滤池的主要优点，但是出水水质较普通生物滤池差。

（3）塔式生物滤池

塔式生物滤池是一种新型高负荷滤池，池体高，有抽风作用，可以克服滤料空隙小所造成的通风不良问题。由于滤池直径小，高度大，形状如塔，故称为塔式滤池。在平面上多呈圆形，由塔身、滤料、布水系统以及通风和排水装置构成。该工艺的主要特点是高负荷，高有机负荷下生物膜生长迅速，同时高水力负荷也使得生物膜受到强烈的水力冲刷，从而使生物膜不断脱落、更新。塔式生物滤池占地面积小，由于滤料分层而抗冲击负荷能力较强。但是地势平坦地区污水提升费用高，且由于滤池较高，运行管理不便。

（4）曝气生物滤池

曝气生物滤池是20世纪80年代末在普通生物滤池的基础上，借鉴给水处理中过滤和反冲洗技术，采取人工曝气强化有机物及氨氮的去除，而开发的集生物降解和固液分离为一体的污水处理工艺。曝气生物滤池最初用于污水的深度处理，后来也用于污水二级处理。曝气生物滤池在国内外应用广泛，后面将进一步专门介绍。

2）技术特征

生物滤池的主要技术特征如下：

（1）处理能力强。细小的填料颗粒提供了巨大的比表面积，使滤池单位体积内保持较高生物量，而且填料上的生物膜较薄，活性较高，使得该工艺具有高水力负荷和高容积负荷。生物滤池除能够去除COD、BOD外，还能够很好地截留SS，去除氨氮。

（2）抗冲击能力强。由于滤料的高比表面积，当外加有机负荷增加时，滤料表面生物膜上的微生物可以快速增殖，另一方面，生物滤池具有很强的缓冲能力，受水质水量变化影响小。即使在正常负荷2～3倍的短期冲击负荷下运行，出水水质变化幅度也较小。

（3）出水水质良好。由于滤料表面高活性生物膜对COD、BOD和氨氮等污染物的高效去除，滤料的截留作用和生物膜的生物絮凝作用，生物滤池可吸附截留难降解物质和SS，使得处理出水水质良好。

（4）易挂膜，启动快。生物滤池在水温10～15℃时，2～3周即可完成挂膜过程。在暂时不使用的情况下可关闭运行，滤料表面的生物膜不会死亡，一旦重新开始通水曝气，可在很短的时间内恢复正常，非常适合于水量变化大的场合。

（5）占地面积少，基建投资省。生物滤池将生化处理和过滤集中在一个处理装置中，结构紧凑，无需二次沉淀池，同时由于生物膜中微生物数量大，活性高，可在较短的停留时间内完成污水处理，因此所需构筑物的占地面积和体积都很小，节省基建投资。

（6）结构模块化。生物滤池采用模块化结构，便于维护管理和进行后期的改扩建。此外，还可建成封闭式厂房，减少臭气、噪声对周围环境的影响。

3. 适合于小城镇的生物滤池技术——曝气生物滤池

常规的生物滤池易出现布气不均，易堵塞，环境卫生较差等问题，限制了其广泛应用。与此相比，曝气生物滤池越来越体现出其优越性。曝气生物滤池技术采用人工曝气代替自然通风来强化氧气的传递，同时使用粒径更小、比表面积更大的滤料，进一步提高了生物量，显著提升了生物滤池的处理性能和稳定性，特别适合于小城镇的污水处理。这里单独对曝气生物滤池进行介绍。

1）技术原理与流程

曝气生物滤池（biological aerated filter，BAF）是集生物降解、固液分离于一体的污水处理技术。曝气生物滤池采用周期运行，从开始过滤到反冲洗完毕为一个完整的周期。按照进水方式，曝气生物滤池分为下向流和上向流两种，经过预处理的污水从滤池顶部（或底部）进入，在滤池底部进行曝气，气水处于逆流（或顺流）状态。下向流曝气生物滤池因为截污效率不高，运行周期短，目前逐渐被上向流曝气生物滤池所取代。上向流曝气生物滤池具有不易堵塞，冲洗简便，出水水质好的优点，工程应用更为广泛。

图 4-41 是上向流曝气生物滤池的示意图，由布水系统、曝气系统、承托层、生物滤料、反冲洗系统（包括反冲洗空气和反冲洗水）组成。在总体的好氧环境下，有机物得到氧化分解，氨氮被氧化成硝态氮，同时由于在生物膜的内部存在厌氧或兼氧环境，可实现部分反硝化脱氮。在无脱氮要求的情况下，处理水可直接从滤池的顶部排出，一部分出水用于滤池反冲洗。如果有脱氮要求，仅靠生物膜内部的反硝化作用是不够的，从而需要设置后续反硝化单元。

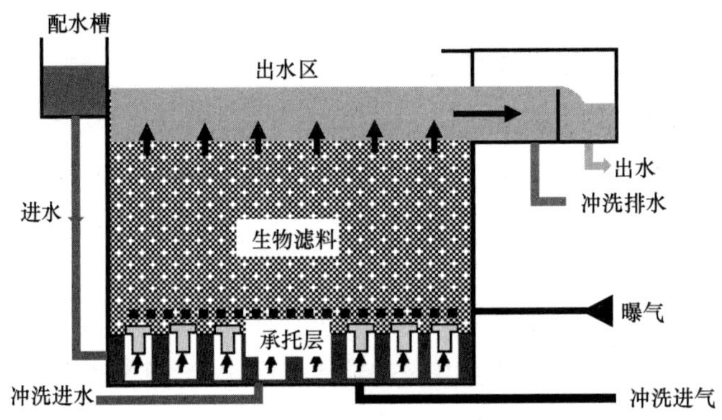

图 4-41　上向流曝气生物滤池示意图

随着过滤的进行，滤池的水头损失缓慢增大。由于滤料表面生物量不断增大，截留的 SS 也不断增加，所以后期的水头损失增加很快。当固体物质积累达到一定程度时，会发生滤层堵塞，并且阻止气泡的释放，导致水头损失很快达到极限，此时应进行反冲洗，以去除滤床内过量的生物膜及 SS，恢复曝气生物滤池的处理能力。

2）技术特征

曝气生物滤池的主要技术特征如下：

（1）具有更高的生物浓度和更高的有机负荷。通常采用 3～5mm 的小粒径滤料，比表面积大，为微生物提供了更佳的生长环境，易于挂膜，在填料表面保持较多的生物量，从而单位体积的微生物量远远大于活性污泥曝气池中的微生物量。高浓度的微生物量使得曝气生物滤池具有很高的容积负荷，BOD_5 负荷可达到 5～6kg/(m^3·d)，为传统活性污泥法和接触氧化法的 6～12 倍，因而减少了反应池的容积和占地面积，使基建费用降低。

（2）工艺简单，不设二沉池。由于填料的机械截留作用以及滤料表面的微生物和代谢产物形成的吸附架桥作用，曝气生物滤池在稳定运行情况下，对 SS 的去除作用非常明显，出水 SS 浓度很低。

（3）氧转移效率高，动力消耗低。通过增设强化曝气系统，使得该工艺的运行更加灵活，更加稳定，同时气液在滤料间隙充分接触，使得氧转移效率大幅度提高。

（4）菌群结构合理。传统的活性污泥法，微生物的分布相对均匀，而在曝气生物滤池中在池体的不同高度处形成了不同的优势生物菌种，因此使得有机物降解、硝化/反硝化能在同一个单元中进行，简化了工艺流程。

（5）耐冲击负荷能力强。曝气生物滤池对有机负荷、水力负荷、温度变化的适应性好，抗冲击负荷能力强。同时由于曝气生物滤池为半封闭或全封闭构筑物，其生化反应受外界温度影响较小，因此适合于寒冷地区的污水处理。

3）设计要点

（1）曝气生物滤池前应设沉砂池、初次沉淀池或混凝沉淀池、除油池等预处理单元，也可设置水解调节池。

（2）进水悬浮固体浓度不宜大于 60mg/L，池体高度以 5～7m 为宜。

（3）反冲洗宜采用气水联合反冲洗，通过长柄滤头实现，反冲洗空气强度宜为 10～15L/(m^2·s)，反冲洗水强度不应超过 8L/(m^2·s)。

（4）污泥产率系数一般为 0.75kgVSS/$kgBOD_5$（以有机物氧化为主的操作条件下）。

（5）容积负荷可根据试验资料确定，当没有条件获得试验资料时，容积负荷宜为 3～6$kgBOD_5$/(m^3·d)，硝化容积负荷（以 NH_3-N 计）宜为 0.3～0.8$kgNH_3$-N/(m^3·d)，反硝化容积负荷（以 NO_3^--N 计）宜为 0.8～4.0$kgNO_3^-$-N/(m^3·d)。

（6）宜采用上向流，池体的平面形状可采用正方形、矩形或者圆形，滤池截面积过大时，分格数不应少于 2 格，单格滤池的面积宜为 50～100m^2，滤池下部宜选择机械强度高和化学稳定性好的卵石作承托层，并按一定的级配布置。

（7）出水系统可以采用周边出水或单侧堰出水，反冲洗排水和出水槽（渠）宜分开布置，应设置出水堰板等装置，防止反冲洗时滤料流失并且调节出水平衡。

根据处理目的，曝气生物滤池可分为碳氧化滤池（以有机物去除为主）、硝化滤池（以氨氮去除为主要目的）、碳氧化/硝化滤池（同时去除有机物和氨氮）以及反硝化滤池（以反硝化脱氮为目的，分为前置和后置两种）。各种曝气生物滤池的主要设计参数见表 4-19。

曝气生物滤池工艺主要设计参数 **表 4-19**

种类	容积负荷	水力负荷［m^3/(m^2·h)］	空床水力停留时间（min）
碳氧化滤池	3.0～6.0[$kgBOD_5$/(m^3·d)]	2.0～10.0	40～60
硝化滤池	0.6～1.0[$kgNH_3$-N/(m^3·d)]	3.0～12.0	30～45
碳氧化/硝化滤池	1.0～6.0[$kgBOD_5$/(m^3·d)] 0.4～0.6[$kgNH_3$-N/(m^3·d)]	1.5～3.5	80～100
前置反硝化滤池	0.8～1.2[$kgNO_3$-N/(m^3·d)]	8.0～10.0 （含回流）	20～30
后置反硝化滤池	1.5～3.0[$kgNO_3$-N/(m^3·d)]	8.0～12.0	20～30

注：设计水温较低、进水浓度较低或出水水质要求较高时，有机负荷、硝化负荷、反硝化负荷应取下限值；反硝化滤池的水力负荷、空床停留时间均按含硝化液回流水量确定，反硝化回流比应根据 TP 去除率确定。

4）应用实例

（1）曝气生物滤池在国外的应用

自 1981 年世界上首座曝气生物滤池在法国诞生后，欧洲各国普遍采用该技术进行污水生物过滤，美国、加拿大、日本、韩国也先后开始采用曝气生物滤池。这些工程既包括以曝气生物滤池为二级处理主体工艺的不同规模的污水处理厂，也包括采用曝气生物滤池进行原有活性污泥处理系统的强化，如 1998 年英国曼彻斯特污水处理厂建设了 36 座曝气生物滤池，对原有活性污泥系统的出水进行脱氮处理，取得了良好的效果。表 4-20 为法国和丹麦一些中小型污水处理厂采用曝气生物滤池的处理效果。

国外部分曝气生物滤池工艺的处理效果　　表 4-20

水质指标		水量	进水 (mg/L)				出水 (mg/L)			
		(m^3/d)	COD	BOD_5	SS	NH_3-N	COD	BOD_5	SS	NH_3-N
法国	Soissons 污水厂	3460	299	161	111	—	61	—	—	—
	CERGY 污水厂	—	670	350	350	—	<60	<20	<25	—
	COLOMBES 污水厂	—	600	240	360	40	雨季<60 旱季<80	30	30	雨季<8 旱季<12
丹麦	Nyborg	13000	90	38	55	—	24	7	11	1.8
	Hobro	9100	—	—	—	—	38	—	7	0.35
	Frederikshavn	10100	40	10	10	—	58.2	—	5.9	0.9

（2）曝气生物滤池在国内小型污水处理中的应用

国内在污水处理中采用曝气生物滤池的工程案例也很多，表 4-21 列出了采用曝气生物滤池的部分小型污水处理设施（处理规模 160～1000m^3/d）的处理效果。可知针对不同的原污水水质，通过曝气生物滤池均能取得良好的处理效果，处理水 COD、SS、NH_3-N、TN 和 TP 等指标基本上能够达到一级 A 排放标准。

曝气生物滤池在国内小型污水处理中的应用效果　　表 4-21

工程名称	处理规模	进水 (mg/L)					出水 (mg/L)				
	(m^3/d)	COD	SS	TP	TN	氨氮	COD	SS	TP	TN	氨氮
攀枝花市第三人民医院	160	250	121	—	—	35.1	7.5	52.5	—	—	0.4
河北邯郸矿务局	1000	149	—	—	28.7		17	—	—	6.3	—
黎阳机械厂	500	307	101.5	32.4	—	75.8	4.4	17	0.04	16.6	13.4
红湖机械厂	700	51.3	33	—	—		6.4	4	—	—	—
天津第一中心医院	800	358	66	—	—	35.8	20.7	3	—	—	8.9
中国水电第九工程局	900	223	40	1.1	—	44.5	22	5	0.3	5.5	0.1

（3）曝气生物滤池在北方某小区污水处理与回用中的应用

北方某小区选择采用两级曝气生物滤池工艺处理小区内建筑杂排水，达到回用标准后用于室内冲厕和小区的绿化。处理规模为 800m^3/d，工艺流程如图 4-42 所示，处理效果见表 4-22。该工艺采用智能压差过滤机进行杂排水的预处理，然后进入两级陶粒曝气生物滤池，处理水经次氯酸钠消毒后进行回用。处理水 COD、BOD_5 和 SS 均能满足再生水

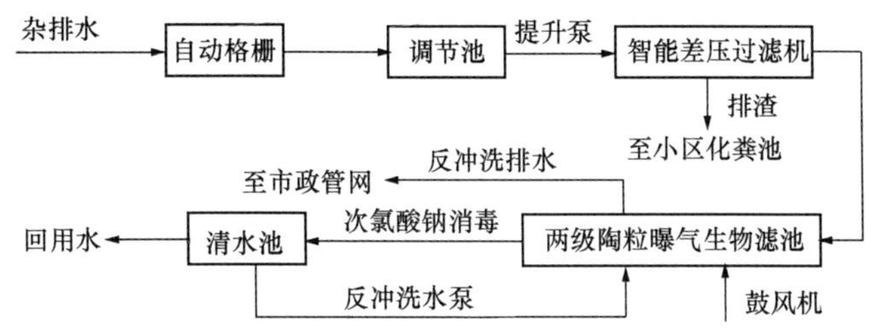

图 4-42 曝气生物滤池污水处理与回用工艺流程图

回用要求。

曝气生物滤池工艺的各单元的处理效果 **表 4-22**

	COD (mg/L)			BOD_5 (mg/L)			SS (mg/L)		
处理单元	进水	出水	去除率 (%)	进水	出水	去除率 (%)	进水	出水	去除率 (%)
差压过滤器	300	250	17	200	170	15	250	60	76
一级滤池	250	110	56	170	55	68	60	40	33
二级滤池	110	<40	64	55	<10	82	40	<10	75

4.2.4 人工湿地污水处理技术

人工湿地污水处理技术是一种人工强化的生态处理技术，近年来首先在国外得到广泛重视，在我国也开始成为小城镇或乡村污水处理的可选技术之一。

1. 技术原理

人工湿地是在自然湿地水质净化原理的基础上派生出的生态处理技术。自然人工湿地是介于陆地生态系统和水生生态系统之间的一种过渡型生态系统，是水生、陆生生态系统界面相互延伸扩展的重叠空间区域，兼具水生和陆生生态系统的特点。湿地具有丰富的生物多样性和较高的生物量，在蓄洪防旱、孕育生境、调节气候、湿润空气、净化环境等方面都起着极其重要的作用。所谓人工湿地，实质上是通过模拟自然湿地的原理和形式，人为设计和建设的湿地系统，它是由饱和基质、挺水与沉水植被、动物和微生物组成的复合生态系统。人工湿地的建造起初是用于自然湿地系统的恢复和城乡多元生态环境的营造，鉴于湿地系统具有很强的污染物同化和净化功能，在有条件建设人工湿地的地方，就可以将人工湿地建设和污水处理相结合，从而形成了人工湿地污水处理技术。

人工湿地污水处理技术的发展主要经历了两个阶段。第一阶段始于 20 世纪 70 年代，其实质是自然湿地系统用于污水处理，即将待处理的污水直接导入天然湿地系统，污水沿一定方向流动，通过自然生长的耐水植物的养分吸收，土壤层中物理、化学、生物过程的共同作用下，水中的污染物得以去除，污水得到净化。为了提高处理效率，也有将污水的氧化塘处理与湿地系统结合起来，从而提高氧化塘处理效果的做法。但是，当进入湿地系统的污染负荷过高时，原有天然湿地的生态系统可能被破坏，导致部分湿地萎缩或消失。因此，在很多国家天然湿地已被禁止用于污水处理。

20世纪80年代，人工湿地污水处理进入第二阶段，其特点是完全通过人工建造的、以不同粒径的材料组成的湿地基质床、种植一定类型有效植物所构成的污水处理系统。我国的第一座人工湿地污水处理系统建于1987年，占地约为$6hm^2$，处理规模为$1400m^3/d$，种植的主要植物是芦苇，是一个典型的芦苇湿地处理系统。

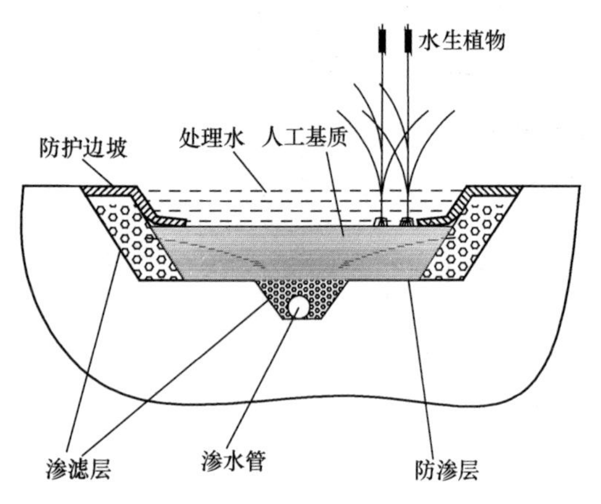

图4-43 人工湿地的结构示意图

图4-43为人工湿地污水处理系统的结构示意图，它包括水层（处理水）、人工基质层（土壤、碎石、煤渣等为介质）、水生植物（芦苇、菖蒲、水葱等）等，基质层内及植物根系周围有大量微生物繁殖，从而形成一个人工生态系统。从构造上，人工湿地设有防护边坡，以及收集出水的渗滤层、渗水管等。为了防止污水下渗，人工湿地的底部一般需要进行防渗处理。

1）基质及其作用

基质即人工湿地的填料介质，是人工湿地的重要组成部分。人工湿地的床体是将不同粒径的填充材料按厚度铺设而成的，基质可由土壤、沙、砾石、碎瓦片、页岩、铝矾土、膨润土、陶瓷、沸石等具有巨大的比表面积的一种介质或几种介质构成，是湿地植物的直接支撑者，也是生物膜的主要载体。污水流经基质层时，污染物通过沉淀、过滤、吸附和絮凝等作用从水中转移到介质表面。基质在人工湿地中的功能包括：

（1）基质层本身为植物根系的生长提供场所；

（2）通过基质层中繁衍的微生物，进行污染物的降解、转化和生物固定；

（3）通过基质所含的无机、有机胶体及其复合体，发挥络合、沉淀等作用；

（4）基质的离子交换作用；

（5）基质的机械阻留作用；

（6）基质层的气体（例如：氧气、氮气等）传输作用。

因此，基质的类型、结构、渗透率和化学成分均关系到污染物的去除效果以及人工湿地的使用寿命。

2）植物及其作用

植物是人工湿地中的生物主体，包括水生和湿生的维管束植物、苔藓植物和藻类植物。在人工湿地污水处理系统中，植物的作用可以归纳为以下几个方面：

（1）直接吸收利用污水中的营养物质、吸附和富集重金属和其他有毒有害污染物，并通过植物的收割输出到系统外；

（2）为根区和其附近基质表层的好氧微生物输送氧气；

（3）发达的植物根系具有巨大的表面积，易于形成生物膜，提高湿地净化效率；

（4）植物及其根系的存在增强了系统的稳定性，提高了介质层的水力传输能力。

另外，植物外形美观具有欣赏性，收割后还具有一定的经济价值。

3）微生物及其作用

人工湿地中的微生物是整个处理系统中不可或缺的重要部分，是污水中污染物的吸附和降解的主要承担者。人工湿地系统中的微生物种类极其丰富，存在大量的好氧、厌氧和兼性厌氧微生物群落，广泛分布于湿地的基质以及植物根系表面。它们通过吸附作用和参与湿地系统中各种生化反应将污染物从水中去除，从而完成污水净化。另外，在人工湿地污水处理系统中 80％以上的脱氮效果是通过微生物的硝化—反硝化作用完成的。微生物还可将含磷化合物聚集在体内或者转变成能被植物吸收和基质吸附的物质，从而使水中磷的浓度降低。人工湿地系统中还存在具有特殊功能的微生物种类，包括可降低汞、镉等重金属浓度，降解石油类化合物、酚类等有毒有害化合物的微生物种群等。

可以说，人工湿地污水处理系统综合了各种物理、化学和生物作用。当人工湿地成熟后，填料表面和植物根系中生长了大量的微生物，形成生物膜，污水流经生物膜时，SS被填料及根系阻挡拦截，有机质则通过吸附、同化及异化作用得以去除。湿地床层中因植物根系对氧的传递释放，在周围的微环境中依次呈现好氧、缺氧和厌氧状态，使水中的氮、磷不仅能被植物及微生物作为营养成分直接吸收，而且可以通过硝化、反硝化作用及微生物对磷的积累作用从水中去除，最后通过湿地基质的定期更换或植物的收割使污染物质最终从系统中去除。

2. 人工湿地类型

从工程设计的角度出发，按照系统布水方式的不同或水在系统中流动方式的不同，人工湿地一般包括表面流人工湿地、潜流人工湿地、垂直流人工湿地等三大类。不同类型人工湿地对特征污染物的去除特点不同，见表 4-23 所列。

三类人工湿地系统的主要特征比较　　表 4-23

特征指标	表面流人工湿地	潜流人工湿地	垂直流人工湿地
水体流动	表面漫流	填料层内水平流动	由表面向底部垂直流动
水力负荷	较低	较高	较高
除污效果	一般	除污效果好	除氮磷效果好
系统控制	简单、受季节影响大	相对复杂	相对复杂
环境状况	夏季有恶臭和滋生蚊蝇现象	良好	夏季有恶臭和滋生蚊蝇现象

1）表面流人工湿地

表面流人工湿地，也称自由水面人工湿地。污水主要从人工湿地的表层流过，水位较浅，多在 0.1～0.6m 之间。湿地中接近水面的部分为好氧层，较深部分及底部通常呈厌氧状态。图 4-44 为表面流人工湿地的工作原理图，这种类型的人工湿地和自然湿地类似，污水在填料表面形成漫流，污水中的绝大部分有机污染物的去除是依靠存在于填料床表面，生长在植物水下部分的茎、秆上的生物膜来完成的，因而这种系统有利于污水的自然复氧，但是难以充分利用生长在下层填料表面的生物膜和植物的根系对污染物的降解作用，处理功效有限，而且占地面积大，容易生长蚊蝇，产生臭味，影响景观。但是，表面

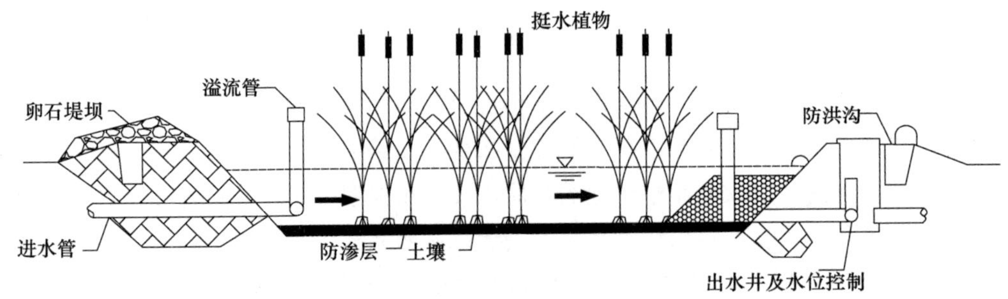

图 4-44　表面流人工湿地系统

流人工湿地不易发生基质层堵塞，因此便于维护，使用寿命长。

2）潜流人工湿地

潜流人工湿地系统的工作原理如图 4-45 所示。污水经配水系统（由卵石构成）在湿地的一端均匀地进入填料层，在填料层表面以下水平流动从而得到净化。经净化后的出水由铺设在湿地末端的集水区中的集水管收集后排出处理系统。在潜流湿地系统中，污水在湿地床的内部流动，一方面可以充分利用填料表面生长的生物膜、丰富的植物根系及表层土和填料截留等的作用，以提高其处理效果和处理能力，另一方面由于水流在地表以下流动，故具有保温性较好，处理效果受气候影响小，卫生条件较好的特点。一般情况下，这种人工湿地的出水水质优于表面流人工湿地，在国内外应用比较广泛。但是，在进水 SS 浓度较高时，填料层可能发生堵塞，因此运行维护比表面流人工湿地复杂，造价也比表面流人工湿地系统高。

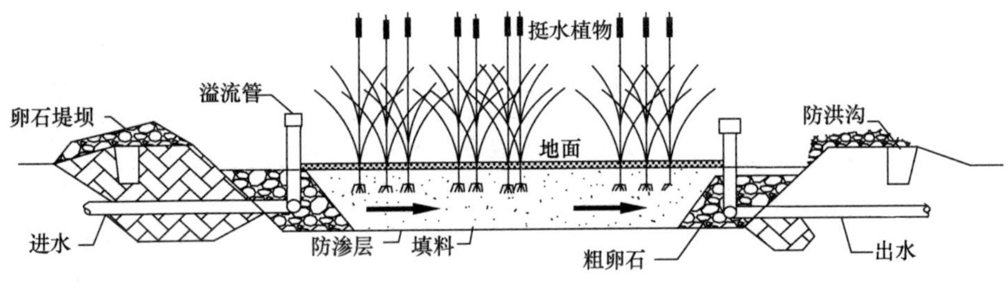

图 4-45　潜流人工湿地系统

3）垂直流人工湿地

垂直流人工湿地系统综合了人工湿地和生物过滤的特点，其工作原理如图 4-46 所示。通过配水系统进入湿地的污水可在表层或底层布水，从而在湿地床中形成由上而下或由下而上的竖向流动，处理水则从湿地底部或上部的集水管渠收集排出。垂直流人工湿地的床体一般处于不饱和状态，氧气是通过大气扩散和植物传输进入湿地系统。与潜流人工湿地相比，垂直流人工湿地的硝化效果较好，但对有机物的去除能力较差。由于污水在垂直方向通过填料层，当水中 SS 浓度较高时，也会发生填料层堵塞，因此运行控制相对复杂。另一方面，夏季容易发生蚊蝇滋生的现象。

4）多元组合人工湿地

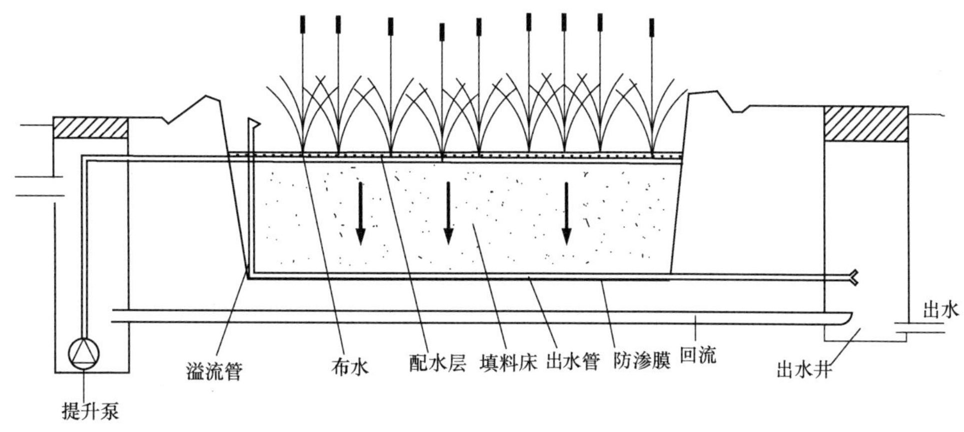

图 4-46 垂直流人工湿地系统

上述各种类型的人工湿地，本质上都是依靠生态作用进行污水处理，因此单一的湿地系统处理很难达到很高的污染物去除率。为了提高人工湿地的处理功效，采用多级、多种类型人工湿地组合进行污水处理的方式近年来得到广泛关注，称之为多元组合人工湿地。人工湿地的多元组合方式取决于污染物去除目的，例如将表面流人工湿地与潜流人工湿地串联构成多级人工湿地处理系统，可大幅度提高系统的有机物和 NH_3-N 去除效率，同时避免潜流人工湿地发生堵塞。在各种人工湿地之后增加一级表面流人工湿地，可保障人工湿地系统处理水质的稳定性。此外，近年来也有将湿地系统与各种物化系统（如砂滤系统、絮凝沉淀、接触氧化、微曝气系统等）组合的技术方案，目的都在于克服人工湿地的缺陷，提高污水处理的效果。

3. 技术特征

1）投资和运行费用较低

人工湿地技术是近自然型生态处理技术，通常充分利用地形地貌进行系统构建，采用的基质材料可就地获得或利用建筑砌块、炉渣等废弃物，植物也可在当地选取，除了必要的水力提升以外，不消耗额外的动力，因此投资和运行成本远低于常规的污水处理。

2）抗冲击负荷能力强

用于污水处理的人工湿地一般为多级串联的湿地单元，水力停留时间较长，有很强的缓冲作用，处理效果不易受冲击负荷影响，因此处理效果比较稳定。由于生态系统的复合作用，除 SS 和有机物去除以外，人工湿地对重金属、氮、磷等也有较高的去除功效。但是人工湿地受气温和水温的影响较大，往往在冬季的处理效果较差。

3）间接环境效益明显，二次污染少

除污水处理的直接效益以外，人工湿地作为近自然的生态系统，可通过湿地植物吸收 CO_2，降低温室气体排放，改善空气质量。同时湿地本身能绿化环境，提供动物栖息地。此外，配合经济植物种植也可产生一定的附加效益。

4）需要较大的占地面积

与常规污水处理设施相比，人工湿地表面负荷率低，因此处理单位水量所需的面积大，仅适合于地广人稀、土地资源丰富的城镇污水处理。

5）存在基质层堵塞问题

人工湿地的基质层发生堵塞后，则不能继续发挥原有的污水处理功能，对于潜流人工湿地这个问题最为显著。为了延长人工湿地的使用寿命，保障处理效果，在进水 SS 浓度较高的情况下应当考虑必要的预处理措施，或通过基质级配的合理选择，进水方式和水力负荷的合理调节来预防基质堵塞。

4. 设计要点

设计要点主要有如下几个方面：

（1）根据待处理的污水水质，需考虑人工湿地前的预处理设施，污水的 BOD_5/COD 小于 0.3 时，生化降解性差，应进行水解酸化预处理；污水的 SS 大于 100mg/L 时，易发生基质层堵塞，应进行预沉淀处理；污水中含油量大于 50mg/L 时，应进行除油预处理；污水的 DO 小于 1.0mg/L 时，需进行污水充氧。

（2）人工湿地的主要设计参数，宜根据试验资料确定，无试验资料时，可采用经验数据或参考表 4-24 的数据取值。

人工湿地的主要设计参数　　**表 4-24**

人工湿地类型	BOD_5负荷［$kg/(hm^2 \cdot d)$］	水力负荷［$m^3/(m^2 \cdot d)$］	水力停留时间（d）
表面流	15～50	<0.1	4～8
潜流	80～120	<0.5	1～3
垂直流	80～120	<1.0（建议值：北方 0.2～0.5；南方 0.4～0.8）	1～3

（3）表面流人工湿地单元的长宽比宜控制在 3∶1～5∶1，水深宜为 0.3～0.5m，水力坡度宜小于 0.5%。当用地受限，长宽比不在上述范围内时，应进行水力计算，避免形成死水区。

（4）潜流人工湿地单元的面积，水平潜流宜小于 800m^2，垂直潜流宜小于 1500m^2，潜流人工湿地的长宽比宜控制在 3∶1 以下，水深宜为 0.4～1.6m，水力坡度宜为 0.5%～1%。当用地受限，单元面积和长宽比不在上述范围内时，应考虑均匀布水和集水问题。

（5）人工湿地单元宜采用穿孔管、配（集）水管、配（集）水堰等装置来实现集配水的均匀，管孔密度应均匀，其尺寸和间距取决于污水流量和进出水的水利条件，管孔间距不宜大于人工湿地单元宽度的 10%。

（6）人工湿地基质的选择应根据基质的机械强度、比表面积、稳定性、孔隙率即表面粗糙度等因素确定，潜流人工湿地基质层的初始孔隙率宜控制在 35%～40%，基质层的厚度应大于植物根系所能达到的最大深度。

（7）人工湿地宜选用耐污能力强，根系发达，去污效果好，具有抗冻及抗病虫害能力，有一定经济价值，容易管理的本土植物，且以挺水植物为主，湿地植物种植的时间宜为春季，挺水植物的种植密度宜为 9～25 株/m^2，种植土壤的质地宜为松软黏土—壤土，土壤厚度宜为 20～40cm。

(8) 人工湿地应在底部和侧面进行防渗处理，防渗层的渗透系数应不大于 10^{-8}m/s。

5. 应用实例

1) 北方某小城镇潜流—表面流组合人工湿地污水处理系统

我国北方地区某小城镇采用潜流—表面流组合人工湿地进行污水处理，人工湿地的平面布局如图 4-47 所示。由于原污水 SS 浓度较低，经调节沉淀池进行预沉后首先进入潜流人工湿地，然后进入后续的表面流人工湿地进一步处理后排出，处理水用于林地浇灌。潜流人工湿地是污水处理的主要单元，深度为 0.6m，水力负荷为 0.65m^3/(m^2·d)，水力停留时间约为 24h，填料为火山岩（厚度 35cm，粒径 50～80mm）上覆陶粒（厚度 15cm，粒径 15～30mm），最上部覆盖土壤（厚度 10cm）。潜流人工湿地植物为黄花鸢尾，表面流人工湿地植物为黄花鸢尾、千屈菜和凤眼莲。正常运行阶段，人工湿地系统对 COD、TN、TP 和 NH_3-N 的平均去除率分别为 65%、70%、60%和 75%左右，处理水达到一级 B 排放标准，满足林地灌溉水质要求。

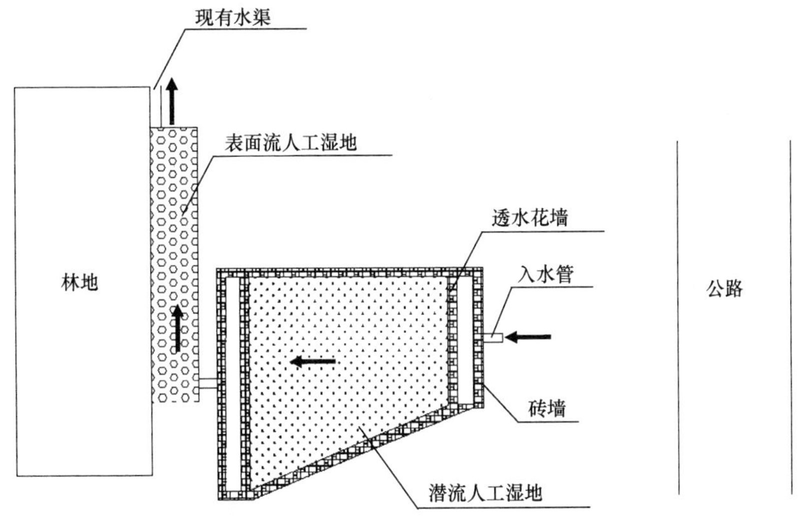

图 4-47 人工湿地系统工艺流程示意图

2) 国外某小城镇垂直流人工湿地污水处理系统

人工湿地污水处理系统在偏远地区和山区小城镇的污水处理中同样发挥着重要作用。以国外某小城镇为例，该城镇地处山区，主要处理来该镇旅游的游客产生的生活污水。利用山区城镇的条件，采用垂直流人工湿地进行污水处理。人工湿地表面积为 40.5m^2 (13.5m×3m)，基质为当地的膨胀土，有效深度为 0.4m，粒径为 4～12.5mm。为了提高观赏价值，湿地植物采用混养的方式种植，包括美人蕉、马蹄莲、百子莲等观赏性植物。由于旅游人口波动较大，湿地进水污染物负荷在 17～579kgCOD/(hm^2·d) 范围内。该系统在长期运行中能保持良好的处理效果，有机物（BOD 和 COD）去除率大于 90%，对 PO_4^{3-}、NH_4^+ 和大肠杆菌总数的去除率分别能达到 92%、84%和 99%。该人工湿地污水处理系统能与当地景色融为一体，湿地中种植的花卉具有很好的观赏价值。

4.2.5　稳定塘污水处理技术

1. 技术原理

稳定塘（Stabilization Ponds），也称为氧化塘或生物塘，是经过人工适当修整的污水自然生物净化池塘，一般设有围堤和防渗层。稳定塘污水处理是将污水有节制地投配到池塘内缓慢流动，以太阳能为初始能源，通过塘内的稀释、沉淀、絮凝、微生物代谢、食物链捕食、水生微管束植物吸收和吸附等一系列作用，使污水得到净化。因此稳定塘的净化功能包括生物作用和非生物作用两部分，其中生物作用主要是指通过细菌、藻类、原生动物、后生动物、高等水生植物和水生动物等进行的生化降解，非生物作用包括光照、沉淀、混合稀释及其他一些物理化学作用。

1）稀释作用

污水进入稳定塘后，在风力、水流及污染物的扩散作用下，与塘内原有水体进行混合，使进水得到稀释，从而降低了各种污染物的浓度，为污染物的进一步转化创造了有利条件。

2）沉淀和絮凝作用

污水进入稳定塘后，由于流速降低，所携带的部分悬浮物沉淀于塘底。同时，由于塘内水体中含有大量具有絮凝性能的生物代谢产物，可使污水中的细小悬浮颗粒凝聚为较大颗粒后沉淀于塘底。

3）微生物代谢作用

在好氧塘和兼性塘中，绝大部分有机物是通过异养型好氧菌和兼性菌的代谢作用去除的。在兼性塘的塘底沉淀层和厌氧塘中，厌氧菌得以存活，可对有机物进行厌氧分解而去除。因此，稳定塘对有机物的去除是在好氧微生物、兼性微生物、厌氧微生物的共同作用下被降解和转化的。

好氧微生物代谢所需要的溶解氧是由大气复氧作用和藻类的光合作用释放共同提供的。藻类在稳定塘中起着重要的作用，一方面通过光合作用释放氧气供好氧微生物利用，并利用无机碳、氮、磷合成藻类的细胞物质实现自身繁殖；另一方面，异养菌降解有机物所生成的 CO_2、NH_4^+、NO_3^- 等又成为藻类合成的原料。因此，细菌和藻类相互促进、共同生存，在稳定塘中形成菌藻共生体系。

4）食物链捕食作用

在稳定塘中存活着多种浮游生物，包括原生动物、后生动物、枝角类浮游动物等微型动物，它们可吞噬游离细菌、藻类、胶体有机污染物和细小的污泥颗粒，分泌能够产生生物絮凝作用的代谢产物，可使塘水进一步澄清；同时，塘水中存活的水生动物可以捕食微型水生动物及残余的大颗粒有机物。这些生物处于同一生物链中，相互制约和依存，共同作用使污水得以净化。

5）水生植物吸收和吸附作用

在稳定塘内，水生微管束植物可以直接吸收氮、磷等营养物质，提高了稳定塘对氮、磷的去除功能；水生植物的根和茎具有吸附作用，为细菌和微生物的附着生长提供场所，并可向塘水供氧，使去除有机物的功能得以提高；水生植物的根部具有富集重金属的功能，可以提高重金属的去除率。

2. 技术类型与特征

按照塘内微生物类型及供氧方式和功能的不同，稳定塘可以分为好氧塘、兼性塘、厌氧塘、曝气塘等四种类型。不同类型的稳定塘具有不同的工艺条件和工艺参数，见表4-25。

稳定塘的类型和主要特征参数 **表 4-25**

特征参数	好氧塘	兼性塘	厌氧塘	曝气塘
水深（m）	0.4～1.0	1.0～2.5	≥3.0	3.0～5.0
停留时间（d）	3～20	5～20	1～5	1～3
BOD负荷 [$g/(m^2 \cdot d)$]	1.5～3	5～10	30～40	20～40
BOD去除率（%）	80～95	60～80	30～70	80～90
供氧环境	好氧	好氧、厌氧	厌氧	好氧
藻类浓度（mg/L）	≥100	10～50	0	0
光合作用	存在	存在	无	无

1）好氧塘

（1）好氧塘的类型

好氧塘的深度较浅（一般为0.5m），阳光能透至塘底，全部塘水都含有溶解氧，塘内菌藻共生，溶解氧主要是由藻类供给和大气复氧。根据在处理系统中的位置和功能，好氧塘又分为高负荷好氧塘、普通好氧塘和深度处理好氧塘等三种。

高负荷好氧塘：有机负荷高，水力停留时间较短，塘水中藻类浓度很高，仅适用于气候温暖、阳光充足的地区。

普通好氧塘：即一般所指的好氧塘，与高负荷好氧塘相比有机负荷较低，适合于一般的污水处理。

深度处理好氧塘：以二级处理出水的深度处理为目的，有机负荷率很低，水力停留时间也较短，起处理水质保障的作用。

（2）工作原理

好氧塘是各种细菌、藻类和原生动物共生的系统，对污染物的净化原理如图4-48所示。有阳光照射时，塘内的藻类进行光合作用，释放出氧，同时由于风力的搅动，塘表面还存在大气自然复氧，二者使塘水呈好氧状态。塘内的好氧型异养细菌通过好氧代谢氧化分解有机污染物并合成本身的细胞质（细胞增殖），其代谢产物则为藻类光合作用提供碳源。

由于藻类的光合作用，塘水的溶解氧和pH值呈昼夜变化：白天，藻类光合作用释放的氧气能超过细菌降解有机物的需氧量，此时塘水的溶解氧浓度很高，可达到饱和状态；

夜间，藻类停止光合作用，且由于生物的呼吸消耗氧，水中的溶解氧浓度下降，凌晨时达到最低；阳光再照射后，DO 再逐渐上升。好氧塘的 pH 值与水中 CO_2浓度有关：白天，藻类光合作用使 CO_2降低，pH 值上升；夜间，藻类停止光合作用，细菌降解有机物的代谢没有中止，CO_2累积，pH 值下降。由此可见，采用好氧塘进行污水处理时，需要控制有机负荷，防止藻类过度生长，引起水体缺氧问题。

鉴于污水在好氧塘内停留时间短，进水应进行比较彻底的预处理，以去除悬浮物，防止进入塘内形成沉积层。另外好氧塘的水浅，占地面积大，出水中通常藻类含量较高。

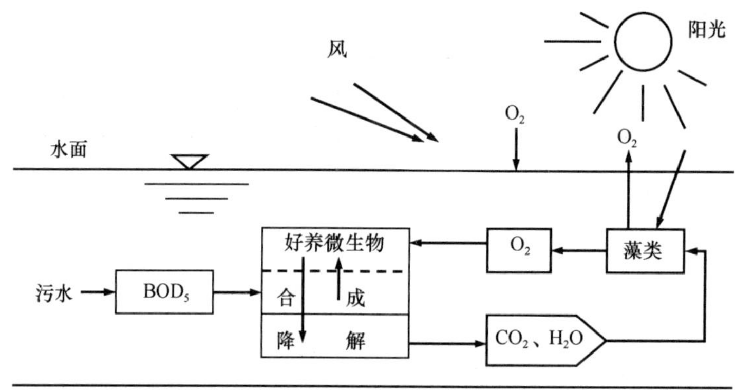

图 4-48　好氧塘净化原理示意图

2）兼性塘

兼性塘是应用最为广泛的一种稳定塘，有效水深一般为 1.0～2.0m，阳光不能照射到塘底，塘水也难以整体保持好氧状态，因为在纵向通常形成三层：上层好氧区、中层兼性区、底部厌氧区，其净化原理如图 4-49 所示。

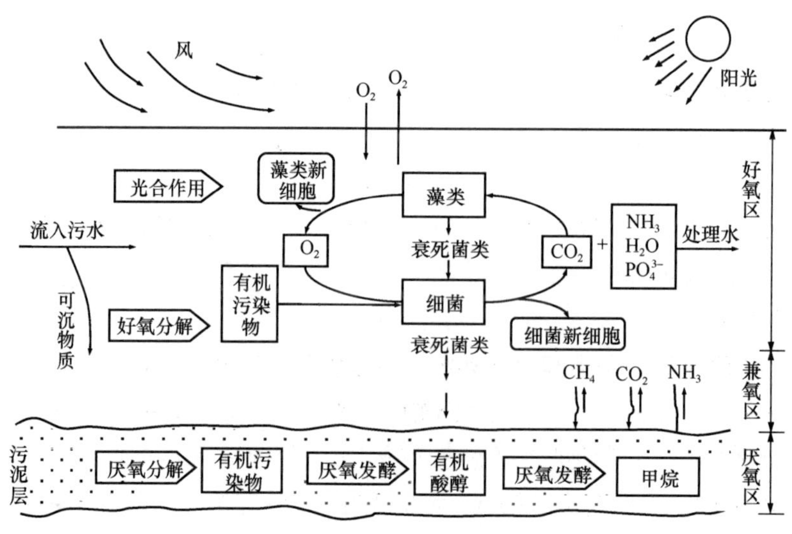

图 4-49　兼性塘的净化原理示意图

在上层好氧区，藻类的光合作用和大气复氧作用使其有较高的溶解氧，主要由好氧微生物起净化污水作用，对有机污染物的净化机理与好氧塘基本相同。

中层溶解氧逐渐减少，因此是兼性区（过渡区），塘水溶解氧较低，且变动较大，存在完全无氧的状态。得以生长的微生物通常是异养型兼性细菌，既能利用水中的溶解氧氧化分解有机污染物，也能在无分子氧的条件下以硝酸根和碳酸根作为电子受体进行无氧代谢。

下层的塘水完全处于无氧状态，形成厌氧区，可沉物质和死亡的藻类、菌类在此形成污泥层，污泥层中的有机质由厌氧微生物对其进行厌氧分解。与厌氧发酵反应相类似，其厌氧分解包括酸发酵和甲烷发酵两个过程，发酵过程中未被甲烷化的中间产物（如脂肪酸、醛、醇等）进入塘的上、中层，由好氧菌和兼性菌继续进行降解。而 CO_2、NH_3 等代谢产物进入好氧层，一部分逸出水面，另一部分参与藻类的光合作用。

由于兼性塘内发生着复杂的生物化学反应，所以兼性塘去除污染物的范围大于好氧塘，不仅可以去除一般的有机污染物，还可以有效去除磷、氮等营养物质和某些难降解的有机污染物。

3）厌氧塘

厌氧塘的塘深在 2m 以上，最深可达 4～5m，在较高的表面负荷率下，有机物降解的耗氧量超过了光合作用及大气复氧所能提供的氧量，使得塘内水体普遍呈厌氧状态，由厌氧微生物起净化作用。一般厌氧塘内的有机负荷可达 40～100gBOD_5/(m^3·d)，对有机污染物的降解主要由两类厌氧菌通过产酸发酵和甲烷发酵两阶段来完成，即先由兼性厌氧产酸菌将复杂的有机物水解、转化为简单的有机物（如有机酸、醇、醛等），再由绝对厌氧菌（甲烷菌）将有机酸转化为甲烷和二氧化碳等，反应原理如图 4-50 所示。

厌氧塘的主要问题是产生臭气，目前多利用厌氧塘表面的浮渣层或采取人工覆盖措施（如聚苯乙烯泡沫塑料板）来防止臭气逸出，也有将好氧塘出水回流至厌氧塘，使其布满厌氧塘表层来减少臭气逸出的方法。

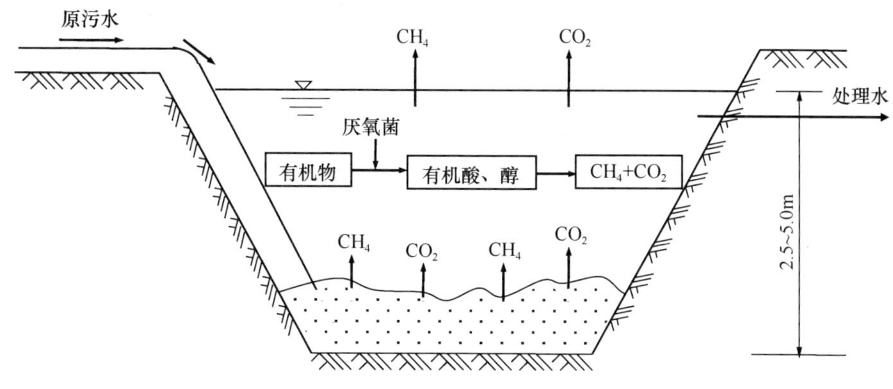

图 4-50 厌氧塘的净化原理示意图

4）曝气塘

曝气塘是安装有人工曝气设备的稳定塘，是人工强化与自然净化相结合的一种形式。曝气塘有两种类型：完全混合曝气塘、部分混合曝气塘。完全混合曝气塘中曝气装置的强度应能使塘内的全部固体呈悬浮状态，并使塘水有足够的溶解氧供微生物分解有机污染物。部分混合曝气塘不要求保持全部固体呈悬浮状态，部分固体沉淀并进行厌氧消化，塘内曝气机布置较完全混合曝气塘稀疏。曝气塘内生长有活性污泥，污泥可以回流也可以不回流。塘内溶解氧主要来源于人工曝气，也有少量的表面复氧，曝气设备一般采用表面曝气机，也可以采用鼓风曝气。

曝气塘的有效水深为 2～6m，由好氧微生物起净化作用，污水停留时间较短，一般为 4～5d。曝气塘出水的悬浮固体浓度较高，排放前需进行沉淀，沉淀的方法可以用沉淀池，或在塘中分割出静水区用于沉淀。若曝气塘后设置兼性塘，则兼性塘要在进一步完成处理的同时，也起到沉淀作用。

5）深度处理塘

深度处理塘，又称三级处理塘或熟化塘，属于好氧塘。其进水有机污染物浓度很低，一般 BOD_5≤30mg/L，COD≤120mg/L，SS 介于 30～60mg/L 之间。常用于处理传统二级处理厂的出水，以提高出水水质，使处理水满足受纳水体或回用的水质要求。

稳定塘的主要技术特征为：

（1）可充分利用地形，工程简易，基建投资省。采用稳定塘污水处理系统，可以利用荒废的河道、沼泽地、峡谷、废弃的水库等地段建设，结构简单，大都以土石结构为主，施工周期短，易于施工，基建费用低。基建投资约为相同规模常规污水处理设施的 1/3～1/2。

（2）管理简单，运行维护费低，处理效果稳定。由于构造简单，运行维护方便，因而节省人力物力。这对于我国缺乏资金和专业技术人员的小城镇非常适合。经验表明，设计、施工、运行和维护良好的塘系统，其出水水质（SS、BOD、COD 等）接近或达到常规二级处理出水水质；对于水生植物塘、养鱼塘等生物或生态净化塘，其去除氮磷等营养物和去除细菌的效率都远高于二级处理，能达到部分三级处理效果。而稳定塘系统的运行维护费用仅为相同规模常规污水处理设施的 1/20～1/10。

（3）可实现污水处理和综合利用。稳定塘处理后的污水，一般都能达到农业灌溉水质标准。污水灌溉实践证明，经适当处理的生活污水和有机废水灌溉农田具有明显的作物增产效果。稳定塘不仅有很好的环境效益，而且具有经济效益，污水中的营养物在太阳能的作用下转化为浮游生物，供作鱼类的饵料，促进鱼类的生长，使渔产大幅度增加。稳定塘中的污泥或植物（如从水生植物塘中打捞的水葫芦）经厌氧消化可产生沼气，是一种有效的能源，在我国农村已获得广泛的应用。另外，污泥与植物（来自水生植物净化塘）混合堆肥可生产出高质量的土壤改良剂，施于农田后能改善土壤结构，增加土壤肥效。

（4）污泥产量少，约为活性污泥法的 1/10，一般不必建设污泥处理设施。

（5）适应能力和抗冲击负荷能力较强，能承受污水水质和水量大范围的波动。

3. 稳定塘的设计要点

设计要点有如下几个方面：

（1）塘的位置：城镇规划或现状中有湖塘、洼地等可供污水处理利用且在城镇水体的下游，并应设在居民区下风向 200m 以外，以防止塘散发的臭气影响生活环境。

（2）系统设计：稳定塘至少分为两格；污水进入稳定塘前，宜进行一定的预处理；稳定塘可以用作二级生物处理，单塘运行或多级串联运行，也可以在其他生物处理工艺之后进行污水深度处理；稳定塘多级串联运行，经过沉淀处理后的污水，串联级数一般不少于 3 级；经过生物处理后的污水，串联级数可为 1～3 级。

（3）防止塘体损害：为防止浪的冲刷，塘的衬砌应在设计水位上下各 0.5m 以上。若需防止雨水冲刷时，塘的衬砌应做到堤顶。衬砌方法有干砌块石、浆砌块石和混凝土板等。在有冰冻的地区，背阴面的衬砌应注意防冻。若筑堤土为黏土时，冬季会因毛细作用吸水而冻胀，因此，在结冰水位以上应置换为非黏性土。

（4）塘体防渗：稳定塘渗漏可能污染地下水源；若塘出水考虑再回用，则塘体渗漏会造成水资源损失，因此塘体防渗是十分重要的。但防渗措施的工程费用较高，选择防渗措施时应十分谨慎。防渗方法有素土夯实、沥青防渗衬面、膨润土防渗衬面和塑料薄膜防渗衬面等。

（5）塘的进出口：进出口的形式对稳定塘的处理效果有较大的影响。设计时应注意配水、集水均匀，避免短流、沟流及混合死区。主要措施为采用多点进水和出水；进口、出口之间的直线距离尽可能大；进口、出口的方向避开当地主导风向。

对于不同类型的稳定塘，具体的设计参数有一定的差别。

1）好氧稳定塘

好氧稳定塘水深一般较浅，约为 0.5m，阳光照射到塘底，溶解氧高，藻类生长旺盛，微生物活性高，具体的设计参数见表 4-26。

典型好氧塘设计参数 **表 4-26**

项目	普通好氧塘	高负荷好氧塘	深度处理塘
BOD_5负荷［kg/(hm^2·d)］	40～120	80～160	<5
水力停留时间（d）	10～40	4～6	5～20
水深（m）	1～1.5	0.3～0.45	1～1.5
pH 值	6.5～10.5	6.5～10.5	6.5～10.5
温度范围（℃）	0～30	5～30	0～30
BOD_5去除率（%）	80～95	80～90	60～80
藻类浓度（mg/L）	40～100	100～260	5～10
出水悬浮固体（mg/L）	80～140	150～300	10～30

2）兼性稳定塘

兼性稳定塘应用较多，在多级串联塘中，常作为好氧塘的前处理，可接受原污水或者预处理后的污水，塘深约为 1.2～2.5m，污泥层的厚度取值为 0.3m，保护高度按 0.5～1.0m 考虑，冰盖厚度由地区温度而定，一般为 0.2～0.6m。

水力停留时间，依据气象条件、水质及对处理水的要求而定，一般为 7～180d，高值用于北方低温地区，低值用于南方，也能够保证处理效果。

BOD_5表面负荷，一般按照2～100 kg/(hm^2 · d) 来考虑，依据各地温度的不同，取值处在较大的范围内。BOD的去除率一般可达70%～90%，藻类浓度取值10～100mg/L。

3）厌氧稳定塘

厌氧塘中，污水大都处于厌氧状态，一般作为稳定塘系统的预处理单元，与后续的好氧塘或兼性塘构成串联体系，适合于水量小、浓度高的有机污水。

厌氧塘的BOD_5表面负荷应适度，如果过低，其工况将接近于兼性塘，最低容许BOD_5表面负荷与气温有关，我国北方地区可采用300kg/(hm^2 · d)，南方地区可采用800kg/(hm^2 · d)。

厌氧塘内的水力停留时间变化幅度较大，可参照成熟的经验，也可参照相关设计规范的建议值，对于城市污水是一般为30～50d，国外的设计参数范围更广，为12～160d。

厌氧塘的有效深度（包括污泥床）宜为3～5m，处理城市生活污水时塘深为1.0～3.6m，不宜过深，保护高度0.6～1.0m；处理城市污水的厌氧塘污泥层厚度，不应小于0.5m，污泥量按50L/(人·年）计算，清泥周期为5～10年；厌氧塘单塘面积不应大于8000m^2；厌氧塘的进口一般设在高于塘底0.6～1.0m处，使进水与塘底污泥相混合；塘底宽度小于9m时，可以设置一个进口，宽塘设置多个进口；出水口为淹没式，深入水下0.6m，不得小于冰层厚度或浮渣层厚度。

4）曝气稳定塘

曝气塘采用BOD_5表面负荷进行设计计算，相关设计规范中对BOD_5表面负荷的建议值为300～800kg/(hm^2 · d)；塘深与表面曝气器的功率有关，一般介于2.5～5m；停留时间，完全混合曝气塘为1～10d，部分混合曝气塘为7～20d；塘内悬浮固体的浓度为80～200mg/L之间。

4. 应用实例

1）南方某村镇的高效藻类塘系统

高效藻类塘是美国加州大学伯克利分校Oswald教授提出的一种传统稳定塘的改进技术。它的工作原理是利用藻类的大量增殖形成有利于微生物生长和繁殖的环境，形成更紧密的藻菌共生系统。塘中藻类光合作用产生的氧有助于硝化作用的进行，藻类的生长繁殖过程中吸收氮、磷等营养盐，可提高氮磷等污染物的去除效率。因其能最大限度地利用藻类产生的氧气，塘内的一级降解动力学常数数值较大，故称之为高效藻类塘。

我国南方某村镇，采用高效藻类塘技术处理生活污水，工艺流程见图4-51。生活污水通过管网收集自流进入化粪池，潜污泵提升后依次经过一级、二级高效藻类塘，净化后的污水流入水生高等植物塘分离水中的藻类，最后排放。化粪池有效容积为16m^3，每级高效藻类塘长16m，宽5m，中间设挡水墙将池子分隔为一个循环廊道，水深0.50m，由潜水推进器推动水流速度为0.35m/s。水生高等植物塘种植有水花生和浮萍，有效容积为20m^3。

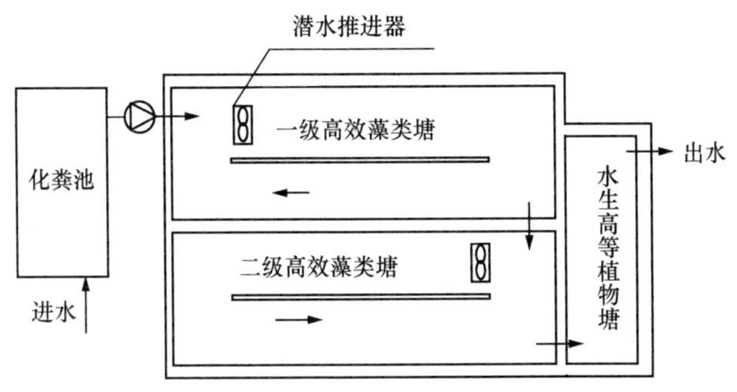

图 4-51 高效藻类塘处理系统工艺流程图

高效藻类塘和水生高等植物塘水力停留时间分别为 8d 和 4d，两级高效藻类塘对 COD 的平均去除率为 70%，对总氮和氨氮的平均去除效率分别为 29.4%和 91.6%，磷酸盐的去除率为 50%。高效藻类塘具有投资低、运行费用省的特点，对于土地资源相对丰富而技术水平相对落后的村镇地区具有较好的推广价值。

2）沿海地区某镇曝气塘污水处理系统

沿海地区某镇应用曝气塘技术处理生活污水，曝气稳定塘平面尺寸如图 4-52 所示，塘深 3.0m，总容积 $140m^3$，有效容积 $104m^3$，进、出水管分别位于长边两端的中间位置，塘内采用 2 台沉水式射流曝气机，池底对角放置利于形成环流，单台曝气机服务面积为 4m×3.5m，单台供氧量为 1.0～1.2kg/h。原污水水质见表 4-27，通过调控进水量，比较了 HRT 对处理效果的影响（图 4-53），运行结果表明，当 SRT＝4d 时，处理效果最佳，COD、氨氮和 TN 的去除率分别为 72%、61%和 56%，达到了工程的设计要求。

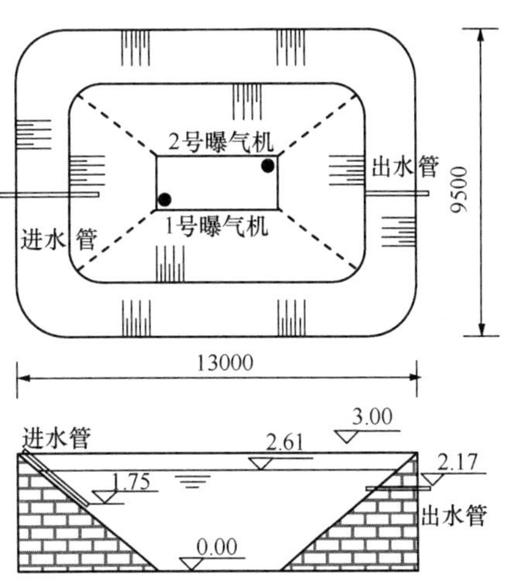

图 4-52 曝气塘系统平剖面示意图

原污水水质参数 **表 4-27**

水质指标	水质范围	平均值
pH	6.4～7.5	7.1
SS（mg/L）	100～500	200
COD（mg/L）	209～517	358
NH_3-N（mg/L）	42.9～75.7	59.4
TN（mg/L）	60.2～93.5	74.2
TP（mg/L）	3.5～8.6	6.69

3）小型人工湿地/稳定塘组合污水处理系统

我国南方某村庄，生活污水长期未经处理直接排至地势低洼的水塘内，造成水塘严重

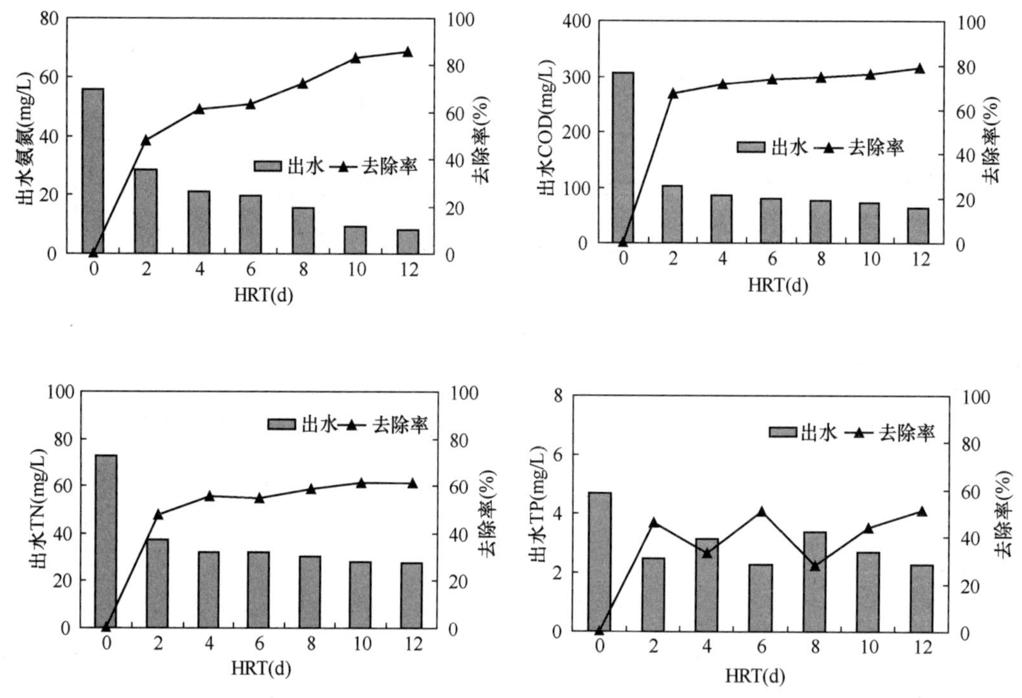

图 4-53　不同 HRT 下曝气塘系统的处理效果

淤积和富营养化，塘水就近排入湖泊，对湖水水质构成了严重影响。为了保护水环境，结合该村的实际情况，采用人工湿地/稳定塘工艺对污水进行生态处理，设计水量为 $40m^3/d$，污水处理工艺流程如图 4-54 所示。污水先经过格栅处理，去除树枝、塑料等较大杂质，由于污水中含有一定的致病菌，采用石灰消毒处理，同时消毒池也起到调节水质的作用，并沉降部分固体悬浮物，消毒池出水自流进入厌氧池，将大分子有机化合物转化为小分子有机物，提高污水的可生化性，出水自流进入垂直流人工湿地，利用植物吸收、微生物降解、填料过滤吸附等作用去除污水中的污染物。人工湿地出水排入废弃水塘，因地制宜将其改造成稳定塘，通过合理的人工调配，利用藻类、水生植物、水生动物以及微生物的共同作用，完成生活污水的脱氮除磷深度处理。

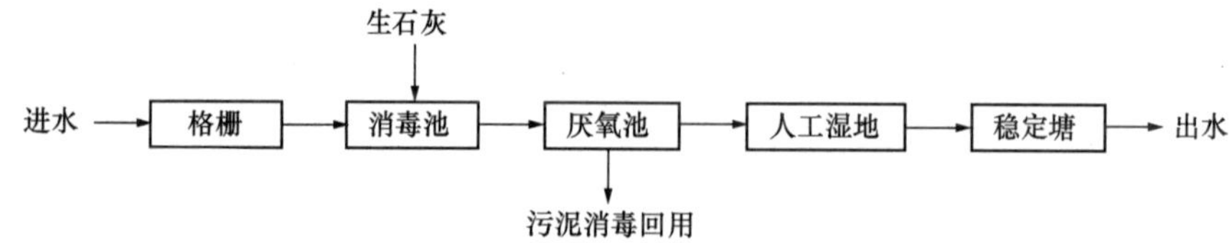

图 4-54　人工湿地/稳定塘组合系统工艺流程图

在稳定运行的条件下，人工湿地/稳定塘组合污水处理系统能达到良好的污染物去除效果：COD 去除率为 75%～87%，BOD_5 去除率为 75%～94%，SS 去除率为 90%～97%，TN 去除率为 50%～68%，氨氮去除率为 65%～75%，TP 去除率为 71%～86%，粪大肠杆菌去除率为 99%～100%，处理水稳定达到一级排放标准。

4.2.6 土地污水处理技术

土地污水处理技术也属于污水自然生物处理的范畴，适合于土地资源丰富地区的污水处理，在国内外的小城镇均有广泛应用。

1. 技术原理

污水土地处理系统是将污水有控制的投配到土地上，利用土壤—植物系统的吸附、过滤、自我净化作用和自我调控功能，使污水中可生物降解的污染物得以降解，氮、磷等营养物质和水分得以再利用，在促进绿色植物生长的同时使污水得到净化。以土地处理技术为主体，人工设计和建设的污水处理系统称为土地污水处理系统。污水土地处理系统一般包括预处理系统、污水调节和储存设备、配水与布水系统、土壤—植物系统、净化水的收集利用系统、监测系统等。

土地处理系统处理污水的核心环节是土壤—植物系统，其对污水的净化作用是一个十分复杂的综合过程，包括物理过滤与吸附、化学反应和化学沉淀、微生物代谢作用、植物吸附与吸收作用等。

1）物理过滤：土壤颗粒间的空隙具有截留、滤除水中悬浮颗粒的性能。污水流经土壤，悬浮物（SS）被截留，污水得到净化。影响土壤物理过滤的因素有：土壤颗粒的大小，颗粒间空隙的形状和大小、空隙的分布以及污水中悬浮颗粒的性质、多少与大小等。如悬浮颗粒过粗、过多以及微生物代谢产物过多等都能导致土壤颗粒的堵塞。

2）物理吸附与物理化学吸附：在非极性分子之间范德华力的作用下，土壤中黏土矿物颗粒能够吸附土壤中的中性分子。污水中的金属离子与土壤中的无机胶体和有机胶体颗粒，由于螯合作用而形成螯合化合物；有机物和无机物的复合而形成复合物；重金属离子与土壤颗粒之间形成阳离子交换而被置换吸附并生成难溶性物质被固定在矿物的晶格中；某些有机物与土壤中重金属生成可吸性螯合物而固定在土壤矿物的晶格中。

3）化学反应与化学沉淀：土壤中某些组分与污水中的重金属离子进行化学反应生成难溶性化合物而沉淀；如果调整、改变土壤的氧化还原电位，能够生成难溶性硫化物；改变 pH 值，能够生成金属氢氧化物；某些化学反应还能够生成金属磷酸盐等物质。

4）微生物作用：在土壤中生存着种类繁多、数量巨大的土壤微生物，它们对土壤颗粒中的有机固体和污水中溶解性有机物具有较强的降解与转化能力，这也是土壤具有强大的自净能力的原因。

5）植物吸附和吸收作用：土壤中种植的植物具有发达的根系系统，对污水中的营养物质（氮磷）具有吸附和吸收的作用，最终通过作物收获将其移出土地处理系统。

2. 技术类型与特点

污水土地处理系统根据水力负荷、污水路径、布水方式、土壤—植物系统结构以及处理水收集方法，可分为慢速渗滤处理系统、快速渗滤处理系统、地表漫流处理系统、地下渗滤土地处理系统，这些系统的命名是依据水流路径而定的。不同的土地处理类型具有不同的工艺参数见表 4-28。

土地处理系统的工艺参数　　表 4-28

工艺类型	水力负荷 [$m^3/(m^2 \cdot d)$]	土壤渗滤系数 (m/d)	土壤厚度 (m)	地下水位 (m)	地面坡度 (%)
慢速渗滤	0.6~6	0.036~0.36	>0.6	0.6~3	≤30
快速渗滤	6~150	0.36~0.6	>1.5	1.0	<15
地表漫流	3~21	≤0.12	>0.3	不限	<15
地下渗滤	0.4~3	0.036~1.2	>0.6	>1.0	<15

1）慢速渗滤处理系统

慢速渗滤处理系统，是将污水投配到种有植物的土壤表面，在流经土壤表面以及在土壤—植物系统内部垂直渗滤时，使污染物得以去除，污水得到净化的土地处理工艺，如图 4-55 所示。污水缓慢地在土壤表面流动，一部分污水及所含营养物直接被作物所吸收，一部分则渗入土壤层中，在土壤层中发生物理过滤和吸附、化学反应和沉淀、微生物降解、植物根系吸附和吸收等作用，使污水中的污染物得以去除，污水得到净化。

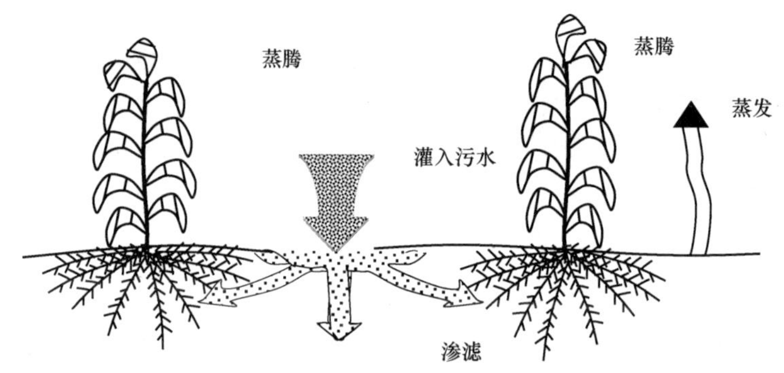

图 4-55　慢速渗滤处理系统

慢速渗滤系统的污水投配负荷一般较低，污水投配率要与植物需水量、蒸发和蒸腾量、渗滤量大体保持平衡，一般不产生径流排放。由于渗滤速度慢，以污水的深度处理和利用水分及营养物为主要目标，出水水质优良，基本不产生二次污染，是土地处理技术中经济效益最大、水和营养成分利用率最高的一种类型。

慢速渗滤系统又可分为水处理型和水利用型两种，前者适用于土地资源较为缺乏的地区，后者则适用于水资源较为缺乏的地区。当以处理污水为主要目的时，可以多年生牧草和森林作物作为种植的作物，牧草的生长期长，对氮的利用率高，可耐受较高的水力负荷。当以水的利用为主要目的时，可选种对土壤盐分耐受力强的大田作物，由于作物生长与季节及气候条件的限制，对污水的水质及调蓄管理应加强。

根据实际运行资料，慢速渗滤土地处理系统对 BOD_5 的去除率一般可达 95%以上，COD 去除率达 85%~90%，氮的去除率在 85%~90%之间。

2）快速渗滤处理系统

快速渗滤处理系统，是将污水有控制地投配到具有良好渗滤性能的土地表面（如砂土、壤土砂或砂壤土)，在污水向下渗滤的过程中，通过过滤、沉淀、氧化、还原以及生物氧化、硝化、反硝化等一系列物理、化学及生物的作用，使污水得到净化处理的污水土地处理工艺，如图 4-56 所示。

快速渗滤处理系统一般分为多个单元，污水周期性地向各单元灌水或休灌，使表层土壤处于交替淹水/干燥状态，形成厌氧/好氧交替运行状态。在休灌期，表层土壤恢复好氧状态，可产生较强的好氧降解反应，被土壤层截留的有机物被微生物分解，休灌期土壤层的脱水干化过程有利于下一个灌水周期水的下渗和排除。同时，在土壤层形成的好氧/厌氧交替的运行状态也有利于对氮磷的去除。该工艺的水力负荷率高于其他类型的土地处理系统（慢速渗滤系统和地表漫流系统)。

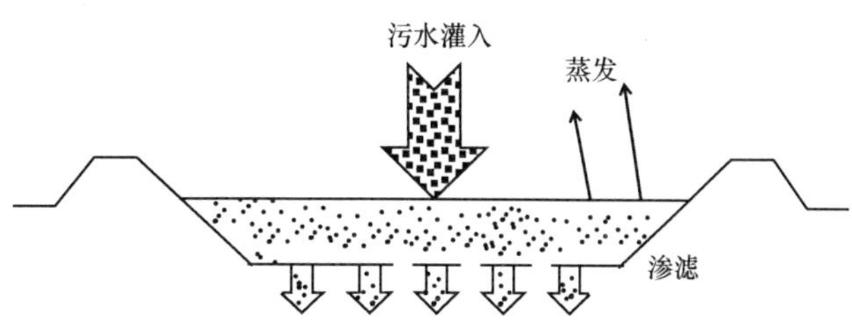

图 4-56 快速渗滤处理系统

快速渗滤处理系统适用于渗水性能良好（土壤渗透系数介于 0.036～0.6m/d)，土层厚度大于 1.5m，地表坡度小于 15%的农业或开阔地带。进入快速渗滤系统的污水应当经过适当的预处理，一般为一级沉淀处理。处理并回收水是该工艺的重要特点，布水一般采用表面布水，回收处理水一般采用地下排水管或井群，回收水可以排入地表水体或再利用（比如用于农业灌溉、补给地下水等)。

运行数据表明，该系统对 BOD 去除率可达 95%，处理水 BOD<10mg/L；COD 去除率达到 90%以上，处理水 COD<40mg/L；有较好的脱氮除磷效果，TN 去除率达 80%以上，除磷率可达 65%以上；去除大肠杆菌的能力较强，去除率可达 99.9%，出水含大肠杆菌≤40 个/L。

3）地表漫流处理系统

地表漫流处理系统，是将污水有控制的投配到坡度较缓，土壤渗透性差（如黏土、粉质黏土等)，生长着茂密植物（如多年生牧草）的土地表面，污水以薄层方式沿土地表面缓慢流动，在流动的过程中得到净化。

地表漫流处理系统是以处理污水为主要目的，兼有种植牧草的作用。这种工艺对预处理程度要求低，污水在地表漫流的过程中，只有一小部分水量蒸发和渗入地下，大部分汇入建于低处的集水沟，对地下水的污染较轻。其出水水质相当于传统生物处理的出水水质，净化后的污水部分以地面径流汇集、排放或再利用。其工艺形式如图 4-57 所示。

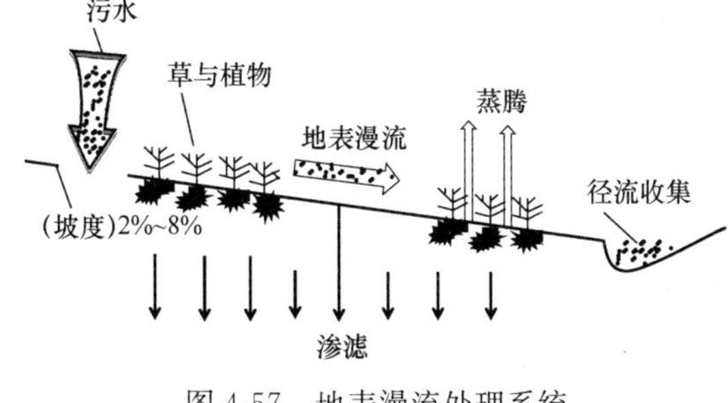

图 4-57 地表漫流处理系统

地表漫流处理系统适用于渗透性较低的黏土、亚黏土，最佳坡度为 2%～8%，土层厚度足以覆盖地面和种植植物即可。布水系统可采用表面布水、低压布水、高压喷洒 3 种方式。在漫流坡面种植稠密的草类覆盖作物，有吸收氮磷等营养物质，降低污水流速，防止地面侵蚀和作为微生物生存条件等作用，是地表漫流污水处理系统有效运行的基本条件。

国内外的实际运行资料表明，地表漫流处理系统对 BOD_5 的去除率可达 90%左右，总氮的去除率达 70%～80%，悬浮物的去除率高达 90%～95%，细菌总数的去除率在 90%以上，大肠菌群的去除率高达 99.99%，重金属的去除率在 80%左右。

4）地下土壤渗滤处理系统

地下土壤渗滤处理系统，是指将经过预处理的污水有控制地通入距地面约 0.5m 深处的渗滤田，在土壤毛细管浸润和渗滤作用下向四周扩散，通过过滤、沉淀、吸附和微生物的降解作用，使污水得到净化的土地处理方法。地下土壤渗滤处理系统是一种以生态原理为基础，以减少污染、充分利用水资源为目的的小规模污水处理工艺技术。常用于处理小流量的居住小区、旅游点、度假村、疗养院等未与城镇排水系统连通的分散建筑物排出的污水。

地下土壤渗滤系统可以分为三种基本类型：

（1）地下土壤渗滤沟槽，美国和俄罗斯多采用，在美国约有 35%的农村及零星独立建造的住宅采用这种技术；

（2）地下土壤毛管浸润渗滤系统，也称为 Niimi 槽，日本多采用此工艺，已建有 20000 余套此类净化系统；

（3）地下土壤天然净化与人工净化相结合及中水回用的复合工艺技术，我国有采用此技术的范例。

地下土壤渗滤处理系统具有以下特征：整体处理系统处于地下，无损于地面景观，而且能够种植绿色植物，美化环境；不受外界气温变化的影响，或是影响较小；易于建设，便于维护，不堵塞，建设投资省，运行费用低；对进水负荷的变化适应性较强，耐冲击负荷；如运行得当，处理水出水水质良好、稳定，可用于农灌、喷洒城市绿地等。以下介绍两种常见的地下渗滤处理系统。

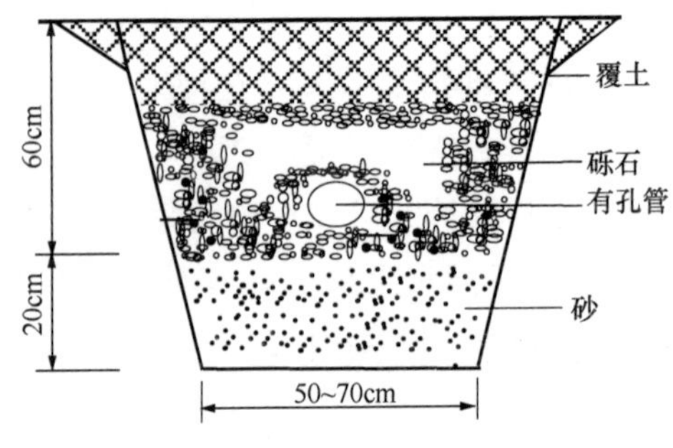

图 4-58 污水土壤渗滤净化沟

（1）污水土壤渗滤净化沟

污水土壤渗滤净化沟如图 4-58 所示，在该系统中，污水先经化粪池或沉淀池等预处理构筑物处理，去除悬浮物，然后进入地下的渗滤沟中有孔的布水管，从布水管中缓慢地向四周土壤浸润、渗透和扩散。布水管一般埋设在距地表 0.4m 以下的砾石中，砾石层底部宽 0.5～0.7m，其下部铺设厚度约 0.2m 的砂层。水力负荷是维持该系统工艺正常运行的关键因素。水力负荷值不能过大，应根据测得的土壤渗透能力确定适宜的水力负荷。

（2）地下土壤毛细管浸润渗滤系统

地下土壤毛细管浸润渗滤系统也称为尼米（Niimi）系统，首先在日本得到开发与应用。它是利用土壤毛细管浸润扩散原理的一种浅型土壤污水处理系统，如图 4-59 所示。

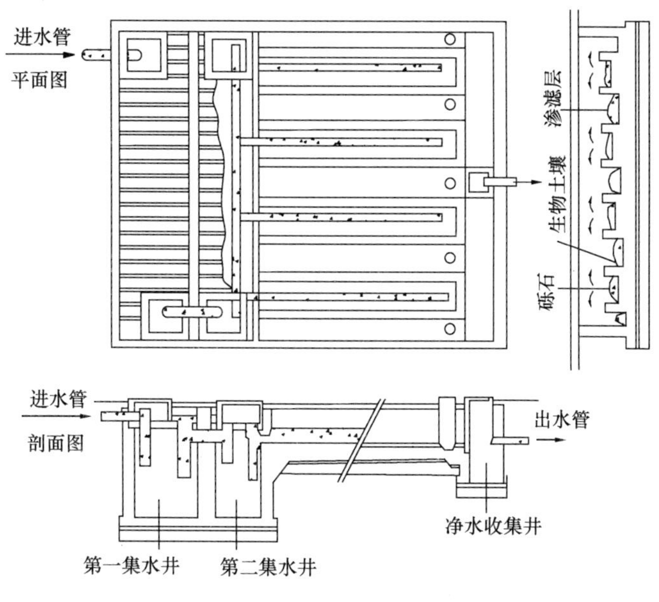

图 4-59 地下土壤毛细管浸润渗滤系统图

污水经预处理后进入陶土管，在其周边铺设砾石层，其下铺砂层，砂层下铺有机树脂膜，以免污水渗入下层土壤，污染地下水。污水通过砂粒的毛细管虹吸作用，缓慢地上升，并向其四周浸润、扩散，进入周围土壤，在地面下 0.3～0.5m 的土壤层中存活着大量的微生物和微型动物，在这些生物的共同作用下，污水中的有机物被吸附降解，有机氮被微生物转化为硝态氮，土壤层的植物根系吸收部分有机污染物、硝态氮以及磷等植物性营养物，土壤中的微生物又为原生动物及后生动物等微型动物所摄取。因此，在地下土壤毛细管浸润渗滤系统中形成一个生态系统，通过生物一土壤系统复杂而又相互联系和相互制约的作用下，污水得到净化。

土壤的毛细管浸润作用是本工艺的主要特征，因此必须使土壤经常保持毛细管浸润状态，使土壤颗粒之间保持一定的和必要的空隙，以维持空气流通，这也是本工艺良好运行的必要条件。

实测数据表明，在渗滤沟周围 0.5m 的土层内，随着距离的加大，大肠杆菌数量逐渐减少，在 0.5m 处，即完全检测不出。距 1.0m 处 BOD_5 去除率达 98%。污水中的氨氮在 0.4m 处已有 99%转化为硝态氮。沟上种植的植物，其产量与对照组相比，提高 2～3 倍。

5）土地处理系统的技术特征

（1）建设费用低。土地处理系统通常是根据工程地点的地形地势建设而成，所以大大节省了基础建设费用，其投资比常规的污水处理系统低，一些不适于农业活动的土坡、废矿坑、电厂的粉煤灰场和荒山等都可用来作为土地处理系统的建设场所，而且在建立土地处理系统后，在污水得到处理的同时，工程地点的生态环境也得到了优化。

（2）运行维护简单。土地处理系统的工程构造简单，所以运行起来也较为方便，而且土地处理系统是基于土壤—植物环境的自然处理系统，一般不需要大型的、复杂的外加仪器及动力装置，也无需投加化学药品，因此管理简单方便，管理者无需具有专业的技术知识，适合于在缺乏专业技术人员的村镇地区应用。

（3）运行费用低。土地处理系统充分运用了工程地点的地形地势，土地处理系统一般无需外加动力装置（或简单的动力装置），运行中也无需仪器控制，所以运行费用比其他污水处理装置低。

（4）景观效果好。因为土地处理系统是基于土壤的系统，种有植物，裸露的部分一般均被植物所覆盖，所以跟其他污水处理系统相比，土地处理系统还具有绿化效果，在处理污水的同时，还具有一定的景观效果，能产生一定的生态环境效益。

（5）对气温和污水预处理有一定的要求。当气候较为温和时，土地处理系统中的土壤微生物的活性最高，但当温度较低时，其活性会降低，系统的处理效果也会下降，所以这也限制了土地处理工艺在寒冷地区的推广。另外，土地处理系统较易堵塞，一般需要对原污水进行一定的预处理，降低颗粒物的浓度。

3. 设计要点

四类土地处理系统的主要工艺设计要点见表 4-29。

不同类型污水土地处理系统的工艺设计要点　　表 4-29

	慢速渗滤	快速渗滤	地表漫流	地下渗流
配水方式	表面布水（面灌、沟灌、畦灌、淹灌、滴灌等）	表面布水	表面布水	地下布水
水力负荷（cm/d）	1.2～1.5	6～122	3.0～21	0.2～0.4
预处理程度	一般	一般	差	好
要求灌水面积	6.1～74.0	0.8～6.1	1.7～11.1	—
污水最终去向	蒸发、下渗	下渗、管道收集	蒸发、少量下渗、沟渠收集	下渗、蒸发、管道收集
植物要求	谷物、牧草、林木	有无均可	牧草	草皮、花卉等
使用与土壤	沙壤土、黏壤土	砂、沙壤土	黏土、黏壤土等	沙壤土、黏壤土
土壤渗透系数	>0.15，中	>5，快	<0.5，慢	0.15～5.0，中
BOD_5负荷率 [kg/(hm^2·d)]	50～500	150～1000	40～120	18～140
工程要求	种植作物、占地面积大	不受限制	地面坡度 2%～8%	防止堵塞
适应气候	较温暖	一般不受限制	较温暖	不受限制
运行管理简便程度	一般	简单	简单	较复杂
系统寿命	长	磷去除率可能限制系统使用寿命	长	一般，主要受堵塞影响

4. 应用实例

1）慢速渗滤污水处理系统

（1）西南某城镇慢速渗滤污水处理系统

西南某城镇建设了一套复合式土地处理系统处理城镇污水，其工艺流程见图 4-60。其中慢速渗滤污水处理系统占地 $1hm^2$，污水处理能力为 $130m^3/d$，采用地面布水系统，在 1.3～1.5m 土层处设有排水暗管，表层种有水稻、小麦等作物。在种植水稻期间，污水在土壤中的渗透率为 0.337cm/h。监测数据表明，即使水力负荷率高达 0.79～1.76cm/h，系统仍然具有很高的去除率。

（2）澳大利亚园林地慢速渗滤系统

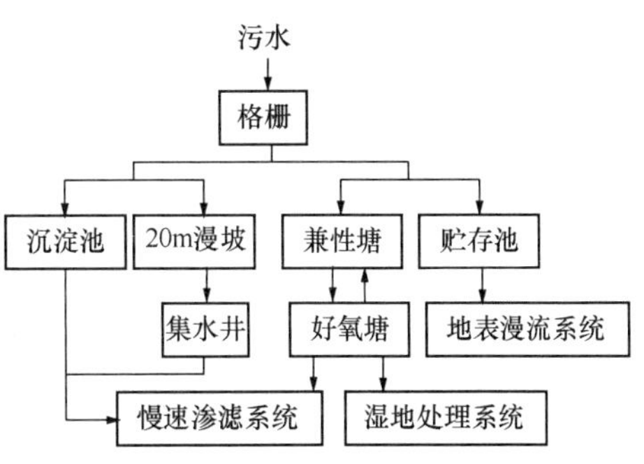

图 4-60 慢速渗滤污水处理系统流程图

传统的土地慢速渗滤处理系统运行成本低，易于维护，但是水力负荷较小，处理能力有限。澳大利亚提出了一种改进的污水土地处理系统，称之为 FILTER（Filtration and Irrigated Cropping for Land Treatment and Effluent Reuse）系统。该系统主要是用污水灌溉，系统内部安装了密集的地下排水系统，出水系统的搭建也具有较高专业技术性。该系统能终年保持较高污水接纳与处理能力，但是造价较贵，维护成本高且配套排水设施要求高。从土壤自净功能出发，结合传统土地慢速渗滤处理系统和 FILTER 系统技术特点，可建立图 4-61 所示的园林地慢速渗滤生活污水处理系统，它包括进水池、带格栅的沉淀厌氧池、土体、集水井等，工艺运行参数见表 4-30。

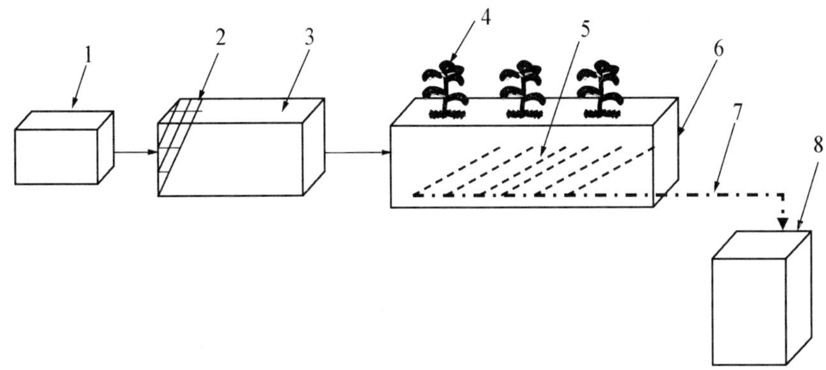

图 4-61 园林地慢速渗滤污水处理系统示意图

1—进水池；2—格栅；3—沉淀厌氧池；4—香樟树；5—排水管；6—土体；7—集水管；8—集水井

园林地慢速渗滤系统工艺运行参数 **表 4-30**

灌溉月份	E_r (mm)	P_r (mm)	P_w (mm)	L_w (p) (mm)	L_w (L) (mm)	L_w (mm)	灌溉次数	每次灌溉 (mm)	污水处理量 (t)
6	150.3	177.6	782.9	755.5	−30	30	1	30	13.4
7	163.1	220.1	808.9	751.9	−62.7	0	0	0	0

续表

灌溉月份	E_r (mm)	P_r (mm)	P_w (mm)	L_w (p) (mm)	L_w (L) (mm)	L_w (mm)	灌溉次数	每次灌溉 (mm)	污水处理量 (t)
8	145.5	150.7	808.9	803.8	−5.6	60	2	30	27.3
9	122.1	73.7	782.9	831.3	53.3	70	2	35	31.2
10	70.7	57.3	808.9	822.3	14.7	33	1	33	14.7

注：E_r 为月蒸发蒸腾量，P_r 为月降水量，P_w 为设计渗透速率，$L_w(p)$ 为最大允许水力负荷，$L_w(L)$ 为最小允许水力负荷，L_w 为水力负荷。

经过园林地慢速渗滤处理系统作用，出水 COD 浓度范围是 7～31mg/L，TP 的浓度处在 0.01～0.28mg/L，优于常规污水处理厂出水浓度；进水 TN 及氨氮浓度存在一定的波动，但是出水 TN 与氨氮浓度相对稳定，分别为 1.0～3.9mg/L 和 0.6～3.4mg/L，达到一级 A 排放标准，经过与相关污水处理工艺进行比较，可看出本系统对 TN、TP 去除效果较为突出，地面植物生长良好。体现了该土地处理系统的环境容量较大且具有较强的缓冲能力。

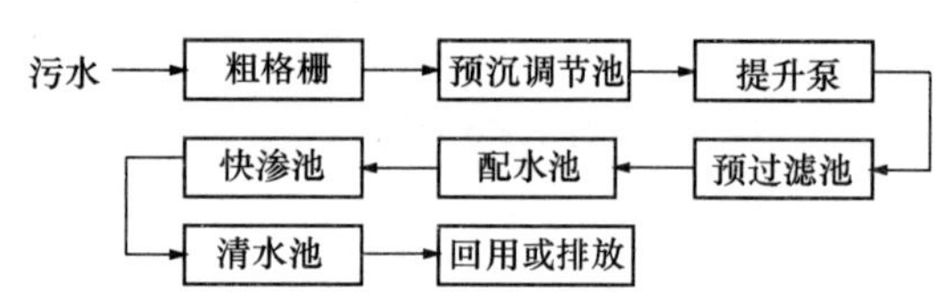

图 4-62　某厂区快速渗滤污水处理系统流程图

2）某工业厂区快速渗滤污水处理系统

某工业厂区采用人工快速渗滤系统处理厂区生活污水（图 4-62），处理水量为 $200m^3/d$。该系统主要包括预沉调节池（$200m^3$）、预过滤池（面积约 $10m^2$，高 1.8m，位于地面上）、配水池（$8.5m^3$）、快渗池（三个，每个渗池面积为 $66.7m^2$，滤层厚 1.8m，下部集水层厚 0.5m，保护高 0.3m，半地埋式）和清水池（$50m^3$），其中预过滤主要用于降低水中的 SS，降低渗滤池的污染物负荷，从而保证系统稳定运行。该系统中采用了两种渗滤介质，预过滤池中的渗滤介质为大理石砂，粒径为 0.9mm；三个快渗池的渗滤介质均为河流冲积砂，并均混入 2%左右的大理石砂。

该系统的运行数据见表 4-31，可知人工快速渗滤系统对生活污水具有较好的污染物去除效果，其对 SS、COD 和 BOD_5 的平均去除率分别为 94%、92.5%和 94%，处理出水 SS、COD、BOD_5 和氨氮的平均浓度分别为 4.1mg/L、20.8mg/L、9.0mg/L 和 4.1mg/L，均达到了一级排放标准。处理水在厂区内回用，如浇花、洗车和冲厕等。

快速渗滤污水处理系统处理效果　　表 4-31

	SS (mg/L)	去除率 (%)	COD (mg/L)	去除率 (%)	氨氮 (mg/L)	去除率 (%)
过滤池进水	69.33		278	—	15.25	—
过滤池出水	43.2	37.69	160.5	42.27	14.64	4
快渗池出水	4.07	90.58	20.8	87.04	4.12	71.86
总去除率	—	94.13	—	92.52	—	72.98

3）某高校园区地表漫流污水处理系统

某高校园区对生活污水采用地表漫流污水系统进行处理。该系统经自然坡面改造而成，坡度约为20°～30°，坡面面积3300m^2，坡面宽121m，坡面长30m（均值），土壤为渗透性较差的红壤土。如图4-63所示，校园生活污水经格栅池、预沉调节池、水力筛等预处理后，经配水和布水系统进入地表漫流处理系统进行土地处理，处理规模为150m^3/d。在地表漫流处理系统中，污水经过土壤自然吸附过滤作用、微生物降解作用及植物根系的吸收作用，使漫流到集水沟的生活污水得到净化。实现了生活污水的有效处理与再利用，降低了绿化灌溉成本。

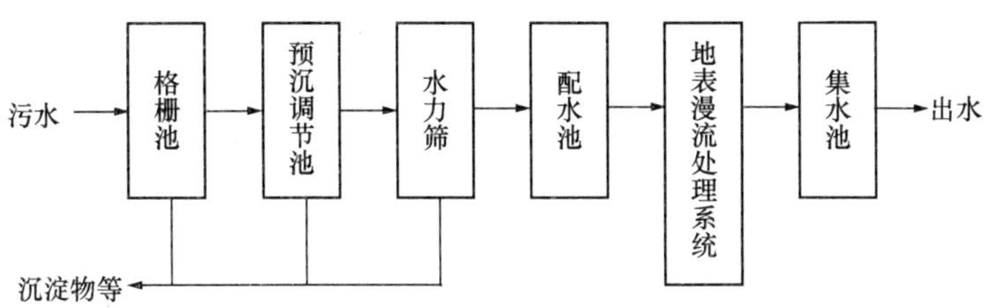

图4-63 生活污水地表漫流处理系统工艺流程

运行结果表明地表漫流污水处理技术有较好的脱氮除磷效果（图4-64），COD去除率达到67%以上，TP去除率达到51%以上，氨氮去除率达到了75%以上，TN去除率达到了50%以上，处理水达到二级排放标准。

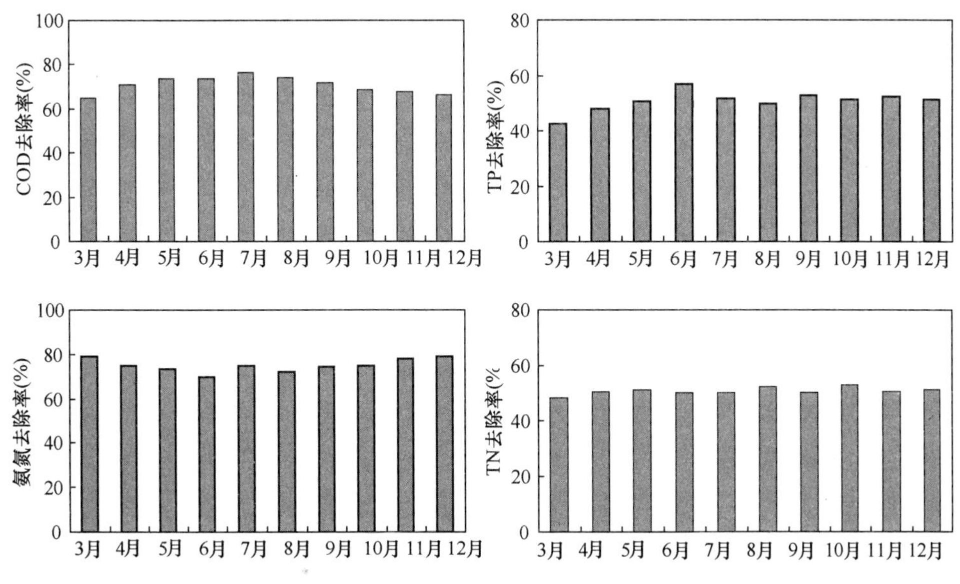

图4-64 生活污水地表漫流处理系统的处理效果

4）某村镇地下渗滤污水处理系统

某村镇采用地下渗滤技术进行生活污水处理，渗滤系统以红壤土作为填充土壤，水力负荷为0.08m^3/(m^2·d)，处理规模为30m^3/d。地下渗滤系统如图4-65所示，属于净化沟式土壤渗滤系统。生活污水经预沉池处理后由多孔布水管流入布水槽，布水槽不透水，起着承托渗滤沟土壤并使污水均匀分布的作用。污水通过沟内土壤的毛管浸润作用，呈非

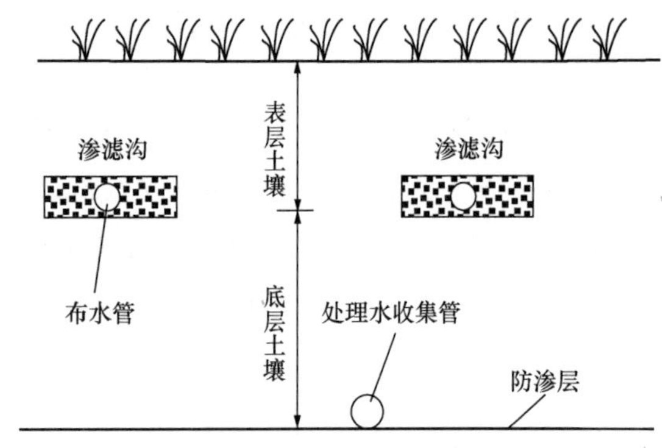

图 4-65　地下渗滤处理系统示意图

饱和流状态缓慢地扩散入周围土壤。渗滤沟内的土壤由人工配置的特殊土壤组成，具有良好的毛管浸润性能、通气透水性和一定的有机质含量。在布水槽的侧翼设置毛管浸润性能良好的材料，以加强布水的均匀性。渗滤出水通过系统底部的集水管排出。地表种植黑麦草。

长期运行结果表明，地下渗滤处理对 COD、氨氮、总磷、总氮等污染物质均有良好的去除效果（表 4-32），处理水 COD、氨氮、TP、TN 浓度分别为 11.7mg/L、4.0mg/L、0.04mg/L、4.7mg/L。地下渗滤系统的日常维护工作比较简单，仅需要对沟渠和格栅内的垃圾进行定期清理。建设与运行成本低是该系统的一个突出优点。

地下渗滤处理系统的污水处理性能　　**表 4-32**

项　目	COD	总磷	总氮	氨氮
进水平均浓度（mg/L）	76	1.94	21.1	13.2
出水平均浓度（mg/L）	11.7	0.04	4.7	4.0
去除率（%）	82.7	98	77.7	70

4.2.7　厌氧床（UASB）污水处理技术

厌氧污泥床污水处理技术，是厌氧生物处理技术的典型代表，具有处理负荷高，运行成本和能耗低，能够回收能源气体等特点，广泛应用于污泥、垃圾渗滤液、高浓度有机废水等的处理，在小城镇的高、低浓度污水的处理方面具有广阔的应用前景。

1. 技术原理

UASB（upflow anaerobic sludge blank）处理工艺是由 Lettinga 等人于 1972 年提出的一种厌氧生物处理技术。如图 4-66 所示，UASB 的基本功能分区自下而上分别为：进水配水区、反应区（由颗粒污泥床及絮状污泥层组成）、三相分离器以及出水区。

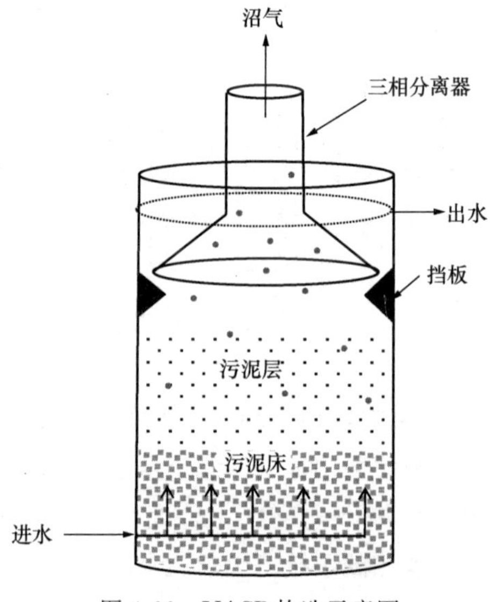

图 4-66　UASB 构造示意图

污水通过底部配水区进入 UASB 反应器，配水区设有布水器以保证配水均匀。之后污水向上通过颗粒污泥或絮状污泥构成的污泥床，水中有机物与污泥充分接触，在厌氧微生物的作用下发生分解，生成二氧化碳和甲烷气体，从而在反应器中不断地产生气泡。这些气泡的上升对污泥床中的污泥产生扰动，使其悬浮于反应器中，形成松散的污泥层，与污水更加充分混合接触。含有大量气泡的混合液不断上升，到达三相分离器后，大量气体首先被分离，进入到集气室；反应器侧壁上装有挡板，正好位于三相分离器下端，能够防止气体随混合液进入三相分离器斜壁外的沉淀区。在沉淀区中，斜壁的重要作用是使过流面积不断增大，因此混合液的上升流速逐渐降低，污泥发生絮凝沉淀，通过三相分离器的斜壁下滑返回污泥层。分离后的处理水进入出水区，经溢流堰排出。

UASB中有机物降解的原理可以用Zeikus提出的四阶段理论进行阐述，包括图4-67所示的水解、酸化、产氢产乙酸和产甲烷阶段。

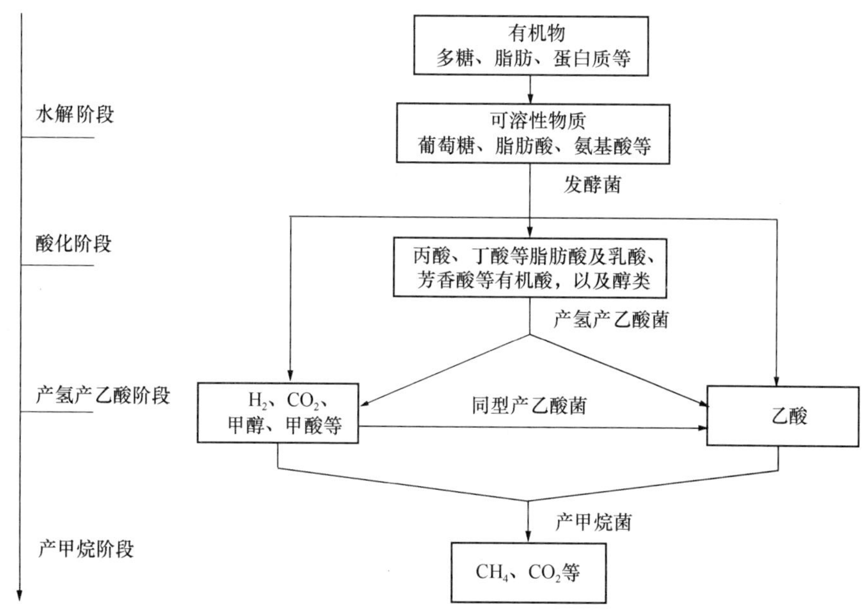

图4-67　厌氧发酵的四阶段理论

1）水解阶段

水解是厌氧发酵的第一步，在这一阶段不溶性的大分子有机物在胞外酶的作用下水解成小分子的水溶性脂肪酸、葡萄糖和氨基酸等。

2）酸化阶段

在这一阶段，水解产物在产酸菌的作用下进一步分解为简单的脂肪酸、乳酸等，同时伴随着HN_3、CO_2、H_2、H_2S以及其他副产物的产生。

3）产氢产乙酸阶段

这一阶段中，酸化阶段的产物（乙酸和氢除外），含碳原子数不同（C_3～C_6）的挥发性脂肪酸（VFA）不能直接被甲烷菌所利用，需要在产氢产乙酸菌的作用下将其转化为H_2和乙酸等。同型产乙酸菌可使HCO_3^-也转化为乙酸。

4）产甲烷阶段

产甲烷阶段是整个厌氧发酵过程的最后阶段，甲烷菌利用前几个阶段的中间产物，将其转化为甲烷、二氧化碳和水。

厌氧工艺与好氧工艺相比存在许多优点，但也存在一些问题。如表 4-33 所示，厌氧工艺能耗低，能够从污水中回收能源，剩余污泥量低，不需要过多的营养物质和微量元素，且负荷率高，但 COD 的降解不够彻底，氮磷也不能有效去除，也存在臭味产生的问题。

厌氧工艺与好氧工艺的优缺点　　　　**表 4-33**

	优点	缺点
好氧工艺	出水水质好	能耗高，占地面积大
	营养物质氮、磷去除效果好	产生的剩余污泥量大
	不会产生臭气	不适合高负荷运行
	微生物增长快，启动周期短	难降解物质的去除效果差
厌氧工艺	能耗低，能够回收生物能源	出水 COD 浓度较高，需后续处理
	剩余污泥量低	无法有效去除氮磷
	处理设施负荷高	微生物增长慢，启动周期长
	不需要过多的营养物质和微量元素	会产生不良气味

2. 技术类型与特点

1）技术类型

UASB 系统有单相 UASB、两相 UASB、回流式 UASB 等系统形式。其中回流式 UASB 系统适用于高浓度污水处理（COD＞15000mg/L），而单相和两相 UASB 则适用于一般生活污水处理。

（1）单相 UASB 系统

图 4-68 为单相 UASB 系统示意图，它适合于成分相对单一的污水处理。污水直接进入到反应器内，在污泥层中充分反应，有机物被转化为二氧化碳和甲烷，再通过三相分离器分别进行气体和处理水的回收，厌氧反应的四个阶段均在一个反应器里进行。单相 UASB 占地面积小，投资低，运行简便，缺点是抗冲击负荷能力相对较差。

（2）两相 UASB 系统

如图 4-69 所示，两相 UASB 系统是在 UASB 反应器之前增设产酸相反应器和沉淀池，从而使产酸阶段与产甲烷阶段在不同的反应器中分别进行。污水首先进入与传统消化池相类似的产酸相反应器，完成有机物的水解酸化，之后进入沉淀池进行泥水分离，并将污泥回流至产酸相反应器，以维持足够的产酸菌浓度，同时避免产酸菌进入后续的产甲烷相反应器。沉淀后的出水进入到产甲烷相 UASB 反应器，完成产甲烷阶段的反应。两相 UASB 系统将产酸和产甲烷分离，系统相对较稳定，抗冲击负荷能力增强。但因为增加了反应器数量，所以投资及运行管理费用较单相 UASB 系统高。

2）技术特点

UASB 系统的主要技术特点为：

（1）反应系统内污泥浓度高，通常为 20～40gVSS/L，远高于传统活性污泥法；

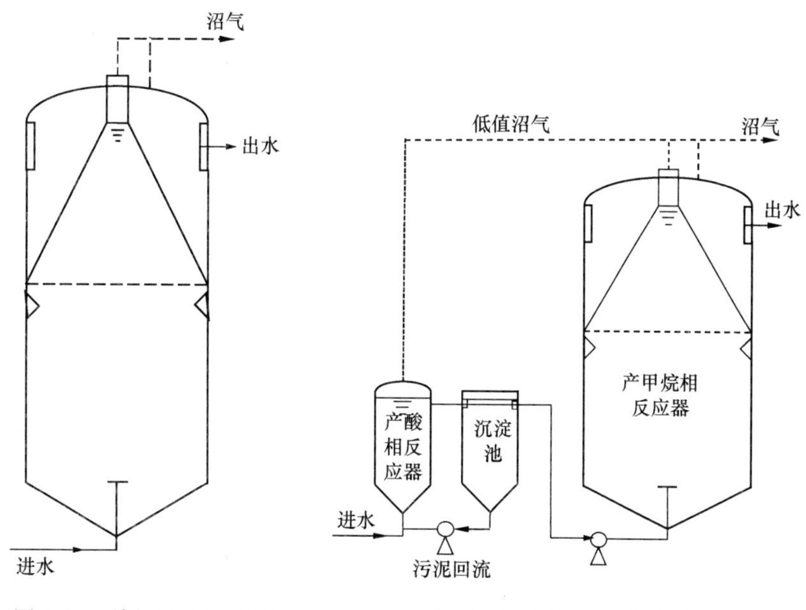

图 4-68 单相 UASB 系统

图 4-69 两相 UASB 系统

（2）系统能够承受的有机负荷高，水力停留时间短，污泥停留时间长；

（3）通过发酵过程中产生的气体使污泥处于悬浮状态，无需额外的搅拌设备，但可能存在短流现象；

（4）无需外加填料层，能节省造价同时避免因填料层造成的堵塞；

（5）UASB 内设三相分离器进行泥、水、气分离，通常可不设沉淀池；

（6）能够回收能源物质甲烷，但是对水质变化比较敏感。

3）影响 UASB 处理性能的主要因素

（1）进水基质类型及营养比

为满足厌氧微生物的营养要求，运行过程中需保证一定比例的营养物配比，适宜的 C：N：P 比为(200～300)：5：1。在反应器启动时，适度提高氮的浓度有利于微生物的生长繁殖。用未经酸化的废水进行污泥培养时，所需启动时间要比以挥发酸为主要基质的废水的时间短。低浓度废水中污泥的絮凝和团粒化作用比较迅速，进水量大可加强对反应器底部的搅拌作用。

（2）进水 SS 浓度

UASB 工艺对进水 SS 浓度要求比较严格，一般 SS 控制在 2000mg/L 以下时，容易形成良好的颗粒污泥，实际运行中应根据具体情况加以合理控制。

（3）碱度和挥发脂肪酸控制

操作合理的 UASB 反应器中的碱度宜控制在 2000～4000mg/L 的范围内，也可放宽到 1000～5000mg/L 的范围。如反应器中的碱度过低，会因缓冲能力不够而使反应器内消化液的 pH 值降低；但碱度过高，又会导致 pH 值过高。对于 UASB 反应器，仅根据 pH 值难以判断反应器中挥发酸的累积情况，从而需要掌握挥发酸浓度的变化情况。挥发酸的过量积累将直接影响产甲烷菌的活性和产气量，一般应将挥发酸浓度控制在 2000mg/L（以乙酸计）以内。

（4）有毒有害物质

氨氮浓度对厌氧微生物产生的影响很大，浓度在 50～200mg/L 时，对反应器中厌氧微生物会产生刺激作用；而浓度在 1500～3000mg/L 时，将对微生物产生明显的抑制作用。除此之外，重金属、碱土金属、三氯甲烷、氰化物、酚类、硝酸盐和氯气也都会对 UASB 系统产生抑制。

3. 技术设计要点

1）设计水量和设计水质

设计水量应根据污水排放口或收集管道实际收集的污水量设计。污水流量变化应根据工艺特点进行实测，确定流量变化系数。提升泵、格栅井、沉砂池宜按照最高日最高时污水量计算。UASB 反应器设计流量应按照最高日平均时污水量设计，如果设置调节池且停留时间大于 8h，UASB 反应器设计流量应按照平均日平均时污水量设计。UASB 反应器前、后的水泵、管道等输水设施应按照最高日最高时污水量设计。

设计水质应根据进入污水处理厂（站）的污水的实际测定数据确定。无实际测定数据时可以参考周边地区类似情况下的水质资料确定。UASB 反应器应符合下列进水条件：

（1）pH 值宜为 6.0～8.0；

（2）常温厌氧温度宜为 20～25℃，中温厌氧温度宜为 35～40℃，高温厌氧温度宜为 50～55℃；

（3）营养比（COD：氨氮：磷）宜为 100～500：5：1；

（4）BOD_5/COD 的比值宜大于 0.3；

（5）进水中悬浮物含量宜小于 1500mg/L；

（6）进水中氨氮浓度宜小于 2000mg/L；

（7）进水中硫酸盐浓度宜小于 1000mg/L；

（8）进水中 COD 浓度宜大于 1500mg/L。

如果不能满足进水要求，宜采用相应的预处理措施；设计出水直接排放时，应符合国家或地方排放标准的要求；排入下一级处理单元时，应符合下一级处理单元的进水要求；UASB 反应器的设计污染物去除率如下：COD 为 80%～90%，BOD_5 为 70%～80%，悬浮物为 30%～50%。

2）预处理

预处理包括格栅、沉砂池、沉淀池、调节池、酸化池及加热池等。应根据需要设粗、细格栅或设细格栅；处理畜禽粪便等含砂较多污水时，应设置沉砂池；应设置调节池，其设计容量应根据污水流量变化曲线确定，无流量变化曲线时，应满足污水水质水量均化的要求，停留时间宜为 6～12h，间歇运行时，应按照 1～2 周期的处理水量来确定；调节池内宜设置搅拌装置，搅拌机动力宜为 4～8W/m^3 池容；调节池出水端应设置去除浮渣装置，池底宜设置排砂和排泥装置；反应器宜采用保温措施，使反应器内的温度保持在适宜的范围内，如不能满足温度要求，应设置加热装置，具体可参考相关的规范。

3）UASB反应器池体

UASB反应器容积宜采用容积负荷计算法，按如下公式计算。

$$V = \frac{Q \times S_0}{1000 \times N_v} \tag{4-18}$$

式中 V——反应器有效容积，m^3；

Q——UASB反应器设计流量，m^3/d；

N_v——容积负荷，kgCOD/(m^3·d)；

S_0——UASB反应器进水有机物浓度，mgCOD/L。

反应器的容积负荷应通过试验或参考类似的工程确定。

UASB反应器工艺设计宜设置两个系列，具备灵活可调的运行方式，且便于污泥的培养和启动，反应器的最大单体体积应小于3000m^3；有效水深应在5～8m之间；污水的上升流速宜小于0.8m/h；宜采用钢筋混凝土、不锈钢、碳钢等材料。

4）UASB反应器组成

UASB反应器主要包括布水装置、三相分离器、出水收集装置等。

（1）布水装置

UASB反应器宜采用多点布水装置，进水管负荷可以参考表4-34；布水装置宜采用一管多孔式布水、一管一孔式布水或枝状布水；布水装置进水点距反应器池底宜保持150～250mm的距离；一管多孔式布水孔口流速应大于2m/s，穿孔管直径应大于100mm；枝状布水支管出水孔向下距池底宜为200mm；出水管孔径应在15～25mm之间；出水孔处宜设45°斜向下布导流板，出水孔应正对池底。

进水管负荷参考值 **表4-34**

典型污泥	每个进水口负担的布水面积（m^2）	负荷［kgCOD/（m^3·d）］
颗粒污泥	0.5～2	2～4
	>2	>4
絮状污泥	1～2	<1～2
	2～5	>2

（2）三相分离器

宜采用整体式或组合式的三相分离器；沉淀区的表面负荷宜小于0.8m^3/(m^2·h)，沉淀区总水深应大于1.0m；出气管的直径应保证从集气室引出沼气；集气室的上部应设置消泡喷嘴；三相分离器宜选用高密度聚乙烯（HDPE）、碳钢、不锈钢等材料，采用碳钢材质应进行防腐处理。

（3）出水收集装置

出水收集装置应设置在UASB反应器的顶部；断面为矩形的反应器出水宜采用几组平行出水堰的出水方式，断面为圆形的反应器出水宜采用放射状的多槽或多边形槽出水的方式；集水槽上应加设三角堰，堰上水头大于25mm，水位宜在三角堰齿1/2处；出水堰口负荷宜小于 1.7L/（s·m）；处理污水中含有蛋白质或脂肪、大量悬浮固体，宜在出水收集装置前设置挡板；进出水管道宜采用聚氯乙烯、聚乙烯和聚丙烯等材料。

5）排泥装置

UASB 反应器的污泥产率为 0.05～0.10kgVSS/kgCOD，排泥频率宜根据污泥浓度分布曲线确定，应在不同的高度设置取样口，根据监测污泥浓度制定污泥分布曲线；应采用重力多点排泥；排泥点宜设置在污泥区的上部和中部，中上部排泥点宜设在三相分离器下 0.5～1.5m 处；排泥管管径应大于 150mm；底部排泥管可兼作放空管；厌氧污泥宜直接排至集泥池，根据污泥的性质确定后续处理方法；颗粒污泥宜设置储存装置，经过静置排水后作为接种污泥，絮状污泥宜进行脱水处理；污泥脱水设计时宜考虑污泥最终受纳场所的要求。

6）沼气净化及利用

UASB 反应器的沼气产率为 0.45～0.50Nm^3/kgCOD，沼气产量按式（4-19）进行计算：

$$Q_a = \frac{Q \times (S_0 - S_e) \times \eta}{1000} \tag{4-19}$$

式中　Q_a——沼气产量，Nm^3/d；

Q——设计流量，m^3/d；

η——沼气产率，m^3/kgCOD；

S_0——进水有机物浓度，mgCOD/L；

S_e——出水有机物浓度，mgCOD/L。

沼气的净化利用主要包括脱水、脱硫及沼气储存。沼气的利用应经过脱水和脱硫处理方可进入后续利用装置，具体设计可以参考相关规范；沼气储存可采用低压湿式储气柜、低压干式储气柜和高压储气柜，储气柜与周围建筑物应有一定的安全防火距离；沼气储气柜输出管道上适宜设置安全水封或阻火器；沼气日产量低于 1300m^3 的 UASB 反应器，宜作为炊事、采暖或厌氧换热的热源，沼气日产量高于 1300m^3 的 UASB 反应器，宜进行发电利用或作为炊事、采暖或厌氧换热的热源。

4. 应用实例

UASB 适合于处理高浓度污废水，因此国内迄今运用 UASB 技术的案例大都集中在工业废水处理方面。但在国外，也不乏 UASB 应用于包括小型污水处理在内的生活污水处理工程。

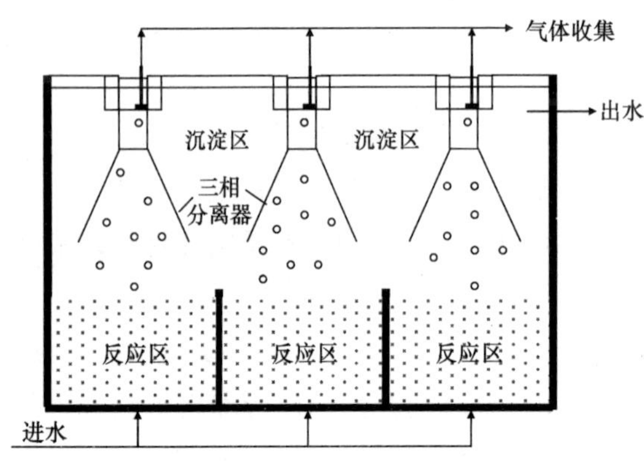

图 4-70　多槽式 UASB 污水处理系统示意图

国外某小城镇采用 UASB 工艺处理生活污水，由于服务人口较少，排水量变化幅度较大，虽然 UASB 系统的设计处理能力为 3m^3/h（72m^3/d），实际处理水量在 0.6～2.4m^3/h（平均 1.2m^3/h）范围内波动。如图 4-70 所示，处理系统为多槽式 UASB，即 3 个

UASB 反应器联建，因此系统包括 3 个反应区和 3 个三相分离区，但沉淀区相互连通。总水力停留时间为 7.5h，混合液的平均上升流速仅为 0.6m/h。长期连续运行结果表明，在进水平均浓度较高（COD、BOD 和 SS 的平均值分别为 712mg/L、312mg/L 和 386mg/L）的条件下，处理效果稳定，COD、BOD 和 SS 的平均去除率分别为 79%、74% 和 92%，经后续过滤后，能够达到就地绿化回用的水质要求。回收的甲烷气体作为燃料用于居住区的小型锅炉。

4.2.8 处理水消毒技术

我国《城镇污水处理厂污染物排放标准》（GB 18918—2002）将粪大肠菌群列为基本控制项目。其中的二级标准和一级 B 标准规定粪大肠菌群最高允许排放浓度不超过 10000 个/L，一级 A 标准规定不超过 1000 个/L。同时《室外排水设计规范》也明确规定了城镇污水处理应设置消毒设施。为此，本节讨论处理水消毒技术。

1. 消毒的动力学原理

消毒剂对微生物的作用称之为“灭活”（Inactivation）。根据奇可（Chick）法则，微生物的灭活过程符合下列一级反应：

$$\frac{dN}{dt} = -kN \tag{4-20}$$

式中 N——微生物浓度；

k——一级反应速率常数。

式（4-20）的积分形式为：

$$\frac{\ln N_t}{\ln N_0} = -kt \tag{4-21}$$

式中 N_0，N_t——分别为微生物的初始浓度和 t 时刻的浓度。

一级反应速率常数 k 和消毒剂浓度 ρ 具有下列关系：

$$k = \alpha\rho^n \tag{4-22}$$

式中 ρ——消毒剂浓度；

n——稀释常数；

α——灭活常数。

稀释常数 n 的值通常须试验确定，也可取 $n = 1$，则：

$$\frac{\ln N_t}{\ln N_0} = -0.434\alpha\rho t \tag{4-23}$$

考虑达到 99% 灭活所需要的消毒剂浓度 ρ（mg/L）和接触时间 t（min），则有 $N_t/N_0 = 0.01$，带入式（4-23）得到：

$$\rho t_{99\%} = \frac{4.6}{\alpha} \tag{4-24}$$

式中 $\rho t_{99\%}$——99% 灭活所需的消毒剂浓度与接触时间的乘积。

研究结果表明，不同类型的微生物对于同一消毒剂的抵抗力不同，而就某一种微生物来说，它对不同的消毒剂的抵抗力也不同。

2. 常用消毒技术

消毒是指利用物理或化学的方法灭活水中的病原微生物（病原性细菌、肠道病毒和蠕虫卵）和其他对人体健康有害的微生物，以防止它们经水体传播疾病和对环境造成污染。对于生活污水，常规的二级生物处理能够去除80%～95%的大肠菌，所以处理水中仍存在一定数量的病原微生物，因此根据排放或者回用等不同的水质要求，有必要进一步作消毒处理。消毒的方法很多，一般分为物理法和化学法。物理消毒法主要有紫外线、辐射、加热、高压、冷冻和微波等；化学消毒法则是利用各种化学药剂进行消毒，其中常用的化学药剂有氯及其化合物、臭氧、各种卤素和阳离子表面活性剂等。

目前污水处理中常用的消毒技术，包括液氯及氯化物消毒、臭氧消毒及紫外线消毒技术等，它们的技术比较见表4-35。

常用污水消毒技术比较　　　　**表4-35**

名称	优　点	缺　点	适用条件
液氯	价格便宜，消毒可靠，设备简单，费用低	产生余氯及氯化物对水生生物有毒害，并形成致癌物质，病毒对液氯消毒有较大的抗性	适用于大中型污水厂
二氧化氯	氧化能力强，不受氨及pH值的影响，对病毒具有强力的杀灭作用	消毒副产物具有生态毒性和潜在的致癌作用	适用范围广泛
次氯酸钠	现场生产或直接购买，使用方便，投加量易控制	现场生产时需要次氯酸钠发生器	适用于中小型污水厂
臭氧	有效氧化降解有机物、色、味等，受水质影响小，不产生消毒副产物	投资大，成本高，设备管理复杂	适用于处理水水质好，环境敏感地区的污水处理厂
紫外线	是紫外线与氯化共同作用的物化方法，消毒效率高	紫外线照射灯具货源不足，电耗能量较高	适用于小型污水厂

3. 适合小城镇的处理水消毒技术

1）氯及次氯酸盐消毒技术

往水中投加氯或次氯酸盐（如NaClO等），会生成次氯酸（HClO）和盐酸（HCl）。在反应产物中，HClO、ClO^-是杀菌消毒的有效成分，两者之和称作有效自由氯，其中以HClO消毒效果最好。HClO是体积很小的中性分子，能扩散到带有负电荷的细菌表面，具有较强的渗透力，能穿透细胞壁进入细菌内部，破坏其酶系统，导致细菌死亡。而氯对病毒的作用，主要是对核酸破坏的致死性作用。

液氯及氯化物消毒，处理费用低，有一定的余氯存在，具有持续的消毒能力，技术方法成熟。氯化消毒会产生有毒的消毒副产物（DBPs），这种作用在20世纪70年代就被发现，研究表明，DBPs有致癌作用且在较低的浓度（小于0.1mg/L）就会对环境产生危害。因此，近年来有用其他消毒剂代替氯消毒的趋势。但是，氯消毒由于其技术上的成熟性，至今仍是使用最为广泛的消毒方法。

氯的消毒效果与水温、pH、接触时间、混合程度、污水浊度及干扰物质等有关。污水处理后的出水加氯量应根据实验资料或者类似的运行经验确定。无实验资料时，二级出水可以采用6～15mg/L，再生水的加氯量按卫生学指标和余氯量确定。接触消毒池的接触时间不应小于30min，保证余氯量不小于0.5mg/L。

2）二氧化氯消毒技术

二氧化氯是有效的杀菌剂，具有快速灭活细菌的能力。研究表明二氧化氯在较大的pH范围内，对细菌和病毒的杀灭效果要好于氯消毒。通常二氧化氯的浓度在2～5mg/L，接触时间在5～15min就可以达到良好的消毒效果。另外二氧化氯氧化能力较强，能够氧化破坏发色基团和助色基团达到脱色效果，也能有效地氧化硫醇、硫醚和其他无机硫化物以及仲胺和叔胺类霉臭物质，迅速消除水中的臭味。

二氧化氯用于消毒，主要是依靠ClO^-杀菌，但所起的作用是氧化而不是氯化，不易产生氯化副产物（如三氯甲烷等）。在pH=6～10范围内，二氧化氯的杀菌效果几乎不受pH影响。但在碱性条件下，会发生歧化反应生成氯酸盐（ClO_3^-）和亚氯酸盐（ClO_2^-），这两种化合物在动物体内累计，会产生过氧化氢，把血红朊氧化成没有颜色的正铁血红朊，造成溶血性的贫血，危害生物健康。二氧化氯的杀菌消毒能力次于臭氧但是高于液氯，并且有剩余消毒效果且无氯臭味。通常二氧化氯不能储存，只能应用二氧化氯发生器现制现用。与液氯相比，二氧化氯用于污水消毒的成本较高。

在污水消毒处理中，二氧化氯投加量与处理水质有关，实际投加量应实验确定，并保证有一定的剩余氯。消毒时应该使处理水与二氧化氯进行充分的混合接触，接触时间不应小于30min。

3）紫外线消毒技术

波长为200～280nm的紫外线杀菌能力最强，通常被用来进行紫外消毒。紫外线消毒机理主要是紫外辐射导致的光化学反应对微生物有致死作用。在紫外线的辐射下，微生物细胞内的核糖核酸（RNA）和脱氧核糖核酸（DNA）吸收高能量的短波紫外辐射，发生核酸突变，阻止其复制、转录，破坏了微生物蛋白质的合成，实现杀菌消毒。紫外线需要照透水层才能起到消毒作用，因此处理水中的悬浮物、浊度和有机物等都会干扰紫外线的消毒效果。

紫外线光源是高压石英水银灯，分为敞开式和封闭式两种。对于敞开式UV消毒器，依据紫外灯所处的位置又可分为浸没式和水面式两种，其中浸没式虽然构造比较复杂，但紫外辐射能的利用率高，灭菌效果好，应用广泛；水面式较浸没式构造简单，但能量浪费较大，灭菌效果差，实际生产中很少应用。图4-71为典型的敞开式UV消毒器构造示意图。封闭式UV消毒器属承压型，用金属筒体和带石英套管的紫外线灯把被消毒的水封闭起来。

紫外消毒速度快，效率高，一般几十秒钟即能杀菌，大肠杆菌和细菌总数的平均去除率为97%～98%。因为无需添加化学药品，所以不存在外加化学药品与水中化合物相互

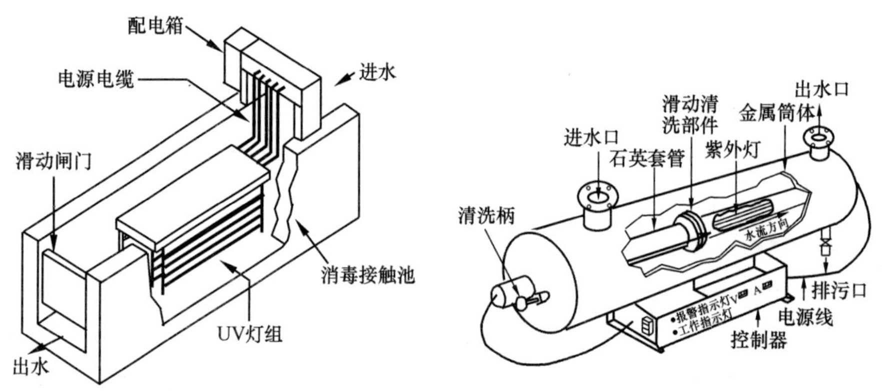

图 4-71　敞开式和封闭式 UV 消毒器构造图

作用的问题，不影响水的理化性质，不产生臭和味。紫外消毒操作简单，便于管理，易于自动化控制。

另外，用紫外线消毒的投资成本比氯气消毒要低得多，这主要是因为土建投资低。但随着处理水量的增大，差别逐渐缩小。紫外线消毒的运行费用主要为电费、维修费用，包括更换灯管、镇流器、灯套管的费用及清洗液费用、人工费等。

污水消毒的紫外线剂量宜根据实验资料或者类似的运行经验确定。无实验资料时，可以采用下列设计值：二级处理出水为 15～22mJ/cm^2，再生水为 24～30mJ/cm^2。紫外线照射渠须布水均匀，灯管前后的渠长度不宜小于 1m，水深应满足灯管淹没要求，一般为 0.65～1.0m。紫外线照射渠不宜少于 2 条，当采用 1 条时，应设置超越渠。

4.2.9　深度处理技术

二级处理水中一般残留着少量的悬浮固体、溶解性有机物、营养物质、病原微生物及其他微量污染物，因此存在达不到一级 A 排放标准的情况，进行回用时也可能不符合回用水质要求，从而需要进行一定的深度处理。

以高标准排放所要求的一级 A 标准为例，要求处理水达到：COD≤50mg/L，BOD_5≤10mg/L，SS≤10mg/L，氨氮≤5mg/L，TN≤15mg/L，TP≤0.5mg/L，色度≤30 度。对于氨氮和 TN 的深度去除，往往有待于生物处理过程的强化；而对于其他水质科目而言，物化处理的强化都可达到深度处理的目的，尤其是 SS、色度、TP 的深度去除。再以再生水回用为例，与一级 A 排放标准相比，要求更高的主要是水的浊度：再生水用于绿化、道路清扫要求浊度≤10NTU，再生水用于冲厕和车辆冲洗则要求浊度≤5NTU。这都有待于进一步深度去除水中的悬浊物。

针对上述需求，并考虑小城镇污水处理与回用的特点，本节讨论的深度处理技术主要集中在常用的过滤和膜处理方面。

1. 快滤池深度过滤技术

快滤池是普遍采用的污水深度处理技术，其去除对象主要是水中的悬浮态和胶体态物质，也包括在混凝剂的作用下可发生化学沉淀的溶解性物质，如水中的磷。

1）技术原理

快滤池去除悬浮态和胶体态颗粒的机理是基于快滤池的物理化学作用，即悬浮态和胶体态粒子在多种作用下沉积在滤层中，然后通过反冲洗得以排除，从而实现污水的深度净化。

（1）悬浮颗粒的迁移。

在过滤过程中，滤层孔隙中的水流一般处于层流状态，被水流挟带的悬浮颗粒随水流运动向滤料表面迁移，该迁移过程由以下几种作用引起：拦截作用、沉淀作用、惯性作用、水动力学作用、扩散作用。

图 4-72 为上述几种迁移作用原理的示意图。颗粒尺寸较大时，处于流线中的颗粒会直接碰到滤料表面产生拦截作用；颗粒沉速较大时，会在重力作用下产生沉淀作用；颗粒具有较大惯性时也可与滤料表面接触（惯性作用）；颗粒较小，布朗运动较剧烈时会扩散至滤粒表面（扩散作用）；在滤粒表面附近存在速度梯度，非球体颗粒由于在速度梯度作用下，会产生转动而与颗粒表面接触（水动力作用）。上述几种作用可能同时存在，也可能只有其中某些作用最重要。例如，待过滤的水进入滤池之前一般都投加一定量的混凝剂，由于凝聚颗粒尺寸一般较大，扩散作用几乎无足轻重。这些迁移作用所受影响因素较复杂，如滤料尺寸、形状、滤速、水温、水中颗粒尺寸、形状和密度等。

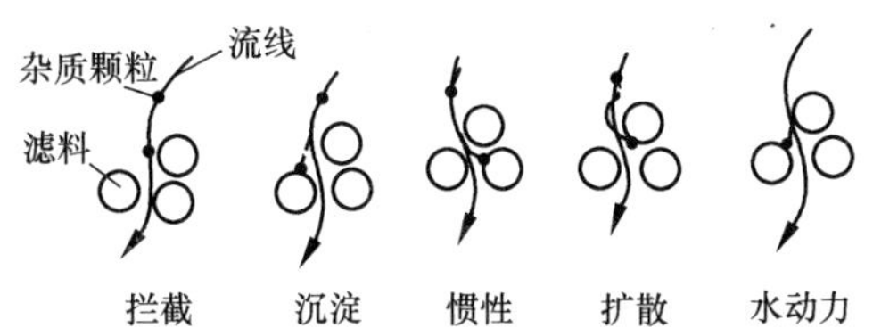

图 4-72 悬浮颗粒的迁移作用原理

（2）悬浮颗粒的黏附。

黏附作用是一种物理化学作用。当水中颗粒迁移到滤料表面上时，则在多种物化作用下，被黏附于滤料颗粒表面上，或者黏附在滤料表面上原先黏附的颗粒上。此外，絮凝颗粒的架桥作用也会存在。黏附作用主要决定于滤料和水中颗粒的表面物理化学性质。未经脱稳的悬浮物颗粒，过滤效果很差。基于这一概念，过滤效果主要取决于颗粒表面性质而无需增大颗粒尺寸。相反，如果悬浮颗粒尺寸过大而形成机械筛滤作用，反而会引起表面滤料孔隙很快堵塞。不过，在整个过滤过程中，特别是过滤后期，由于滤层中孔隙尺寸逐渐减小，表层滤料的筛滤作用也不能完全排除，但这种现象在快滤池中并不希望发生。

（3）杂质截留过程

开始过滤时，由于滤层比较干净，孔隙较大，孔隙流速较小，因此杂质容易转移到滤料表面而被截留。另一方面，滤料在反洗以后形成粒径上小下大的自然排列，使表层滤料的孔隙小于下层滤料，因而有更强的截留杂质能力，所以大量杂质将首先被表层 5～10cm 左右厚度的滤料所截留，少量杂质随水流往下层滤料转移并被截留。随着过滤的进行，表层滤料的孔隙因截留杂质而减小，孔隙流速增大，水流剪力亦随之增大，当水流剪力大于杂质与滤料颗粒的黏附力时，已被截留的杂质将脱落并往下层滤料转移。表面截留的杂质越多，脱落和转移的杂质也越多。进入下层滤料的杂质将重复在上层滤料被截留的过程，直至大量杂质穿透整个滤层，致使出水水质恶化；或者由于截留杂质而使过滤阻力增加，过滤水头损失超过允许值时，过滤过程即告终止，滤池进入反冲洗预备状态。

2）技术类型与特征

（1）快滤池的构造

图 4-73 是普通快滤池的构造剖视图，快滤池主要由以下四部分组成：

①进水系统，包括进水总管、进水支管、进水阀门；

②过滤系统，包括滤料层、承托层；

③集水系统，包括清水支管、清水阀门、清水总管；

④反冲洗系统，包括冲洗总管、冲洗支管、冲洗阀门、配水干管、配水支管、反冲洗排水槽、废水渠、排水阀门。

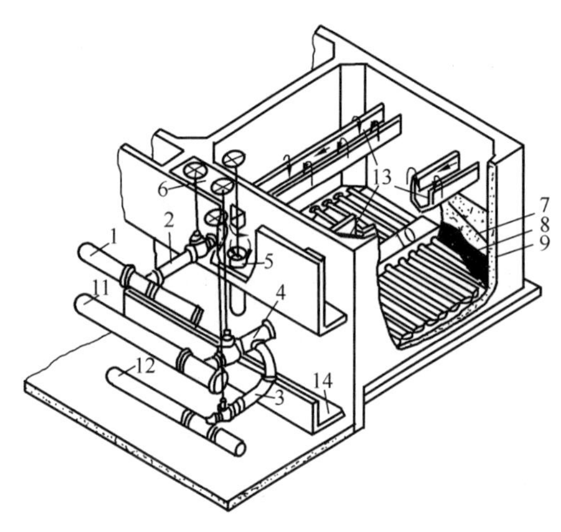

图 4-73　普通快滤池构造图

1—进水总管；2—进水支管；3—清水支管；4—冲洗水支管；5—排水阀；6—浑水渠；7—滤料层；8—承托层；9—配水支管；10—配水干管；11—冲洗水总管；12—清水总管；13—冲洗水排水槽；14—废水渠

（2）快滤池的形式

按水流方向快滤池可分为：下向流式、上向流式、双向流式。下向流式滤池的滤速较高且反洗效果较好，但水头损失增加较快，过滤周期较短，下层滤料难以充分发挥作用。而上向流式滤池则可以克服下向流式滤池的缺点，整个滤料层的纳污能力增强，过滤周期也相应延长，但为了避免滤料损失，滤速不能太快。双向流式滤池的进水管设在滤料层中部，废水沿上、下两个方向流入，保持了下向流和上向流两种滤池的各自优点，又不至于造成滤料损失。

按滤料级配快滤池可分为：单层滤料滤池、双层滤料滤池、混合滤料滤池。单滤料床层过滤时，污染物大多被截留在滤料表层，水头损失迅速上升，下层的纳污能力未被充分利用，过滤周期较短。双向流式滤池虽可提高滤速，但也不利于反冲洗操作。因此，常常采用下向流式双滤料床层或多滤料床层。这种过滤床层在反冲洗后可形成一个或多个中间混合区，在后续操作时，废水中的固体颗粒能够穿过孔隙率较大的滤料层并深入到中间混合区，从而延缓了滤料水头损失的增加速度，延长了滤池的过滤周期。

污水处理中常用的快滤池有：普通快滤池及其衍变形式（双阀滤池、翻板滤池和双层滤料滤池等），各种快滤池的工艺特点及适用条件见表 4-36。

（3）快滤池的技术特征

用于处理二级出水的快滤池具有以下技术特征：

①在水处理中应用广泛，有成熟的运行设计经验。采用砂滤料，材料便宜易得。采用大阻力配水系统，单池面积大，池深较浅。

污水处理常见的快滤池工艺特点及适用条件 表 4-36

类型	特点	使用条件
普通快滤池	有成熟的运行经验，采用砂滤料，材料便宜易得。采用大阻力配水系统，单池面积较大，池深较深。可采用减速过滤，水质较好，但阀门较多，且必须设有全套冲洗装备	适用于各种水量的污水处理。产水率较高。单池面积不宜超过 $50m^2$，可与沉淀池组合使用。水冲洗效果较差，有条件时宜采用表面冲洗和空气助洗设备
双阀滤池	减少了阀门，相应降低了造价和检修工作量。但必须设置全套冲洗装备，增加了形成虹吸的设备，其他特点同普通快滤池	与普通快滤池相同
翻板滤池	滤料、滤层选择多样。滤料流失率度低，滤料反冲洗后洁净度高，水头损失小，反冲洗系统布水、布气均匀。过滤周期长、截污量大，出水水质好。设备较多，一次性投资较大，而且运行电耗高	适用于污水悬浮物浓度大的大中水量污水处理。根据污水水质可选择不同滤料及级配
双层滤料滤池	滤层含污能力大，可采用较高的滤速。减速过滤，水质较好。可利用现有普通快滤池改造，滤料选择要求高，滤料易损失，冲洗困难，易积泥球	适用于大中水量污水处理，允许进水悬浮物浓度高。单池面积一般不宜太大。宜采用大阻力配水系统和辅助冲洗设备

②一般情况下，不需要加药剂，水中絮凝体具有良好的可滤性，滤后水的 SS 可达 10mg/L，COD 去除率可达 10%～30%。由于胶体污染物难于通过过滤去除，滤后水的浊度可能去除效果欠佳，该情况下应考虑投加一定的药剂。

③反冲洗困难，二级处理水的悬浮物多是生物絮凝体，在滤料表面较易形成一层滤膜，导致水体迅速上升，过滤周期大为缩短。絮凝体黏附在滤料表面，不易脱落，因此需要辅助冲洗，即加表面冲洗，或用气水共同反冲洗使絮凝体从滤料表面脱离，效果良好，还能节省反冲洗水量。

④所用的滤料粒径较大，加大了单位体积滤料的截泥量。

⑤适用于各种水量的污水处理，产水率较高，单池面积不宜超过 $50m^2$，可与沉淀池组合使用。

3）设计要点

（1）依据相关的设计规范，快滤池污水深度过滤技术在设计中应遵循的一般性规定如下：

①快滤池的形式（含普通快滤池、双阀滤池、翻板滤池等）应该根据污水处理水量、进出水水质、运行管理水平、处理构筑物高程布置等因素，通过技术经济比较确定。

②滤料应有足够的机械强度和抗腐蚀性能，宜采用石英砂、无烟煤、陶粒和瓷砂等。在污水过滤过程中如无溶解性有害物质产生，也可选用聚丙烯塑料珠、纤维球等合成材料作为滤料。

③滤池的分格数、单格面积，应综合考虑，经过技术经济比较确定。

④滤料层厚度（L）与有效粒径（d_{10}）之比：细砂及双层滤料过滤应大于 1000；粗砂及三层滤料应大于 1250。

⑤滤池宜设有初滤水收集、回流处理设施；滤池反冲洗优先采用气水联合反冲洗，气洗强度一般为 20L/（m^2・s），水洗强度一般为 10L/（m^2・s）；滤池运行时应尽可能设置自动检测、控制系统，实现运行管理自动化。

（2）普通快滤池的设计要点为：

①滤料粒径可根据需要做出调整，粗粒滤料可达 1.2～2.0mm，冲洗强度亦应作相应调整，有条件可改造为气水联合冲洗。根据污水的性质，必要时可以选择耐腐蚀滤料，如多孔陶瓷、瓷砂等。

②配水系统宜采用大阻力配水系统，配水系统干管末端应装排气管，管径一般为 20～40mm，排气管伸出滤池顶处应加截止阀。

③滤层表面以上的水深，宜采用 1.5～2.0m。

④滤池底部宜设置排空管，管径一般为 20～40mm，池底坡度约为 0.005，坡向排空管。

⑤间歇运行时间较长时，应预留初滤水排放管，按规定时间排水。

⑥ *DN*300 及以上的阀门及冲洗阀门一般采用电动、液动或气动阀。

⑦每格滤池应设置水头损失计及取样管。

⑧封闭渠道应设检修人孔。

4）应用实例

南方某小城镇，早期建设了厌氧—缺氧—好氧生物处理系统进行生活污水处理，处理规模为 3000m^3/d。该系统的二沉池为斜管沉淀池，目的在于强化固液分离效果，达到一级 A 排放标准并部分回用于绿化和道路浇洒。由于进水水质波动大，处理效果不稳定，难以达到预期处理目标。为了提高处理效果，后期进行升级改造，在斜管沉淀池后增设了重力式无阀滤池，进行二级处理水的深度过滤处理。改造后的处理流程如图 4-74 所示，滤后水加氯（ClO_2）消毒后进行回用。长期运行结果表明，增加深度过滤后，处理水质大幅度提升，稳定达到了一级 A 排放和城市污水再生利用标准。

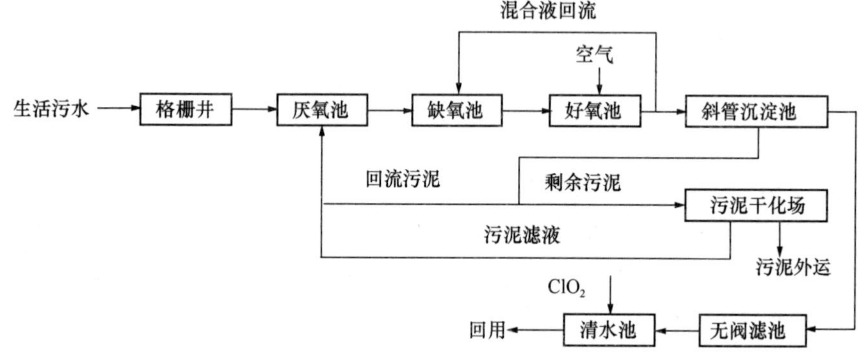

图 4-74　某小城镇污水处理和深度过滤工艺流程图

2. 膜分离技术

膜分离技术被誉为21世纪的水处理技术，与传统的深度处理技术相比，膜分离对水中有机物、氮磷、微生物及无机物的去除率较高，可以有效地避免水中可能存在的致病微生物，而且系统简单，运行稳定，占地面积小，但是膜成本高是目前该技术的主要瓶颈，随着经济的发展，在有回用水需求的小城镇地区膜分离技术具有广阔的应用前景。

1）技术原理

膜分离（Membrane separation）是指以选择性透过膜为分离介质，在膜两侧一定推动力的作用下，使原料中的特定组分选择性地透过膜，从而使混合物得以分离，以达到提纯、浓缩等目的分离过程。膜分离技术的应用范围广泛，可用于液—固分离、液—液分离、气—液分离、气—气分离。膜分离操作的推动力可以是膜两侧的压力差、浓度差、电位差、温度差等，通常水处理过程中以压力差为主要推动力。

2）技术类型与特征

污水深度处理中常见的膜分离技术包括：微滤（MF）、超滤（UF）、纳滤（NF）和反渗透（RO）等，表4-37列出了各种膜分离过程的基本特性。对于城市及小城镇污水处理与回用而言，除了达到高品质回用水的要求外，一般情况下微滤和超滤能够很好地满足处理要求。

污水处理中常用的膜分离技术 **表4-37**

过程	过滤精度（μm）	膜类型及截留分子量（Da）	推动力	传递机理	功能
微滤（MF）	0.1～10	多孔膜（>100000）	压力差（<0.1MPa）	筛分	去除悬浮物、细菌和部分病毒及大尺度胶体
超滤（UF）	0.002～0.1	非对称膜（10000～100000）	压力差（0.1～1MPa）	筛分	去除胶体、蛋白质、微生物和大分子有机物
纳滤（NF）	0.001～0.003	非对称膜（100～1000）	压力差（0.7～3MPa）	溶剂的溶解扩散	去除多价离子、部分一价离子和分子量为200～1000Da的有机物
反渗透（RO）	0.0004～0.0006	非对称膜、复合膜（<100）	压力差（2～10MPa）	溶剂的溶解扩散	去除溶解性盐及分子量大于100Da的有机物

与普通分离法（如蒸馏）相比，膜分离技术一般较简单，经济性较好，没有相变，节能高效，无二次污染，可在常温下连续操作，可直接放大，使用成品膜等。技术特征如下：

（1）在膜分离过程中不发生相变化，对比之下，蒸发、蒸馏、萃取、吸收、吸附等分离过程，都伴随着从液相或吸附相至气相的变化，而相变化的潜热是很大的，因此膜分离过程能耗比较低。

（2）在膜分离技术过程中不需要从外界加进其他物质，这样可以节省原料和化学药品。

（3）膜分离过程是在常温下进行的高效分离过程，适用于有机物和无机物，即从病毒、细菌、胶体微粒到溶解性有机物和无机盐的广泛分离，处理效果稳定。

（4）可根据处理要求的不同，灵活地选用各种类型的分离膜，装置简单，操作容易且易控制，便于维修，占地小，处理效率高。用于现有工艺的升级改造时，无需大的改动。

（5）目前膜的制造成本高，使用寿命短，运行维护费用较高的问题有待解决。

3）适合于小城镇的膜分离技术——微滤/超滤技术

微滤/超滤技术属于低压膜分离技术（压力小于 1MPa），能耗低，过滤精度较高，适合于对回用水水质要求较高的小城镇。

（1）微滤技术概述

微滤是以压力差为推动力，利用微滤膜的筛孔分离作用进行分离的膜过程，其原理与普通过滤类似，但微滤膜的孔径为 0.1～10μm。微滤膜具有比较整齐、均匀的多孔结构，在静压作用下，小于膜孔的粒子通过膜，比膜孔大的粒子被截留在膜面上，使大小不同的组分得以分离，死端过滤的操作压力为 0.7～7kPa，错流过滤的操作压力为 0.01～0.2MPa。

微滤膜的截留机理一般认为有以下几种作用。机械截留作用是指膜具有截留比其孔径大或相当的微粒等的作用，即筛分作用；物理作用或吸附截留作用；架桥作用；膜的内部截留作用。在这些作用中，机械截留作用是最重要的，污染物与膜孔的相互作用也会起到较大的作用。

微滤膜材料最早使用的是醋酸纤维素膜，现在聚砜、聚烯烃系列得到大量使用，氧化铝、二氧化钛等无机材料滤膜也已得到应用。MF 膜多数为对称膜，也有非对称膜。常用的是有机聚合物膜，疏水性膜有聚四氟乙烯（PTFE）、聚偏氟乙烯（PVDF）、聚丙烯（PP）等，亲水性膜有纤维素酯、聚碳酸酯、聚砜/聚醚砜等。无机膜主要为陶瓷膜、合金膜及复合膜等。微滤膜的基本性能参数包括：孔隙率、孔结构、表面特性、机械强度和化学稳定性等，对分离过程中膜污染及渗透性能等有较大的影响。

与其他过滤介质比较，微滤技术属于绝对过滤介质，能将比膜孔径大的粒子全部截留；微滤膜孔径均匀，过滤精度高，孔隙率高，通量大，厚度薄，吸附量小。

（2）设计要点

依据相关的设计规范，微滤/超滤技术的主要设计要点如下：

①预处理

应注意控制进水的 pH 在适当的范围内（pH＝2～10）；为防止膜降解和膜污染，需对进水中的悬浮物、尖锐颗粒、微生物、有机物和油脂等进行预处理；去除进水中的悬浮物和胶体物时，可以采用混凝—沉淀—过滤工艺，可加入有利于提高膜通量并与膜材料有兼容性的絮凝剂；微滤、超滤系统之前宜安装细格栅及盘式过滤器，在内压式膜系统之前，盘式过滤器的过滤精度应小于 100μm，外压式膜系统之前，盘式过滤器的过滤精度应小于 300μm；当进水中矿物油及动植物油浓度高超过规定值时，应增加除油工艺。

②设计参数

微滤/超滤工艺的设计参数包括：处理水量（m^3/d）、处理水质、膜通量[$m^3/(m^2 \cdot d)$]、操作压力（MPa）、反冲洗周期（h）、反冲洗时间（min）等。

③工艺流程

微滤/超滤系统的运行方式可分为间歇式和连续式；膜组件排列形式宜为一级一段，并联安装，推荐的基本工艺流程如图 4-75 所示。

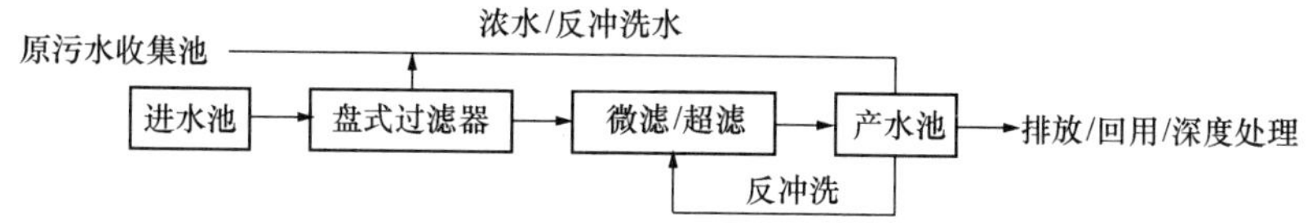

图 4-75 微滤污水深度处理推荐工艺流程图

④基本设计计算

产水量按下列公式计算：

$$q_s = C_m \times S_m \times q_0 \tag{4-25}$$

式中 q_s——单支膜组件的稳定产水量，L/h；

q_0——单支膜组件的初始产水量，L/h；

C_m——组装系数，取值范围为 0.90～0.96；

S_m——稳定系数，取值范围为 0.60～0.80。

设计温度为 25℃，实际温度的波动，可用下式修正产水量的计算：

$$q_{st} = q_s \times (1 + 0.0215)^{t-25} \tag{4-26}$$

膜组件数按下式计算：

$$n = \frac{Q}{q_s} \tag{4-27}$$

式中 Q——设计产水量，L/h。

浓缩液的浓度、体积可按下式计算：

$$\frac{\rho}{\rho_0} = \left(\frac{V_0}{V}\right)^R \tag{4-28}$$

式中 ρ——浓缩液的质量浓度，mg/L；

ρ_0——浓缩液的质量浓度，mg/L；

V——浓缩液的体积，L；

V_0——进料液的体积，L；

R——污染物的去除率。

污水处理过程中产生的膜分离浓水可并入污水生化处理系统，浓水处理后排放应符合国家或地方污水排放标准的规定。

⑤系统安装与调试

微滤/超滤系统应按照设计要求进行安装；系统启动时，应开启浓水排放管阀门和产水管阀门，用自来水冲洗膜组件内的保护液，直到冲洗水无泡沫为止；进水压力 0.1～0.4MPa，工作温度为 15～35℃；调试项目应包括：进水压力、进水流量、产水流量、浓水流量和浓水压力；系统每连续运行 30min，应反冲洗一次，反冲洗时间宜为 30s。

⑥运行管理

启动：检查进水水质是否符合要求；在低压和低流速下排除系统内的空气；检查系统是否渗漏。运行：调节浓水管调节阀门，缓慢增加进水压力直到产水流量达到设计值；检查和试验所有在线监测仪器仪表，设定信号传输及报警；系统稳定运行后，记录操作条件和性能参数。停机：先降压后停机，当需要停机时，缓慢开大浓水管调节阀门，使系统压力下降至最低点再切断电源；停机时，应对膜系统进行冲洗，用预处理水大流量低压冲洗整个系统 3～5min；膜分离系统停机后，其他辅助系统也应停机。

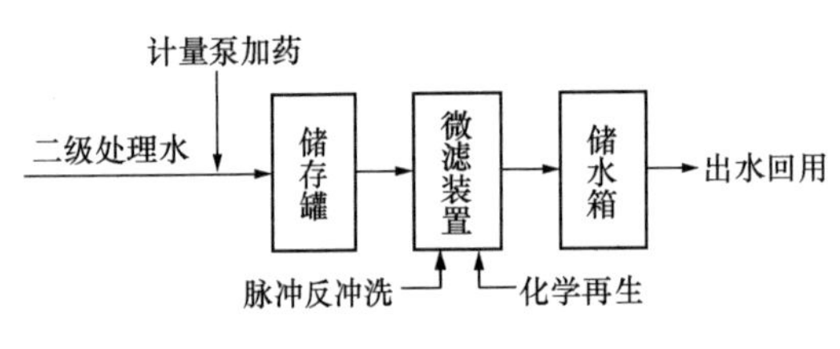

图 4-76　微滤装置的工艺流程图

（3）应用实例

某污水处理厂以再生回用为目的，对二级处理出水进行膜过滤深度处理，采用中空纤维微滤膜组件为过滤单元。处理流程如图 4-76 所示，来自二沉池的二级处理水加压后进入储存罐，同时投加一定浓度的 NaClO 溶液并均匀混合，而后进入浸没式微滤装置。微滤膜组件外部受大气压作用，内部受到出水泵的抽吸作用，从而在膜的内外两侧造成压差，将待处理水中粒径大于 0.2μm 的物质截留。抽吸泵采用间歇运行的方式，每隔 25min 气水反冲洗 4min，以恢复膜通量。膜组件通过 PLC 自动控制过滤运行和气水脉冲式反冲洗。

连续运行结果表明，分离尺度为 0.2μm 的微滤膜能很好地去除二级处理水中残余的悬浮颗粒物，进水 SS 高于 10mg/L，而过滤水 SS 几乎为零；对细菌也有良好的去除效果，过滤水大肠杆菌和粪大肠菌基本上得到完全去除。但微滤膜 COD、TN、TP 的去除效果有限。系统采用在线气水双洗方法，膜污染控制效果良好，经过离线化学清洗后，膜通量的恢复率可以达到 99%以上。

该应用实例表明，采用微滤膜直接进行过滤处理，其主要功效在于物理截留。分离尺度更小的超滤膜可以截留大分子的有机物，但对二级处理水中残余的溶解性有机物、氮磷的去除率仍然很有限。为了提高对溶解性污染物的去除率，可在微滤或超滤前投加一定量混凝剂，从而使部分有机物与颗粒物一起形成絮凝体，或通过混凝体强化对有机物的网捕或吸附，最终得到过滤去除。使用金属盐混凝剂情况下，二级处理水中残余的磷也能通过化学沉淀得以去除。

3. 膜生物反应器技术

将膜分离技术与活性污泥法相结合的污水处理技术——膜生物反应器（MBR）近年来在污水处理与再生利用工程中的应用日益增多，形成了污水处理与深度再生一体化的新型处理技术。

1）技术原理

MBR工艺是20世纪60年代末期出现的高效污水处理回用技术，其初衷是用膜过滤实现活性污泥混合液的固液分离，从而能省去传统二级生物处理工艺中的二沉池，使污水处理流程缩短，处理构筑物体积缩小。由于膜过滤几乎能截留所有的悬浮固体物，采用MBR，一是使固液分离非常彻底，二是反应器中的活性污泥完全不会随液体流出，从而反应器的水力停留时间和污泥停留时间完全分离，三是因为无需进行沉淀，不会因污泥膨胀问题而影响分离效果，从而反应器内的污泥浓度可以远高于传统活性污泥法，因此能大幅度提高反应器内的生物量，使生化反应效率大幅度提高，一些通常难降解的有机物也能得到去除。

2）技术类型

根据膜组件的安装位置，MBR的基本类型有两种，即错流式和淹没式。此外，由于生物处理工艺本身就多种多样，通过MBR与其他生物处理工艺组合，也构成了各种类型的组合式MBR技术。

（1）错流式MBR

如图4-77（*a*）所示，错流式MBR是将生物处理单元与膜分离单元相分离，通过循环泵将反应池中的混合液送进膜分离单元进行泥水分离，过滤水得到收集，浓缩后的污泥回流到反应池中。这种形式是最初的MBR形式，膜分离单元的作用与二沉池基本相同，只是用膜过滤代替了污泥沉淀。在膜过滤的过程中，过滤液垂直透过膜面，而经泵抽吸的大部分水流则沿与膜面平行的方向流过膜组件，从而产生水流剪切力，形成膜面冲刷，达到控制膜污染的目的。

（2）淹没式MBR

如图4-77（*b*）所示，淹没式MBR与错流式MBR最大的差别就是，将膜组件直接浸没在反应池的污泥混合液中，通过泵抽吸造成负压，使液体穿过膜面得到过滤液，固体物则留在反应池内出水。反应池底部的曝气装置一方面提供生化反应所需的溶解氧，另一方面对膜形成扰动和冲刷，从而控制膜污染。

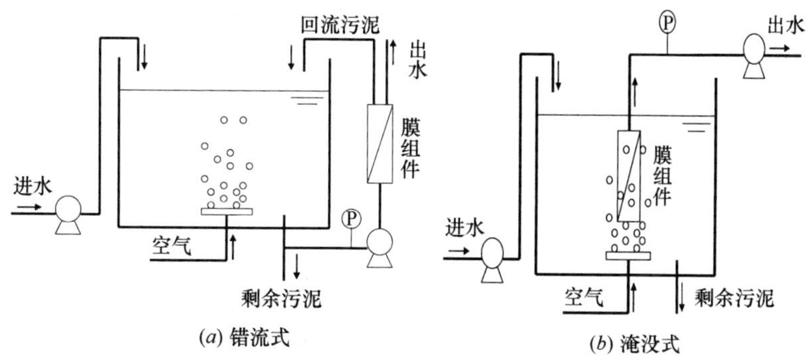

图4-77 错流式和淹没式MBR工艺流程图

表4-38给出了错流式和淹没式MBR的工艺性能比较，可见淹没式MBR能耗更低，占地面积更省，已成为MBR的主要工艺形式。

错流式 MBR 与淹没式 MBR 的工艺特性比较　　表 4-38

特　　点	错流式 MBR	淹没式 MBR
工艺的可调控性	生物池与膜池分离，易于调控	可调控性较差
膜组件的清洗与更换	容易	复杂
膜通量	高	低
动力消耗	2～10kW·h，远比传统活性污泥法高	与传统活性污泥法相当
对活性微生物的影响	泵的高速剪切易导致部分微生物失活	影响较小
占地面积	比传统活性污泥法小	比错流式更省

（3）组合式 MBR

在污水处理中，活性污泥处理并非都在完全混合式反应器中完成，而存在多种生化处理工艺，尤其为了适应强化脱氮除磷的需求，A/O、A^2O、SBR、氧化沟、MBBR 等都是可供选择的生化处理构筑物形式。将 MBR 与这些生化处理单元组合，就形成了各种组合式 MBR 工艺。这种情况下，MBR 单元一般置于生化单元之后，或生化单元的末端。

3）MBR 的技术特征

（1）采用微滤/超滤技术能够高效地进行固液分离，分离效果远高于传统的二沉池，出水水质稳定，可直接回用，实现污水资源化。

（2）由于膜的高效截留作用，使微生物完全截留在系统内，实现 HRT 和 SRT 的完全分离，使得运行控制更加灵活稳定，反应器内微生物浓度高，耐冲击负荷能力强。

（3）泥龄长，有利于增殖缓慢的硝化细菌的截留、生长和繁殖，系统硝化效率得到提高，同时延长了污水中的难降解物质的停留时间，大大提高了难降解有机物的降解效率。

（4）反应器在低污泥负荷、长泥龄下运行，剩余污泥排放少，污泥处理和处置费用低。

（5）占地面积，设备紧凑，可实现全程自动化控制，便于管理。

但是，目前膜组件成本高，寿命较短，能耗高是 MBR 应用中的主要限制因素，同时膜污染控制问题也是 MBR 运行的难题。

4）设计要点

依据相关的规范，MBR 工艺的主要设计要点如下：

（1）一般性规定

MBR 污水处理工程的出水水质应符合国家和地方的排放标准及回用水相关标准；应根据污水的性质、污染物浓度及处理要求选择合适的 MBR 工艺类型；水质和水量变化大的污水处理工程，宜设置相应的调节设施；应按照出水磷的排放要求，选择设置化学除磷装置；MBR 工艺对 COD、BOD_5、SS、NH_3-N 的去除率应分别在 90%、95%、99%和 90%以上。

（2）预处理和前处理

MBR 系统中应设置超细格栅；污水中含有毛发、织物纤维较多时，宜设置毛发收集器；污水的 BOD_5/COD 小于 0.3 时，宜采用提高污水可生化性的措施；污水进入 MBR

池之前，须去除尖锐颗粒等硬物。

(3) 工艺设计与计算

①常见的淹没式 MBR 工艺类型

以目前城镇污水处理中常用的淹没式 MBR 为例，图 4-78、图 4-79 和图 4-80 所示分别为以去除有机物为主的、以脱氮为主的及同时脱氮除磷的 MBR 工艺流程图。

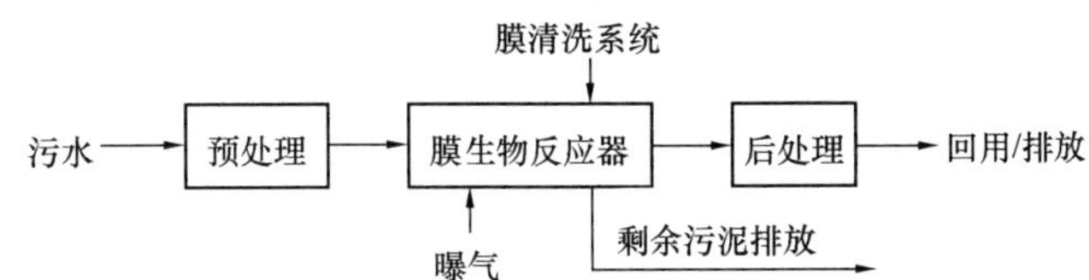

图 4-78 去除有机物的 MBR 工艺流程图

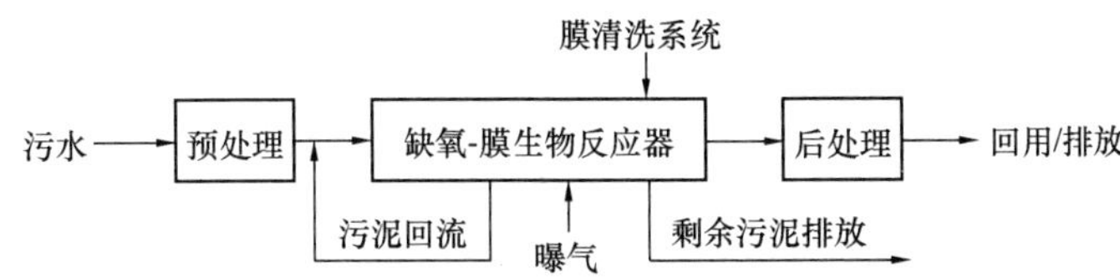

图 4-79 以脱氮为主的 MBR 工艺流程图

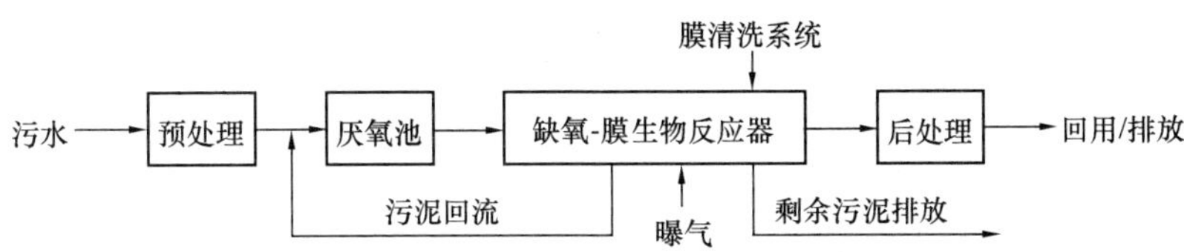

图 4-80 同时脱氮除磷的 MBR 工艺流程图

②反应池的设计计算

淹没式 MBR 反应池的有效容积可按下列公式计算：

$$V=\frac{Q(S_0-S_e)}{1000L_sX_v} \tag{4-29}$$

$$X_v=X\times f \tag{4-30}$$

式中 V——MBR 反应池的有效容积，m^3；

Q——MBR 反应池的设计流量，m^3/d；

S_0——进水 BOD_5 的浓度，mg/L；

S_e——出水 BOD_5 的浓度，mg/L；

L_s——MBR 反应池 BOD_5 的污泥负荷，kgBOD_5/（kgMLVSS·d）；

X——MBR 反应池内的混合液悬浮固体（MLSS）平均浓度，gMLSS/L；

X_v——MBR 反应池内的混合液挥发性悬浮固体（MLVSS）平均浓度，gMLVSS/L；

f——MBR 反应池内混合液挥发性悬浮固体平均浓度与悬浮固体平均浓度的比值

(MLVSS/MLSS)，城镇污水一般取 0.7～0.8；

淹没式 MBR 反应池水力停留时间宜按公式（4-31）计算：

$$t = \frac{24V}{Q} \tag{4-31}$$

式中　t——水力停留时间（HRT），h。

淹没式 MBR 反应池污泥负荷与污泥浓度等设计参数应由试验确定，无试验数据时，可以参考相关规范选取；反应池的超高宜为 0.5～1.0m；反应池的设计水温宜为 12～38℃，冬季气温较低的地区应考虑采用适当的保温措施。

③曝气系统设计

MBR 反应池所需空气由鼓风机提供，通过进气管将空气输入池内曝气管道系统；宜采用射流曝气与穿孔曝气相结合的方式，也可采用穿孔曝气与微孔曝气相结合的方式；曝气管道系统应均匀的布置在膜组件的下方，曝气管应密封连接，管路内无杂物；膜表面清洗所需要的空气量，应由试验确定。

④污泥系统

剩余污泥量可按照公式（4-32）计算：

$$\Delta X = YQ(S_0 - S_e) - K_d VX \tag{4-32}$$

式中　ΔX——产生的剩余污泥量，kg/d；

Y——氧化 1kgBOD 所产生的污泥量，kgMLVSS/kgBOD_5；

K_d——污泥自氧化速率（d^{-1}），可取 0.04～0.075；

Q、S_0、S_e、V 和 X——如前面所述。

剩余污泥的排放在条件允许时可增设流量计、污泥浓度计，用于监测和统计污泥排除量，污泥的处理和处置应符合相关的规定。

(4) 主要的设备和材料

①浸没式膜组件系统

中空纤维膜宜采用帘式或柱式，平板膜宜采用板框式；膜组件应耐污染和耐腐蚀；膜材料宜选用聚偏氟乙烯（PVDF）和聚乙烯（PE），也可选用其他合适材料的膜组件；膜的孔径应在 0.01～0.4μm 之间；在设计条件下，中空纤维膜的使用寿命不低于 3 年，平板膜使用寿命不低于 5 年。

膜的设计运行通量：中空纤维膜可按 12～30L/（m^2·h）取值，平板膜可按 16～50L/（m^2·h）取值；膜组件的结构应简单，便于安装、清洗和检修；膜组件的布置应均匀，平面和高程布置应符合规范要求。

膜组件可采用抽吸水泵负压出水，也可以利用静水压自流出水，但应该保持出水流量相对稳定；每台抽吸泵可对应多个膜组件，多台抽吸泵工作时，宜考虑备用原则；小型 MBR 工程宜采用自吸泵，大、中型 MBR 工程宜采用真空泵、气水分离罐和离心泵代替；出水系统应设置在线监测压力表、流量计和浊度计。

②膜清洗系统

在线清洗系统包括加药泵、药液罐、管路系统和计量控制系统；中空纤维膜的清洗频次每月不宜少于一次，平板膜可 2～3 月一次；清洗药剂宜采用 NaClO（特殊要求除外），药剂用量每次按 2.0L/m^2配制，另加管道容积量，药剂浓度宜为 1‰～3‰；在线清洗时，停止产水，停止曝气，启动反冲洗泵，30～40min 把清洗药剂全部输入膜内，浸泡 20～30min，而后排除清洗废液。离线清洗设备包括清洗槽、吊装设备和曝气系统；清洗频次宜为半年到一年一次；离线清洗药剂宜采用 NaClO＋NaOH（重量比为 1∶1）、柠檬酸，药剂浓度宜为 3‰～5‰（特殊要求除外）。

5）应用实例

MBR 工艺在一些发达国家从 20 世纪 70 年代末 80 年代初开始得到应用，欧美、日本、澳大利亚等国家相继涌现出多家 MBR 膜产品与设备的制造安装企业。我国的 MBR 应用稍晚一些，20 世纪 90 年代中期开始逐步推广，但发展速度很快，目前较大规模的 MBR 污水处理厂的案例基本上都在我国，小城镇污水处理与回用也有采用 MBR 的范例。根据国外的经验，由于 MBR 污水处理装置占地小，设备紧凑，使用灵活，自动化程度高，更适合于小型污水处理，尤其是远郊居民小区、度假区、旅游风景区，以及有污水回用需求的宾馆、洗车业等。

我国南方某生活小区，常住人口 500 人，生活污水排放量约为 150m^3/d，因为土地资源紧张、对处理水水质要求高，故选择 MBR 工艺进行污水处理，工艺流程如图 4-81 所示。生活污水经格栅分离出较大的漂浮物和悬浮物后自流进入调节池，充分地均质均量，然后通过提升泵进入 MBR 污水处理系统，该系统由缺氧池和 MBR 池、清水池、污泥池等处理单位组成。MBR 产水由自吸泵输送至紫外线杀菌器进行消毒，之后进清水池向外排放。MBR 池中的部分污泥通过污泥泵回流至缺氧池，其余输送至污泥池，最终定期外运处理。

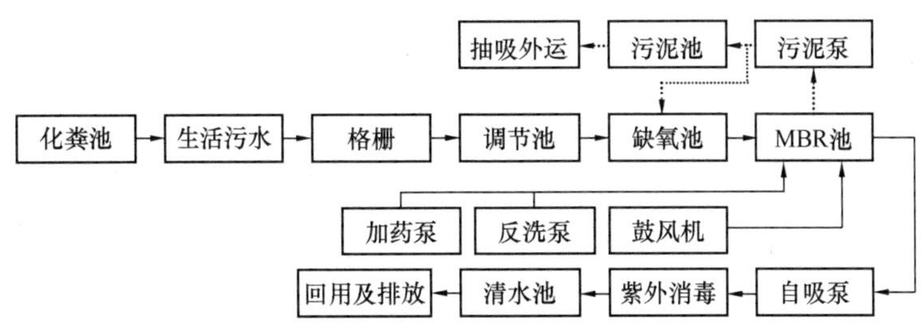

图 4-81　生活小区污水处理 MBR 工艺流程图

该工艺系统稳定运行后，出水 COD、BOD_5、SS 和 NH_3-N 分别小于 45mg/L、8mg/L、1mg/L 和 3mg/L，达到城市杂用水水质标准，处理水经消毒后部分就地回用，部分排放。

4.2.10　小型污水处理装置

一般来说，对于具有一定规模的污水处理，通常可采用适宜的技术建设污水处理构筑物。但对小城镇而言，存在处理规模很小的情况，进行污水处理构筑物建设一是不经济，二是建设周期较长，灵活性较差。这种情况下，采用定型的污水处理装置，通过简单安装组合进行污水处理则更为便利。

1. 小型污水处理装置的原理与特点

小型污水处理装置一般是指处理规模较小，集污水处理工艺各单元（如预处理、生物处理、沉淀、消毒等）为一体的处理设备。这些装置或设备可以在生产厂完成加工和整体装配，也可以在生产厂完成主要设备单元的加工，在使用现场进行装配和连接。根据国外的经验，小型污水处理装置包括模组化设备和整体设备两类，前者适合于处理规模为 100～600m^3/d 的场合，主要处理单元采用模组化设计和定型加工制造，池体（钢制或混凝土）等需要现场制作；后者适合于处理规模小于 100m^3/d 的场合，全部部件都在生产厂完成装配，池体通常为不锈钢或玻璃钢纤维增强塑料等，以整体设备来供货。

小型污水处理装置的技术组合形式多种多样，装置的选择取决于污水水质、处理要求及环境条件。对于去除有机物和悬浮物的情况，通常采用包含预处理（格栅和调节池等）、厌氧处理或好氧处理、沉淀处理等环节的处理装置；对于需要同时去除氮磷的情况，则需采用包含预处理（格栅和调节池等）、厌氧处理（水解酸化、厌氧过滤等）、好氧处理（曝气单元、生物接触氧化、生物膜法、脱氮除磷活性污泥法等）、沉淀处理和化学除磷等环节的处理装置。这些装置都是通过各处理单元的优化组合，充分发挥物理、化学和生物作用为其特点。

鉴于我国小城镇污水处理起步较晚，今后在小型污水处理装置方面的发展需要借鉴一些国外的经验，以下分别对国外和国内的一些典型污水处理装置进行介绍。

2. 国外小型污水处理装置

1）挪威的小型污水处理

挪威约有 25%的人口居住在没有集中污水收集系统的乡村地区，这些地区的污水采用就地处理。对于 1～7 户家庭组成的小型社区，就地处理系统一般包括化粪池、配水系统和土地渗滤系统。但是，在土壤渗透性差而不能使用土地渗滤法进行处理的场合，通常使用预制的集成式微型污水处理设备，处理方法为先使用化粪池预处理，而后进行生物处理、化学除磷或者两者联合处理。因此，对于分散住宅（少于 7 户或者 35 人）的集成就地污水处理装置称为微型处理设备，而人口规模为 35～2000 人的污水处理系统被称为小型处理设备。

在挪威，由于小型污水处理设备没有关于氮的排放标准，所以通常不涉及脱氮，一般增加化学工艺用于强化除磷。原则上，分散式小型污水处理设备的工艺与集中式（大型污水处理厂）相同，即物理法、化学法、生物法或这些方法的组合。在物理方法中，沉淀由于工艺简单而占主导地位，生物处理以好氧处理为主，包括活性污泥法和生物膜法（生物转盘、滴滤池、淹没式滤池、MBBR）。由于挪威的污水处理厂要求除磷，因此常将化学除磷技术与生物处理技术联合使用。

图 4-82 是挪威通常采用的小型污水处理工艺流程，其中（a）为以生化处理为主的污水处理，包括 2 个曝气单元和 1 个澄清单元，往往第一个曝气单元是预处理，第二个曝气

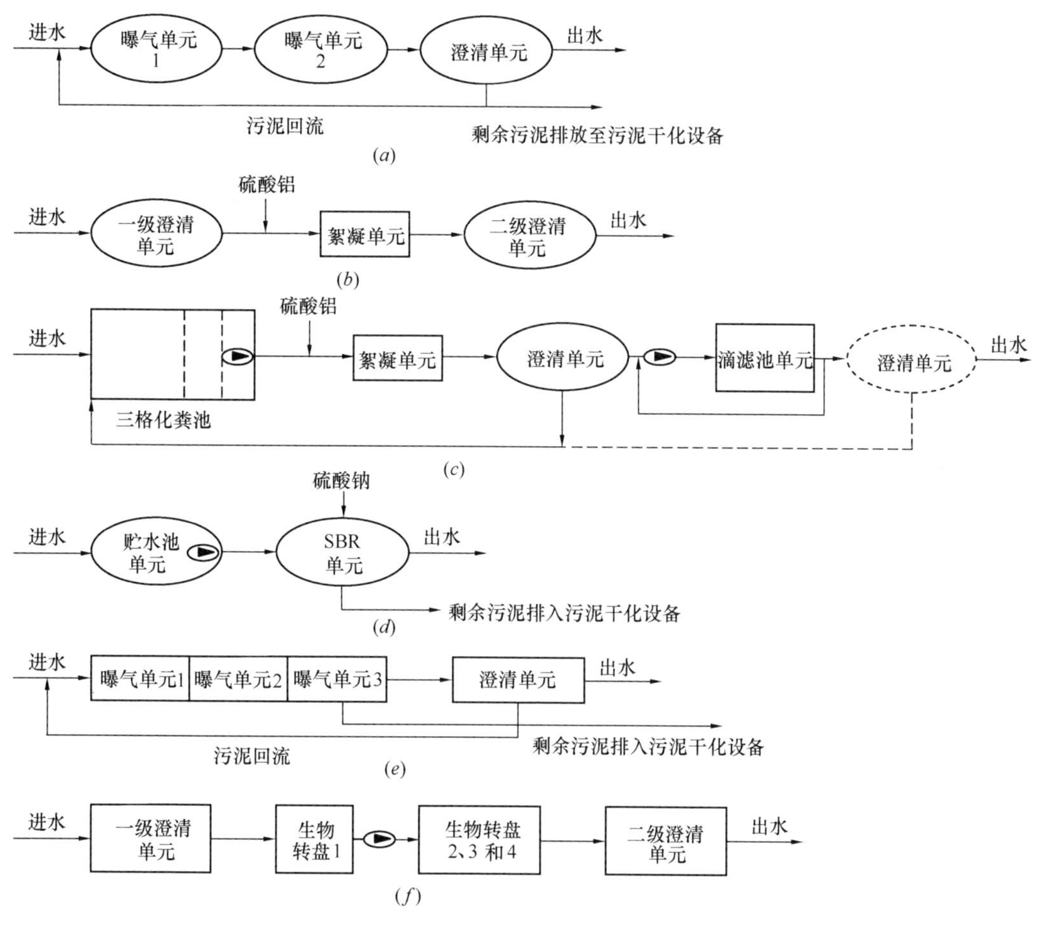

图 4-82 挪威的小型污水处理工艺

单元是通常的生物处理，根据处理目的不同，曝气量也不同；(b) 完全以物化方法进行污水处理，第一级澄清相当于预沉，不投加絮凝剂，之后投加硫酸铝等混凝剂进入絮凝单元，然后在第二级澄清单元进行固液分离，这种方式多用于杂排水处理；(c) 是物化生化组合处理，对化粪池的上清液首先投加硫酸铝等混凝剂进行絮凝和澄清，后续的生物处理是滴滤池，最后的澄清单元有时也可不要；(d) 为单一的 SBR 工艺；(e) 设有 3 个曝气单元，视情况可以设定为不同的溶氧条件，实现生物脱氮；(f) 为多级生物转盘污水处理工艺，最前端和末端设置了澄清单元，完成预沉与二次沉淀。

按照这些处理流程，根据处理规模，可以提供各种一体化设备，也可以提供不同单元设备在现场进行拼装。同时也有建设小型处理构筑物的情况，但采用的工艺都实现了标准化，从而便于分类提供标准化技术服务。

2) 马来西亚的小型污水处理设备

马来西亚这个国家的集中污水处理率比较低，采用分散式污水处理的城镇比较多，因此小型污水处理设备的制作和销售量比较大。某公司生产的玻璃钢壳体小型生活污水处理设备在马来西亚占有的市场份额较大，不同规格的设备较齐全，按照处理规模和处理目

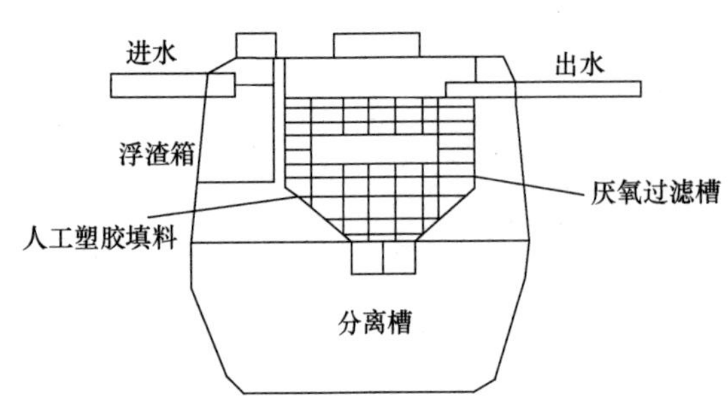

图 4-83　洁滤污水处理装置示意图

的，有“洁滤系统”、“实净系统”和“高净系统”三个系列。

（1）洁滤系统

洁滤系统用于独户污水处理，构造如图 4-83 所示，实质上是一个上向流厌氧过滤净化槽，采用人工塑胶填料作为滤层。进水在浮渣箱内去除浮渣后，进入罐体底部的沉淀分离槽进行一定的沉淀分离，然后自下而上经过厌氧过滤槽，完成厌氧过滤处理，处理水从上部收集。处理规模为 3～9 人口当量，水力停留时间为 24h 以上，处理水可达到马来西亚国家 B 级排水标准：BOD_5≤50mg/L，SS≤100mg/L。

（2）实净系统

实净系统为中型处理设备，处理规模为 11～70 人口当量，采用基本属于二级处理的好氧处理方式（图 4-84），将分离槽（去除浮渣）、好氧曝气槽（活性污泥处理）、沉淀槽和消毒槽均置于罐体内。通常两个罐体为一组，大水量时同时运行，小水量时仅运行一个罐体。处理水质一般优于前述的洁滤系统，可达马来西亚国家 A 级排放标准：BOD_5≤30mg/L，SS≤50mg/L。

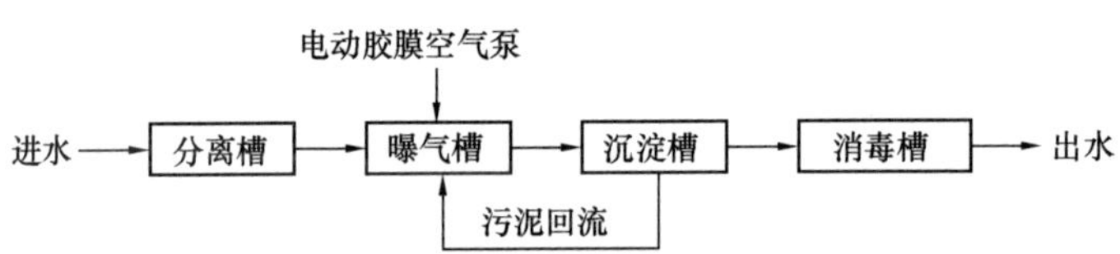

图 4-84　实净污水处理装置的工艺示意图

（3）高净系统

高净系统是马来西亚与日本合作开发的大型罐组，处理规模最大可达 6000 人口当量。按处理水量的不同，罐体由 3 个到多个组成，罐体直径达 2.5m。主体的工艺是厌氧过滤和好氧处理组合（图 4-85），即进水通过两级厌氧过滤后再进入曝气池进行活性污泥法好氧处理，最后经过沉淀和消毒处理后排放，出水水质也可达到马来西亚国家 A 级排放标准。多个处理单元置于同一罐体之内是高净系统的主要特点。罐内也设置了污泥浓缩槽，同时完成污泥处理，因此高净系统实际上是一个较为完整的污水处理系统。

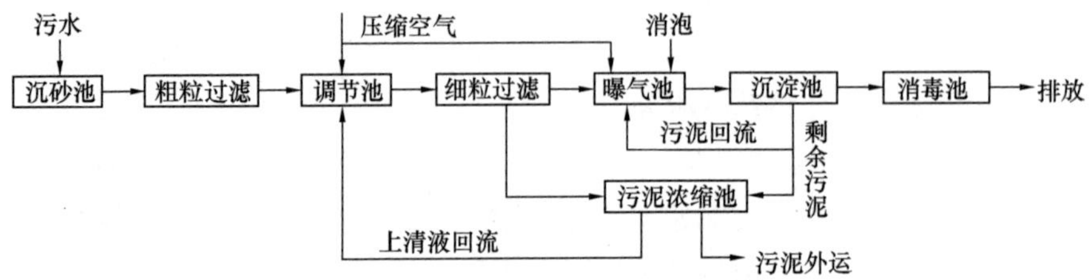

图 4-85　高净污水处理装置示意图

罐体由抗酸、抗碱、耐高温、防腐蚀的玻璃钢纤维增强塑料制成，中、小型罐体人工加工，大型为半机械化加工。池罐可以全埋、半埋或地上式安装，搬运方便、可重复使用，整套污水处理装置保修 5 年，FRP 结构的装置使用寿命可达 30～50 年或更长。池罐一般 1 年或更长时间抽渣 1 次，由市政统一安排车辆抽排外运处置。

3）日本的净化槽体系

作为一个发达国家，日本集中污水处理系统的普及率并不很高，其原因在于，对于偏远的农村、小型村镇，以及城市周边公用下水道尚未完全覆盖的地区，日本并不是采取扩大集中式污水系统收集范围的方式来进行污水治理，而采用称之为净化槽的分散式污水处理装置来进行污水处理，从而形成了日本独有的城市集中式污水处理与净化槽分散式污水处理相结合的污水治理体系。虽然净化槽的文字含义是进行污水净化的水槽，但经过几十年的发展，净化槽已经成为一个技术术语，其本质上是由一系列单元处理工艺所构成的技术组合，通过合理的空间设计形成定型的污水处理装置。根据构造及处理方式的不同，净化槽可以分为单独处理净化槽、合并处理净化槽及高级处理净化槽。

（1）单独处理净化槽。

单独处理净化槽的含义是仅用于处理家庭的粪便污水的处理设施，而洗浴等杂用污水并不进行处理。它主要由沉淀分离室、接触氧化室、沉淀室和消毒室四个功能单元组成，其典型的处理流程如图 4-86 所示。污水净化的主体技术是接触氧化，由于不能同时处理粪便污水以外的家庭排水，2001 年 4 月起，日本政府已明令禁止安装和使用单独处理净化槽。

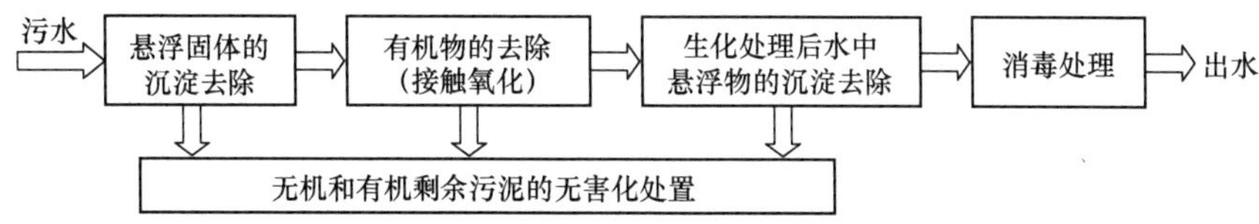

图 4-86 单独处理净化槽典型工艺流程图

（2）合并处理净化槽。

合并处理净化槽是日本净化槽的第二代，用于处理家庭排除的所有生活污水。与单独处理净化槽相比，污水处理的各个环节已比较齐备，一般包括预处理、生物处理、沉淀、消毒、污泥处理等五个单元。合并处理净化槽中应用较广泛的是厌氧滤床—接触氧化工艺（图 4-87）。净化槽在运行过程中，污水首先进入沉淀分离室进行预处理，污水中的悬浮物在沉淀分离室得到有效去除；经预处理后的污水进入厌氧分离室，厌氧分离室内装有不同类型的塑料填料，填料上生长厌氧生物膜，通过水解酸化作用

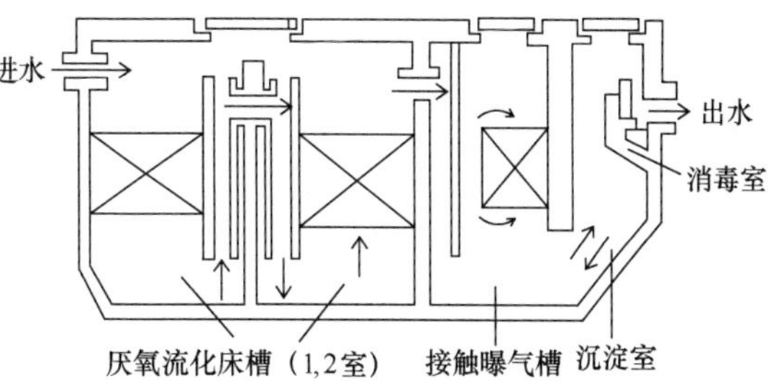

图 4-87 厌氧滤床—接触氧化合并处理净化槽构造示意图

提高污水的可生化性；厌氧分离之后，污水再进入好氧生化处理单元，依靠填料表面附着生物膜的氧化分解、吸附截留和沿水流方向形成的食物链的分级捕食作用，进一步降低污染物浓度；好氧处理之后，污水则进入沉淀槽进行最终沉淀处理，沉淀槽其末端设有消毒盒，装有固体含氯消毒剂，从而完成处理水消毒。一般来说，合并处理净化槽的处理水的有机物、NH_3-N、SS 能够达到日本的排水标准。以上各流程中产生的无机和有机污泥经过浓缩运送至填埋厂填埋或焚烧。

(3) 高级处理净化槽。

高级处理净化槽是日本净化槽的第三代产品，针对合并处理净化槽氮磷去除效果不佳的问题，在合并处理净化槽的基础上进行了以下改进：一是增加曝气后污水的回流装置，从而强化反硝化脱氮功能；二是增加了强化除磷措施，如在处理工艺末端采用自动计量投加化学药剂或者采取电解絮凝设备。目前高级处理净化槽常采用的工艺是循环厌氧滤床—好氧生物过滤工艺（图 4-88），其预处理和厌氧处理方式与合并处理净化槽类似，而在好氧生物流化床中，通过适当曝气，经生物处理、铁电解强化除磷（电解除磷原理是将两块铁板放在水槽中，外加电流，通过化学反应将磷沉淀），再进行沉淀和消毒，处理水最后外排。

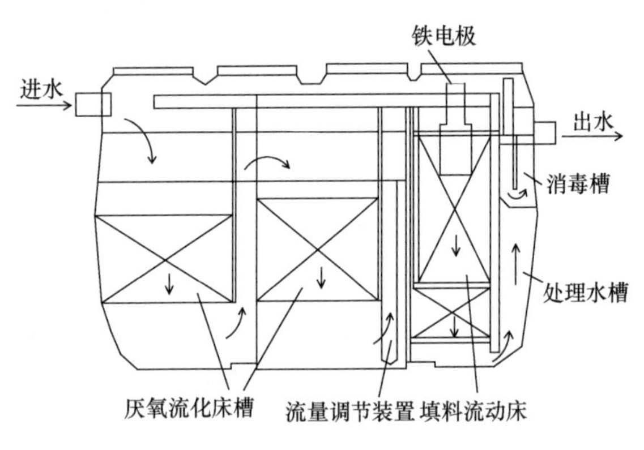

图 4-88　高级处理净化槽构造示意图

日本的净化槽在设计和控制上比较注重适用性和处理稳定性，加之技术标准比较严格，产品比较规范，又具备了专业性的安装、调试、清扫、维护服务机制，因此使用效果良好，出水水质好，抗冲击负荷能力强，自动化程度高，无需专人看守，而且动力消耗少，污水以自流式形式基本不需要外加动力，只是在常规的好氧区内使用了一台小型气泵。同时净化槽安装方便，占地面积少，不受地形限制，容易大规模普及。净化槽根据处理规模的不同，分为处理人口 5～50 人的小型净化槽和处理人口 51 人至几千人的大型净化槽。根据制造方法的不同，净化槽又分为在工厂批量生产、现场安装的 FRP 材质净化槽和现场施工的钢筋水泥结构净化槽。其中小型净化槽通常采用 FRP 材质，钢筋水泥结构多用于处理规模在数百到数千人的净化槽。

我国也积极引进了日本的净化槽技术，用于分散式污水处理，取得了一定的成效。但是净化槽在国内的推广仍存在投入成本和运行费用过高，净化槽国产化过程中无统一规范，产品质量不过关，后期管理维护难等问题。

3. 国内小型污水处理装置

1) 污水净化沼气池

生活污水净化沼气池是一种分散式无动力生活污水处理装置，通常冬季地下水温能保持在 5℃以上的地区，或在池上建日光温室升温能够达到这个温度的地区，都可以采用沼气净化工程来对生活污水进行处理。污水净化沼气池由预处理区、前处理区（厌氧处理单元）和后处理区（兼性过滤单元）构成，如图 4-89 所示。

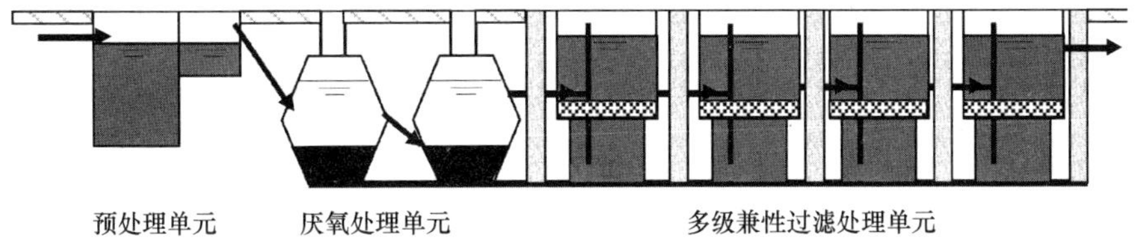

图 4-89 生活污水净化沼气池装置示意图

预处理单元中完成一级处理，功能是去除污水中的悬浮物和浮渣，主要包括格栅、沉砂池等。厌氧处理单元由称之为前处理单元，其功能是利用污水中的有机物进行厌氧发酵。如果污水量较多，可以在前处理区内挂上填料作为微生物的载体，发挥厌氧接触发酵的优势。前处理区的有效池容占总有效池容的 50%～70%，池子的几何形状可根据地理位置设计修建，池内有隔墙，以延长污水的滞留时间，池子的底部深浅不同，这样可以便于污泥、沉降的有机物与病原微生物的积累和充分降解。同时，在前处理区的出水口还设置着过滤器，可以进一步过滤污水中的悬浮物。多级兼性过滤处理单元又称之为后处理单元，应用升流式过滤器，通过多级过滤与好氧降解，使污水获得进一步处理，达到污水排放标准。

污水净化沼气池需要在现场建设。在建池前，通常要根据工程现场地面和地形情况选用不同的池型结构。例如有些地方将前处理池设计为与家用水压式沼气池相似的圆形池，后处理池仍采用方形或长方形池，实践证明，这样可以方便施工和有效地收集沼气。污水净化沼气池适用于暂时无力修建污水处理厂的小城镇和农村，也适用于未能纳入小城镇污水管网中去的零散居民区生活污水、养殖污废水、农产品加工污废水。经过厌氧消化处理后产生的沼渣可以作为农用肥料，产生的沼气可以用于发电和作为厨房燃料。

2）WSZ 型一体化污水处理设备

WSZ 型一体化污水处理设备是一种地埋式生活污水处理装置，属于有动力消耗的小型污水处理设备，在国内应用比较广泛。其主体工艺为生物接触氧化法，在好氧条件下利用好氧微生物将污水中的有机物分解，从而达到污水净化的目的。工艺流程如图 4-90 所示，污水进入化粪池后，将大分子有机物降解成小分子有机物，而后在调节池对污水水质、水量进行调节，污水经过提升后进入装填有立体弹性填料的生物接触氧化池，进行好氧处理，最后污水经沉淀、过滤和消毒后达标排放。在寒冷地区可将设备埋于冻土层以下，以保证装置的处理效果。由于好氧处理较充分，故本装置对有机物和氨氮具有良好的

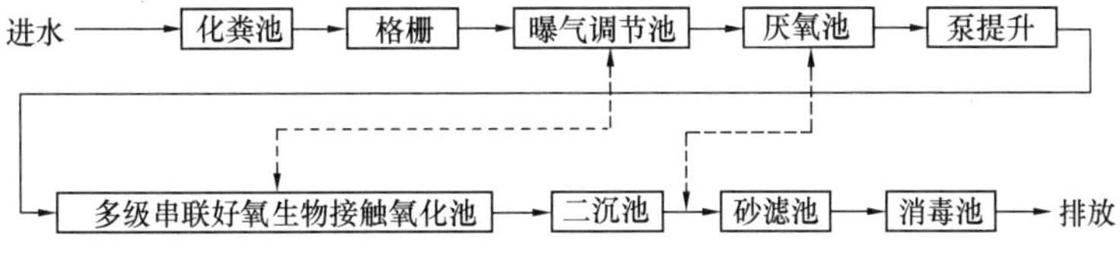

图 4-90 WSZ 型污水处理装置工艺流程图

处理效果。

WSZ 型地埋式生活污水处理装置的污泥产量少，无需污泥处理设备；有机污染物去除率高，出水水质稳定，抗冲击负荷能力强；埋于地下，占地少，也可设于地上；运行费用低，处理成本低，安装简易，维护管理方便。

3）一体式脱氮除磷污水处理装置

近年来，随着污水排放标准的提高，各种传统的脱氮除磷工艺，被广泛应用于小型污水处理装置中，比如 A/O、A^2/O、SBR 氧化沟、MBBR 及其相应的改进技术。其中典型的技术有 CL 型埋地式不耗电生活污水处理装置、A^3/O 法无能耗污水净化系统、地埋式 A^2/O^2 无动力生活污水处理工艺、地埋式生物膜法微动力 A^2/O 工艺等。

以 CL 型生活污水处理装置为例，如图 4-91 所示，从处理过程上看，它类似于 A/O 或 A/A/O 工艺，但从装置的构筑材料和形式来看它类似于化粪池，但增添了兼氧生物滤池和氧化渠作为处理功能的补充与强化。在充氧方法上，它充分利用了拔风管的拔风作用和薄膜水流的复氧作用来保证生物滤池中的兼氧环境和氧化渠中的好氧环境。由于没有机械动力设备和自动控制系统，这种处理装置的投资较省，运行费用很低（仅需简单的维护管理）。

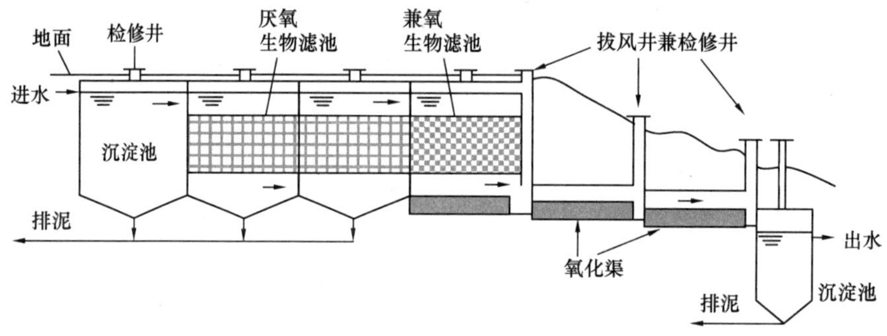

图 4-91　CL 型污水处理装置示意图

CL 型污水处理装置在国内应用比较广泛，从实践情况看其在处理效果等方面远比传统的化粪池先进，被证明是一种新颖且有效的小型生活污水处理技术。在装置中，预处理作用对保证整个装置的运行起到至关重要的作用。预处理设施一般有格栅和沉淀池，经过预处理后的生活污水进入厌氧生物滤池，开始进行厌氧生物处理，提高污水的可生化性。出水进入兼氧生物滤池，在拔风系统的作用下，生物滤池能保证兼氧环境（设计溶解氧含量为 0.3～0.5mg/L），滤池内良好的导流系统使得水流稳定，促进了生物膜的动态生长而不被冲落，系统的污泥产量低，同时由于溶解氧的存在可有效地阻抑生物滤池中的产甲烷、产硫化氢细菌的繁殖，使得系统排出的气体中甲烷、硫化氢等有害气体的含量相对较少，从而提高了系统运行的安全性，降低了对环境的二次污染。兼氧生物滤池出水经后续氧化渠进一步处理，拔风系统使得氧化渠内空气流通，同时由于氧化渠内的污水在渠底的卵石表面呈薄膜状流过、并直接与空气接触，较好地保证了充氧效果（氧化渠中的溶解氧含量为 1.5～2.8mg/L），典型处理装置中的氧化渠设计水力停留时间为 20min 以上。

CL 型生活污水处理装置的处理流程较长，厌氧消化和兼氧生物滤池的总停留时间超过 24h，因而处理效果容易得到保障。

为便于比较，表 4-39 列出了上述三类小型污水处理装置的主要特征。

国内典型小型污水处理装置的特征比较 **表 4-39**

	沼气处理池	WSZ 一体化设备	CL 型一体化设备
主要技术	重力沉降、厌氧、兼氧过滤	重力沉降、厌氧、接触氧化、消毒	重力沉降、厌氧及兼氧过滤、氧化渠
处理效果	不能达标	二级处理能达标	二级处理能达标
投资	650～700 元/（m^3·d）	1200～2000 元/（m^3·d）	600～650 元/（m^3·d）
运行费用	0.07 元/m^3	0.22～0.25 元/m^3	极低
占地	0.3m^2/（m^3·d）（可埋地）	0.2 m^2/（m^3·d）（可埋地）	0.8～1.8m^2/（m^3·d）
维护管理	较方便，存在安全问题	较复杂	简单，需定期清掏
适用场合	乡村、小城镇、居中人口密度较小地区的粪便污水处理	经济技术较好的居住区，物业管理能力较强的住宅小区；污水性质类似于生活污水的小型企业	经济技术基础较差、排水管网尚不完善的公共建筑、小区等的生活污水处理

4.3 雨水收集与利用技术

近来城镇洪涝灾害及雨水径流加剧受纳水体的污染等问题频发，如何有效地利用城市雨水资源、降低雨洪对城镇安全及水环境的危害，引起了国内外的广泛关注，雨水收集与利用已成为国际上普遍重视的课题。

国外城市雨水利用较早，且已形成一定的规模，雨水利用技术发展比较快的有日本、德国、美国、英国、以色列、澳大利亚和瑞典等国家。德国是欧洲开展雨水利用工程最好的国家之一，德国部分地区利用雨水可节约饮用水量的 50%，目前德国在新建小区均要设计雨水利用设施，否则政府将征收雨洪排放设施费和雨水排放费。20 世纪 60 年代，日本开始收集利用路面雨水，70 年代修筑集流面收集雨水，80 年代开展了对城市雨水利用与管理的研究，提出“雨水抑制型下水道”并纳入国家下水道推进计划，制定了相应的政策，进行了大量的工程实施。英国典型的雨水利用工程为世纪穹顶，该项目以穹顶收集的雨水作为建筑内的厕所冲洗用水，利用自然的方式有效地预处理了雨水，同时很好地融入到穹顶的景观中。以色列由于干旱雨水资源的利用率高达 98%。此外，澳大利亚、美国、加拿大、阿富汗等国家的雨水利用也卓有成效。

我国对雨水资源的利用历史悠久，大多应用于缺水地区的农业和乡村，比如甘肃省实施的“121 雨水集流工程”、内蒙古实施的“集雨水灌溉工程”、宁夏实施的“小水窖工程”、陕西实施的“甘露工程”等。总体而言，我国的城市雨水资源化及其应用还处于起步阶段，大多数城市的雨水利用处于研究与示范阶段，个别城市进入工程实施和推广阶段。例如北京市在国内较早开展了雨水利用，2000 年北京正式启动“城市雨洪控制与利用”工程，城市雨水利用已进入实质性的实施推广阶段。2001 年水利部颁布了《雨水集蓄利用工程技术规范》，标志着这项技术的初步成熟。中德合作研究项目“北京市水资源可持续利用——城区雨洪控制及利用”已开始实施，并建立了许多雨水利用的示范基地。甘肃省西海固地区、山东省长岛、西沙南沙群岛等地的雨水收集利用工程也获得良好的效益和产业化。本节主要介绍目前国内外常用的雨水收集、处理、储存与利用技术，特别是适合于小城镇地区推广应用的技术。

4.3.1　雨水收集技术

雨水的收集技术是指将来自屋面、道路、绿地等的降雨径流，通过一定的工程技术措施加以引导、传输和收集，便于后续的处理与处置。依据雨水来源的不同，目前城镇雨水常用的收集技术可分为三种：屋面雨水收集技术，路面雨水收集技术，绿地雨水收集技术。其中屋面雨水水质相对较好，以收集回用为主要目的；道路雨水中污染物种类多、浓度相对较高，因此对初期雨水主要以截流为主，后期雨水以收集、处理、回用为主；绿地雨水，经过生态处理后，水质较好，以储存回用为主要目的。

1. 屋面雨水收集技术

屋面雨水收集方式按雨水管道位置的不同，可分为屋面外雨水收集系统和屋面内雨水收集系统，雨水管道的位置通常由建筑设计确定。屋面外雨水收集系统一般由檐沟、收集管、水落管、连接管等组成。屋面内收集系统由雨水斗、连接管、悬吊管、立管、横管等组成。在屋面雨水收集系统沿途中还可设置一些拦截树叶等大的污染物的截污装置或初期雨水的弃流装置。在一般情况下，大多采用屋外收集方式或两种收集方式组合应用。

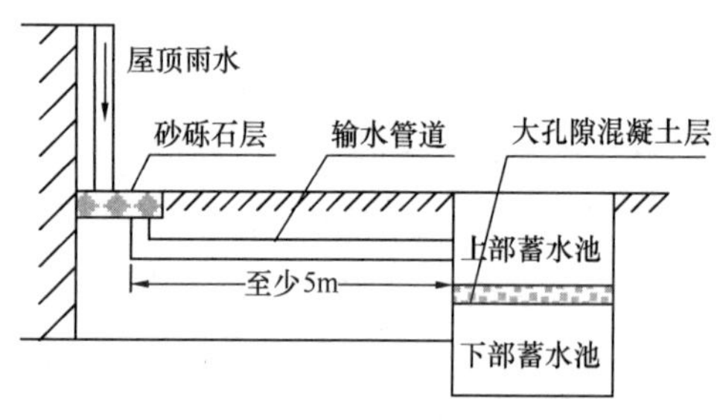

图 4-92　典型屋面雨水收集技术示意图

屋面雨水收集系统主要适用于较为独立的住宅或公共建筑，工程投资占整个建筑的投资比例很小，通过屋面收集的雨水污染程度轻，无需处理或简单处理，即可直接回用，而且雨水不进入排水收集系统，减轻了城镇防洪排水和污水处理系统的负荷。

图 4-92 为典型的屋面雨水收集技术示意图，雨水经屋顶汇集，通过落水管流入砂砾石层，过滤后沿输水管道进入蓄水池，蓄水池可分为上下两层，上部蓄水池直接接纳输水管道的雨水，再由分隔层——大孔隙混凝土层再次过滤后流入下部蓄水池，储存的雨水经过沉淀或简易处理后回用。

2. 路面雨水收集技术

由于受地面污染物的影响，路面雨水水质一般明显比屋面雨水水质差，对于初期雨水必须采用截污措施或弃流装置，采取的截污技术有：截污挂篮、初期雨水弃流装置、雨水沉淀井与浮闸隔离井、植被浅沟等技术。弃去初期雨水后的路面雨水，可以通过常见的收集系统，例如雨水管、雨水暗渠、雨水明渠等方式进行收集。

目前雨水管设计施工经验成熟，但接入雨水利用系统时，由于雨水管埋深影响到管道的铺设和工程造价，因此雨水管收集系统在小城镇地区的应用受到限制；雨水暗渠或明渠埋深较浅，有利于提高系统的高程和降低造价，便于清理和与外管系的衔接，但容易受地面坡度等条件的限制。利用道路两侧的低势绿地或有植被的自然排水浅沟，是一种很有效的路面雨水收集方式，典型的道路雨水低绿地和浅沟收集系统如图 4-93 所示。通过一定的坡度和断面自然排水，表层植被能拦截部分颗粒物，小雨或初期雨水会部分自然下渗，使收集的径流雨水水质沿途得到改善，但是受到美观、场地等条件的制约，可收集的雨水水量也会相应地减少。

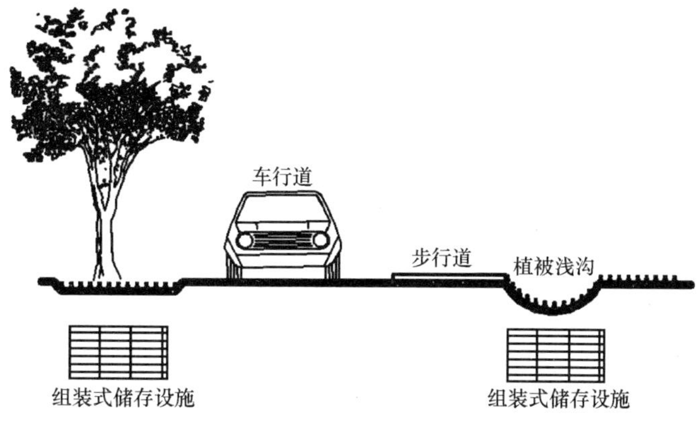

图 4-93　道路雨水低绿地和浅沟收集系统示意图

3. 绿地雨水收集技术

绿地是一种天然的雨水收集渗透设施，具有节省投资、便于雨水引入就地消纳等优点，同时对雨水中的污染物具有一定的截留和净化作用，如需要回用，一般采用浅沟、雨水管渠等方式进行收集。在绿地、花坛等地收集雨水，一般采用下凹式绿地，即在建造绿地时，应考虑好绿地周边高程、绿地高程和雨水口高程的关系，使周边高程高于绿地高程(5～10cm)，绿地建议设计坡度大于等于 2%，雨水口设在绿地上，雨水口高程略高于绿地高程而低于周边高程。这样降雨后雨水径流先进入绿地，经绿地下渗、补充消耗的土壤水分后，多余的雨水可经雨水口收集储存，如图 4-94 所示。

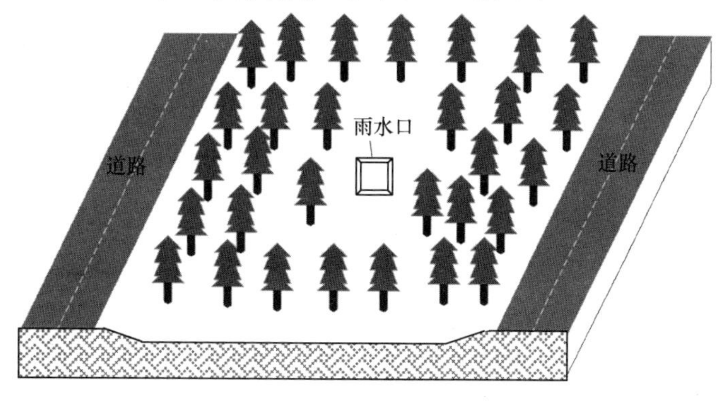

图 4-94　下凹式绿地集蓄系统示意图

4.3.2　雨水处理技术

雨水处理的方式多种多样，适宜不同的气候、地质、水资源条件、雨水水质、建筑类型等。一般根据处理方式的不同，雨水处理技术可分为：物化法雨水处理技术、雨水渗透处理技术、生态法处理技术等。

1. 物化法雨水处理技术

物化法处理技术适合小规模雨水收集处理，如家庭、公共场所和企事业单位等。常用的物化法雨水处理技术有雨水过滤处理和雨水一体化处理。

1）雨水过滤处理技术

雨水过滤处理主要用于去除雨水中的可沉淀物质和悬浮物，同时利用滤料上生长微生物的生物降解和吸附作用，使雨水中的部分污染物得到去除。由于雨水在过滤设备中的滞留效果，雨水对水体的水力冲击负荷也被降低。常见的几种简单又实用的雨水过滤处理方法包括：带多孔混凝土滤板的滤池和粗滤池、CDS（Continuous Deflection Separation）单元结构等。

（1）带多孔混凝土滤板的滤池和粗滤池。

带多孔混凝土滤板的滤池和粗滤池只适合对水质较好的雨水进行处理，如初期弃流以后的屋面雨水，处理后回用的要求也不宜过高。当 SS 高到一定程度以后，多孔混凝土滤板和粗滤池容易堵塞，会带来维护和更换的问题。

其中，粗滤池一般为矩形池，池子结构可由砖或石料砌筑，内部以水泥砂浆抹面，也可为钢砼结构。粗滤池顶部设置盖板。池内填粗滤料，自上而下粒径由小至大，可选石英粗沙和砾石，自上而下粒径依次为 2～4mm、4～8mm、8～24mm，每层厚 150mm，上部进水，底部出水。出水管管口处装有筛网。在发现出水混浊或出水管不畅时，应清洗滤料。

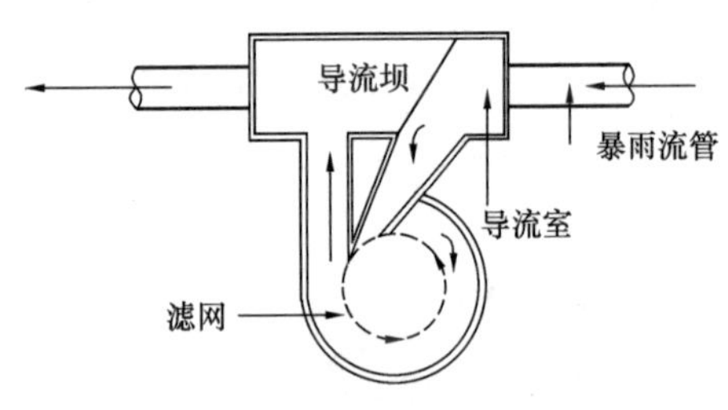

图 4-95　CDS 雨水净化设备

（2）CDS 雨水净化设备。

CDS 雨水净化设备是利用 CDS 单元结构（图 4-95）进行雨水处理的一种设备，利用旋流筛网的原理，来截留固体废物，即让流体从侧面掠过滤网，截留水中的颗粒。其优点是：不仅能去除大于滤网孔径的颗粒，而且可以截留比滤网孔径小很多的颗粒；由于流体对滤网的冲刷作用，滤网不易堵塞；无需动力，占地小，处理效率高。在调试和运营过程中，应特别注意块状不溶解物质造成的堵塞和设备本身的清理维护。

2）雨水一体化处理技术

对于水质较好的雨水（如屋面雨水），根据雨水和出水水质的不同，可以采用直接沉淀处理，或者与混凝、过滤、消毒等处理单元结合使用。根据屋面雨水径流自然沉淀和混凝沉淀试验结果，当自然沉淀时间超过 90min 时，COD 去除率达到 30％以上。混凝沉淀对 COD 及 SS 的去除率高于自然沉淀，但混凝沉淀工艺增加了投药设备，成本较高，如果有足够的停留时间，自然沉淀是一种简单而有效的处理方法。一般情况下，屋面雨水可采用投加混凝剂、直接过滤处理、再经过消毒后便可以达到良好的处理水质，常用工艺流程如图 4-96 所示。

2. 雨水渗透处理技术

雨水的渗透处理是指雨水在土壤或人工渗透设施中进行渗透时，通过物理、化学和生物作用，使得雨水中所含的污染物质被土壤或滤料截留、储存及降解，从而净化雨水，处理水可补充地下水、排放到地表水体或回用。

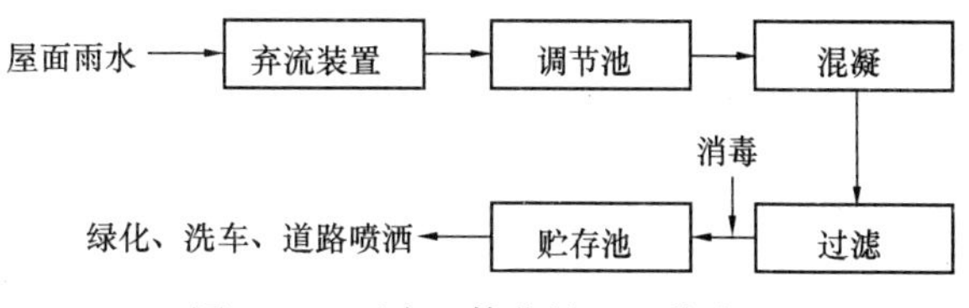

图 4-96 雨水一体化处理工艺流程

适合小城镇的渗透处理技术主要是分散式渗透处理技术，包括渗透地面、绿色屋顶、渗透管沟、渗透井、渗透池（塘）等。在特定情况下，可将以上各种渗透处理方式综合使用，取长补短，以提高其处理效果。

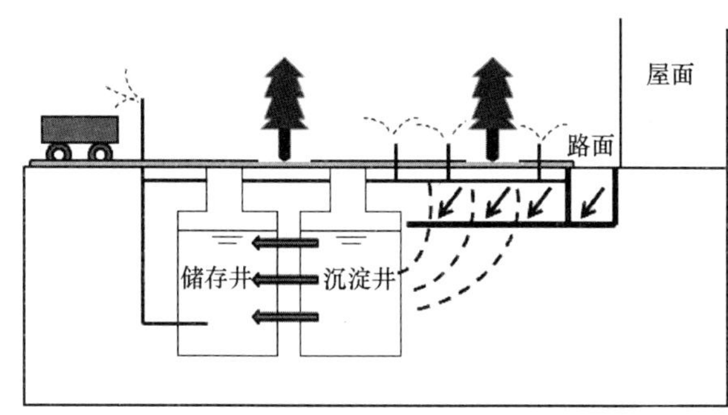

图 4-97 雨水渗透处理与利用系统图

图 4-97 是利用绿地渗透处理雨水的一种工艺方式，在降雨过程中，屋面雨水径流和路面雨水径流通过一级处理设施（格栅）后进入沉淀/储存井，井内安装水泵，通过水泵喷灌系统将雨水喷洒在绿地上，在沉淀/储存井、绿地、土壤包气带水之间形成封闭循环体系，达到雨水处理与利用的目的。

3. 生态法处理技术

雨水径流经过管渠等收集后，进入天然的或人工的湿地、绿地、池塘、湖泊等，利用水体、土壤、植物和微生物等对污染物的降解能力，达到雨水的净化效果。由于雨水的季节性变化大、可生化性变化也大，传统的生物处理技术并不适合于雨水处理，目前常用的雨水生态处理技术包括具有复合生态系统的生态塘处理技术、植物和微生物发挥主要作用的湿地处理技术和土地处理技术等，如图 4-98 所示。

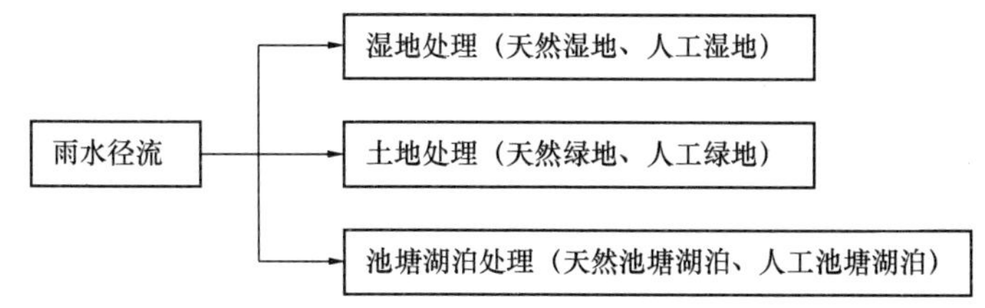

图 4-98 雨水生态处理技术

人工湿地是利用自然生态系统中物理、化学和生物的三重共同作用来实现对雨污水的净化，能很好地与景观设计相结合。这种湿地系统是在一定长宽比及底面有坡度的洼地中，由土壤和填料（如卵石等）混合组成填料床，受污染水可以在床体的填料缝隙中曲折地流动，或在床体表面流动。在床体的表面种植具有处理性能好、成活率高的水生植物（如芦苇等），形成一个独特的动植物生态环境，对污染水进行处理。例如：某城镇室外雨水利用工程，其流程如图4-99所示，该系统正常维护下，处理效果明显，出水水质能达到景观用水要求。

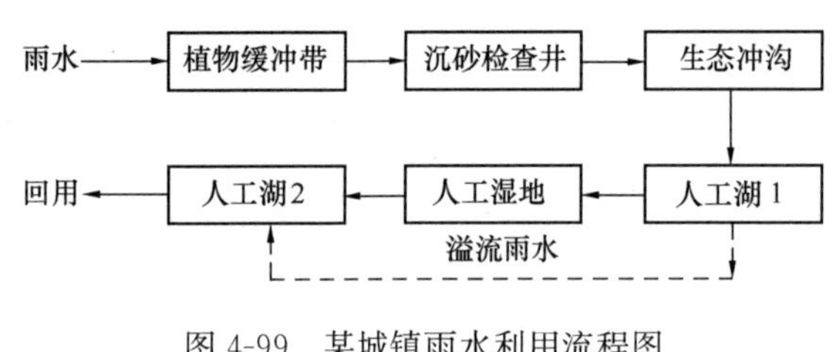

图4-99　某城镇雨水利用流程图

另外，雨水花园是近来广泛应用的一种雨水生态处理技术。它主要通过土壤和植物的过滤作用净化雨水，同时通过将雨水暂时滞留而后慢慢渗入土壤来减少径流量，也被称作生物滞留区域。雨水花园具有建造费用低，运行管理简单，自然美观，易与景观结合等优点。雨水花园的构造主要由五部分组成（图4-100），分别为树皮覆盖层、种植土层、人工填料层、砂层和砾石层，根据雨水花园与周边建筑物的距离和环境条件可以采用防渗或不防渗两种做法，当有回用要求或要排入水体时还可以在砾石层中埋置集水穿孔管。

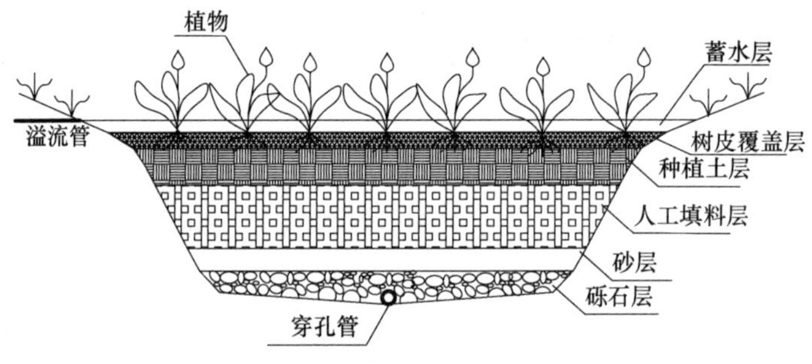

图4-100　雨水花园构造示意图

4.3.3　雨水储存与利用技术

由于城市雨水在降落过程中，携带了一定浓度的溶解性气体、悬浮物及溶解性固体等，并且在形成径流过程中受到屋面材料、道路路面及粉尘等因素的影响，致使水质变差。因此，雨水在被利用之前，必须经过适当的处理，达到一定的水质标准后才可利用。雨水回用一般用做冲厕、洗车、空调冷却、灌溉和景观补水等方面。目前，国家还没有制定出统一的雨水利用水质标准，一般都是参照再生水回用的相关标准。总体来说，冲厕、洗车、灌溉等市政与生活杂用应符合城市杂用水水质标准。回用于景观用水水质应符合景观环境用水水质标准。回用于食用作物、蔬菜的浇灌时，水质应符合农田灌溉水质标准要求。雨水用于空调系统冷却水、采暖系统补水等其他用途时，其水质应达到空调用水及冷却水水质标准。

城镇雨水利用是一种新型的多目标综合性技术，其技术应用有着广泛而深远的意义。通过合理的规划和设计，采取工程措施将汛期雨水蓄积起来并作为一种可用水源，可实现节水、水资源涵养与保护、控制城市水土流失和水涝、减轻城市排水和处理系统的负荷、减少水污染和改善城市生态环境等目标。

目前国外雨水利用的现状见表 4-40 所列，国外城市雨水利用的经验主要体现在以下几个方面：从利用途径和手段来看，主要通过工程措施在屋面、广场、小区等不透水面相对集中区域建立雨水收集系统，收集的雨水通过雨水入渗系统下渗，或者处理后储存；从利用目的与用途来看，主要用于补充地下水、居民非饮用生活用水、城市绿地浇灌及景观用水、控制城市面源污染和减轻城市洪涝灾害；从技术与政策支持来看，通过制定一系列相关法律法规、技术规范，强制性地对城市雨水利用提出明确要求；同时，政府、部分非政府组织和民间企业对雨水利用给予技术和经济上的支持。

国外雨水利用情况 **表 4-40**

	途径与手段	目的与用途	技术与政策支持
日本	利用地下空间兴建蓄洪池；修建雨水渗沟，渗池及透水地面	城市生态环境用水，冲厕，蓄洪，回灌地下水	1980 年开始雨水贮留渗透计划；1988 年成立"水贮留渗透技术协会"；1992 年颁布"第二代城市下水总体计划"，将雨水下渗系统纳入城市总体规划，并实行补助金制度
美国	通过市政工程与个体建筑，修建由蓄水池、入渗池、回灌井、透水路面组成的地下水回灌系统	提高天然入渗能力，补充地下水，减缓水资源压力，减轻水土流失和洪涝灾害	分州制定了《雨水利用条例》，规定新开发区的暴雨水洪峰流量不能超过开发前的水平，必须强制实行"就地滞洪蓄水"，并通过相应的立法和经济手段支持
英国	在建筑物内修建水循环设施，结合景观处理雨水	通过不同规模的水循环充分利用雨水，用于冲厕与景观用水	为供水企业雨水利用提供技术与政策支持
德国	屋顶雨水集蓄系统，道路雨水收集系统，生态小区雨水入渗系统	补充地下水，调控雨虹，减少下水道投资，冲厕和浇洒庭院，部分地区补充饮用水	制定了雨水利用法规及技术规范，如《雨水利用设施》《雨水入渗系统的设计》等，成立了雨水利用组织机构，民间也有雨水利用的环保组织
丹麦	建立屋顶雨水收集系统，并将收集的雨水过滤后存储	减缓地下水采集；冲厕和洗衣服，雨水占居民用水总量的 22%	雨水利用系统由专业公司安装，必须符合环境部办法的相关法律法规，规定所有部件符合相关标准
比利时	建立屋顶雨水收集系统，蓄水池溢流空连接到渗透设施或地表水体和雨水管道系统	补充非生活用水；增强下渗，补充地下水和地表水	地方当局根据具体情况给予政策支持及资金补助

续表

	途径与手段	目的与用途	技术与政策支持
印度	通过设置雨水采集箱、雨水过滤箱等设施，把雨水导入地下水井，建立水资源利用系统	居民饮用水，补充地下水，城市绿地的浇灌	地方政府通过政府投资，居民自己筹资以及民间捐资等手段修建雨水收集设施，一些大型的雨水收集装置派专人管理，统一分配用水。
新加坡	几乎每栋建筑都有雨水收集池，雨水经管道输送到各个水库储存或水厂	尽可能收集雨水，成为全球失水量最低的国家	出台严格、详细的雨水利用规定，主要分为工业布局和用地规划，检测水质及控制污染

我国城市雨水利用研究和推广应用起步晚，部分城市发展较快，但总体来说仍处于起步阶段。雨水的储存与利用方式主要包括以下三种：雨水储存直接利用，雨水下渗间接利用，雨水综合利用。

1. 雨水储存直接利用

雨水储存是雨水集蓄利用系统的中间环节，是指将集流面汇集的雨水通过导流渠（管）引入蓄水设施储存，在需水时从蓄水设施取水的过程。主要针对雨水水质较好的情况，比如屋面雨水，将雨水汇集到雨水蓄水池、水窖、水箱及水桶等设施内，经过简单处理后，直接用于小区、庭院的绿地浇灌、路面喷洒、景观补水等，可有效节约水资源。收集时，建筑物屋面雨水主要由水落管收集、路面和绿地雨水用雨水口收集，收集后的雨水在进入后续处理系统之前，需要设置与污水一级处理一样的前期拦截大块污染物的格栅或沉砂池，并设溢流管道或弃流装置，以排除少量初期污染严重的雨水和避免暴雨期间的雨水漫流。由于我国大多数地区降雨量全年分布不均，因此一般需要与其他水源一起互为备用。

2. 雨水下渗间接利用

雨水渗透技术是一种投资少、见效快、能发挥综合效益的雨水资源化利用技术。将雨水处理后下渗或回灌地下以补充地下水是城市雨水利用的间接过程。在降雨量少且不均匀的一些地区，如果雨水直接利用的经济效益不高，可以考虑选择雨水间接利用方案。一些国家的雨水设计体系已经把雨水渗透列入雨水系统设计的考虑因素。例如，20 世纪 90 年代以来，各种雨水入渗设施在日本也得到迅速发展，包括渗井、渗沟、渗池、渗水路面等，这些设施占地面积小，可因地制宜地修建在楼前屋后。雨水下渗在国内也逐渐引起了广泛重视，如北京市政府 2000（66）号令《北京市节约用水若干规定》中规定："绿地、道路应当建设低草坪、渗水地面，使用透水性能好的材料。城镇地区的机关、企业、事业单位院内应当建设雨水收集利用的设施。鼓励单位和居民庭院建设雨水利用设施和渗水井。"

3. 雨水综合利用

雨水综合利用是指，利用城镇的各种人工与自然水体、沼泽、湿地等，调蓄、净化和利用径流雨水，达到减少水涝、改善水循环系统和城市生态环境的多重目的。我国北方干旱半干旱地区使用较多的蓄水设施有水窖、塘坝、涝池等，南方地区使用较多的蓄水设施包括池塘、水库、湖泊等。这些雨水调蓄设施如果使用得当，能够有效地截留汛期雨水，降低洪涝灾害，同时雨水在调蓄设施内通过物化、生化等作用，污染物通过沉淀、过滤、吸附、吸收和生物降解等途径得以消减，水质得以提高，起到了改善水环境的目的。另外，调蓄的雨水，还可以用于农业灌溉、景观回用和城镇杂用等目的。

4.4 水体生态修复技术

为了避免水体污染的加剧，关键是要从源头上控制污水的排放，城镇污水及工业废水等一定要经过有效的处理达到相关的排放标准。而对于已经受污染的水体，除了进行污染物源头控制外，有必要采取有效的水体修复技术，恢复水体固有的自净能力，改善水质。水体修复技术通常都是人工强化干预的方法，包括物理方法、化学方法和生态方法，而生态修复方法效果最好。

污染水体的物理修复方法较为简便、易操作，但是常用到一些设备，其过程包括人工曝气、跌水、稀释、流水冲污、过滤和河道疏浚等措施。物理方法往往不能从根本上改善水质，效果维持时间短暂。化学修复方法需要使用化学药剂，主要依靠投加化学药剂和吸附剂，改变水体的酸碱度、氧化还原电位等，水体中的污染物通过吸附、沉降等过程而降低。化学方法具有速度快，效果明显等特点，但是成本高、容易造成二次污染和残留，对于大型水体操作困难。一些不适当的物理、化学方法还会加剧对原本脆弱的生态系统的破坏。河湖水污染实质上是水体生态系统退化问题。因此，必须以水体生态恢复的理念、思路和方法来探索切实有效的水体污染治理的新途径。生态修复技术是通过强化自然界生物间的相互作用关系，从而调节水生生物种群结构，增强水体的自净能力，修复被污染的水体。大量的实验与例证可证明生态修复的效果明显优于物理、化学方法。生态修复技术也因其具有投资、维护和运行费用低，无二次污染、管理简便，处理水量大，处理效果好，以及可收获经济植物等优点而被广泛使用。小城镇的水环境治理和修复可充分利用小城镇原本良好的生态环境，节省成本，美化环境，并达到改善水环境的目的。

目前，水体生态修复技术主要包括人工湿地修复、水生植物修复、水生动物修复、生物膜法修复、生态浮床等工程技术。

4.4.1 水体生态修复原理

生态修复技术是20世纪80年代发展起来的一项环境友好、低投资、高效益的水环境污染治理技术，是按照生态工学原理，利用特定的水生生物（植物、动物或微生物）吸收、转化、清除或降解水环境中的污染物，使水体生态系统受损伤的生物群体及结构得以修复和强化，或者重建健康的水生生态系统，实现水体生态系统整体协调、自我维持和自我演替，从而达到水环境净化、生态效应恢复。水体生态修复技术可以自然、原位地进行，其工程投资仅为化学法、物理法修复的 30%～50%。由于生态修复技术尊重河湖系统的自然规律，注重对自然生态、自然环境的恢复和保护，所以具有安全性、经济性、实用性、系统性等诸多优点，现已成为水环境污染治理与修复的重要技术手段。

4.4.2　人工湿地生态修复

1. 人工湿地生态修复技术原理

20 世纪 70～80 年代，人工湿地在我国开始应用并逐渐发展成用于污染物净化和生态修复的新技术。人工湿地生态修复是指在水体的岸边或者附近人工修建湿地，依靠湿地系统中的透水性基质、水生动植物以及微生物，通过过滤、沉淀、吸附、离子交换、微生物降解和植物的吸收作用来实现对水体的净化和修复。

人工湿地系统运用于水体修复时，其布置形式主要有两种：体外处理与体内处理。体外处理是指在河流周边建立人工湿地，通过地形或者利用水泵将污水引入人工湿地，处理后排入河流中。体内处理是指在河漫滩上构筑人工湿地系统，用水泵将污染河水抽到人工湿地中加以处理并排入河流中。

人工湿地生态修复系统常见类型与人工湿地污水处理系统相同（见本书 4.2.4 节），包括表面流人工湿地，潜流人工湿地和垂直流人工湿地三种基本类型，主要的结构单元为：地表水、透水性基质层、湿生植物以及微生物。污染的地表水与生活污水、工业废水等不同，表现为有机物浓度低、氮磷等营养盐浓度相对较高且悬浮物含量高。透水性基质层主要是由土壤、砾石、沙、煤渣等按一定比例配置的填料层。填料的组成是影响人工湿地生态修复效果的重要因素。湿生植物一般选择去污性能好，成活率高，生长周期长的植物。一般在人工湿地成熟以后，填料和植物根系等表面会吸附大量微生物，在净化污染物方面起到了主要作用。

2. 人工湿地生态修复技术特征

人工湿地生态修复技术具有缓冲容量大，工艺简单，经济高效，运行维修简便等特点，还具有一定的生态效益和经济效益。然而，人工湿地冬季处理除氮效果明显下降是该技术不容忽视的局限性，湿地基质也会因湿地的长期运行而饱和，影响对磷的吸附去除。不同类型的人工湿地具有不同的特点。

表面流人工湿地是各类型湿地中最接近自然湿地的一种。绝大部分有机物的去除是由长在植物水下茎、杆上的生物膜来完成，因而不能充分利用填料及丰富的植物根系。与潜流人工湿地相比，其优点是投资省，不易淤堵，操作简单，富氧能力较好，有利于去除耗氧的氨氮和有机污染物，缺点是污染负荷低，并且夏季会滋生蚊蝇，散发臭味，北方地区冬季表面会结冰。

在潜流人工湿地中，污水流动于湿地床内部，这样不仅可以充分利用丰富的植物根系、填料表面的生物膜，还可以通过表层土和填料截留的作用来提高人工湿地的处理效果和处理能力。由于潜流人工湿地的水流是在地表下流动，可以处理负荷较高的废水。该种系统的保温性较好、处理能力受气候影响小、卫生条件好，是国内外应用最广泛的人工湿地系统。但是潜流人工湿地构造复杂、对基质材料的要求比较高，因此，投资比表面流人工湿地高。水体在进入潜流人工湿地前需要进行预处理来降低进水的悬浮物和溶解性有机物的负荷，否则将导致湿地床的淤堵、处理能力下降。

在垂直流人工湿地系统中，污水纵向流过填料床，床体处于不饱和状态，氧可通过大气扩散和植物传输进入人工湿地系统。垂直流人工湿地能更有效地发挥填料的吸附和过滤能力，其硝化能力高于潜流湿地，且占地面积小，但是它的控制相对复杂，建造要求较高、水流阻力大，造价和运行费用高。

3. 某城镇入河口人工湿地水质改善工程

我国西北某城镇的部分污水收集区已处理或未经处理的生活污水及工业废水，由排水河沟直接排入下游的重要河流，由于该小流域范围内污染负荷高，导致河沟内的水质严重恶化，达不到排入下游河道的相关标准。综合考虑经济、技术、环境等因素，以及入河口处尚有大量的河滩荒地未被利用的现状，经过方案比较最终确定通过人工湿地建设达到改善河道入流水质的目的。

工程建设利用现有的河滩地，占地面积为1200亩，设计处理水量为7.0万m^3/d，工艺流程如图4-101所示。通过建设高位河坝，受污染河沟水可通过管渠重力流入人工湿地系统。考虑到该流域环境综合治理力度不断加强，预计处理水中污染物浓度将不断降低，故预处理只设了格栅和沉砂池，建设了配水渠、配水槽和水位控制井，保证人工湿地系统布水的均匀稳定，而后河沟水依次经过两级表面流人工湿地得以净化处理。

工艺的主要设计参数如下：湿地系统共分成61个单元，每个单元最大面积约为12000m^2，其中每个单元分为1～3个系列，每个系列长100m，宽30m。采用配水槽和三角堰进行配水，进水管比湿地床高出0.5m以上，输水管渠采用砖砌明渠内衬防渗膜，出水系统根据床中水位要求设置水位调节控制装置，主要在出水区的末端的砾石填料层的底部设置穿孔集水管（100～250mm），并设置旋转弯头和控制阀门以调节床体内及出水水位。湿地床表层为种植土层（厚0.1m），下层为河沙层（厚度0.2m），总厚度0.3m，且在底部和侧面进行防渗处理。湿地系统中种植的主要是原生植物，包括水葱、黑麦草、香蒲、菖蒲、千屈菜、美人蕉、灯心草、水芋、芦苇等挺水植物。

长期的运行结果表明，在设计进水污染物负荷较高的情况下（COD＝100mg/L，BOD_5＝30mg/L，SS＝30mg/L，NH_3-N＝25mg/L和TP＝3mg/L），两级表流人工湿地系统的处理效果良好，出水主要水质指标基本上能够达到一级A的排放标准，对于降低河道入流污染负荷，改善流域水环境起到了重要作用。

4.4.3 水体生态净化技术

1. 水生植物修复

水生植物修复技术是指利用适合相应水环境的水生植物及其共生的微环境去除已经进入水体中的污染物，尤其是水体中的氮、磷等植物营养物质。水生植物与浮游藻类在对营养物质、光能和生长空间的利用方面是相互竞争关系，水生植物能将水中的氮、磷等营养

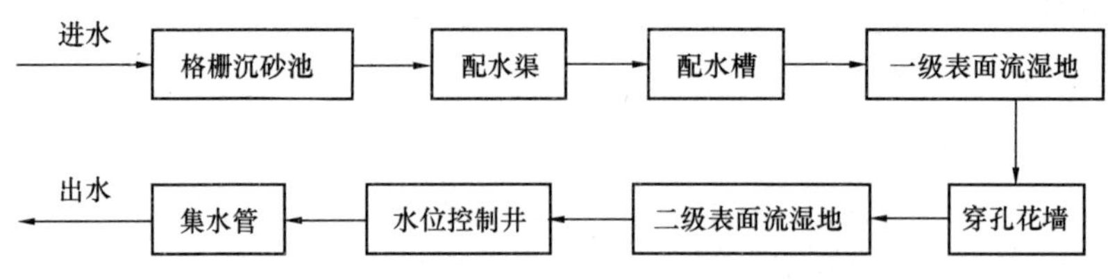

图4-101 某城市入河口两级人工湿地系统流程图

物质吸收在不同部位，可有效抑制浮游藻类的生长，其根系分泌的化感物质对藻类生长也有抑制作用，防止水体富营养化。但水生植物有一定的生命周期，应适时适度收割调控，借以提高生物营养元素的输出，减少植物腐败引起的二次污染。

在水体修复中应用较多的是水生维管束植物，它具有发达的机械组织，植物个体比较高大，按生存类型分为浮叶、挺水、沉水和漂浮四种生活型。水生植物的种类繁多、生长条件、耐污和吸污能力各不相同。研究表明，绿萝、豆瓣绿、富贵竹、滴水观音、剑叶铁树、郁金香、春兰、银皇后、黑美人、金边常春藤等10种植物，不适合在城市河道污水中种植；佛手蔓绿绒、马蹄莲、仙客来、葡萄风信子、风信子、袖珍椰子、万年青、合果芋、常春藤、裂叶喜林芋、乳斑椒草等11种植物，可在城市河道污水中生长。

表4-41列出了几种常见水生植物对氮、磷、重金属及有机物的去除功能。其中凤眼莲、浮萍、紫萍、槐叶萍、满江红等水生生物能够分泌抑制藻类生长的物质，降低水体叶绿素的含量，减少水体“水华”的发生。大多数水生植物都可以吸收氮、磷，富集重金属。不同生活型的水生植物对重金属的富集能力是不同的，一般认为沉水植物＞漂浮、浮叶植物＞挺水植物，根系发达的水生植物大于根系不发达的水生植物。因此，种植水生植物有利于改善水质，提高水环境质量。

常见水生植物对污染物的去除情况 **表4-41**

植物名称	生活型	氮、磷存储量（t/hm^2）	污染物去除功能
菱	浮叶植物	—	富集铬、铅等
睡莲	浮叶植物	—	富集铜、锌、铬、镉等；去除多环芳烃类化合物
香蒲	挺水植物	4.3～22.5	富集砷、锑、铁、锰，BOD去除率高；酚类和石油类污水
芦苇	挺水植物	6.0～35.0	富集砷、锑、铁、锰，BOD去除率高；酚类和石油类污水
石菖蒲	挺水植物	8.6～32.7	富集铬、镉、铅、铁、锰、铜等
轮叶黑藻	沉水植物	—	富集铬、镉、汞、铁、铜等
狐尾藻	沉水植物	—	富集镍、铜、锌、镉等；吸收TNT、DNT等结构相近化合物
苦草	沉水植物	—	富集锌、铬、铅、镉、镍和铜等
凤眼莲	漂浮植物	20.0～24.0	富集镉、铬、铅、汞、砷、硒、铜、镍、锌等，吸收降解酚、氰，COD、BOD去除率高
大漂	漂浮植物	6.0～10.5	富集汞、铜等

续表

植物名称	生活型	氮、磷存储量（t/hm^2）	污染物去除功能
浮萍	漂浮植物	1.3～5.2	富集镉、铬、铜、硒、铁等
紫萍、槐叶萍	漂浮植物	2.4～3.2	富集铬、镍、硒等
满江红	漂浮植物	—	富集铅、汞、铜等

2. 水生动物修复技术

水体中常见的水生动物包括浮游动物、水生脊椎动物和底栖动物，它们以水体中的游离细菌、浮游藻类、有机质碎屑等为食料进行生命活动，同时将已转化成生物有机体的有机物和氮磷等污染物从水体中彻底去除，有效减少水体中的悬浮物，提高水体的透明度，改善水体水质。

水生动物在水生生态系统中主要扮演消费者的作用，向水体中投放数量适当、物种配比合理的水生动物，可以延长水体生态系统的食物链、提高生物净化效果。但是，过量的繁殖又会造成水体的污染，需要通过定期对浮游动物和底栖动物进行打捞，以防止其过量繁殖造成的污染。

鱼类是水生生态系统食物链中的顶级消费者。放养大型不同食性的鱼类，可改变鱼类的群落结构，从而对生态系统中其他生物群落产生影响。例如，放养滤食性鲢鱼，可有效控制浮游植物的生物量，促进水体生态系统的恢复，改善水质。利用水生动物的食物链效应，通过合理的生物操纵，维持水体中食鱼性鱼类、食浮游性鱼类、浮游生物之间的食物链平衡，通过放养食鱼性鱼类来减少食浮游性鱼类的数量，从而保护摄食藻类的浮游生物的数量并最终达到抑制“水华”发生、改善水质的目的。另外，底栖软体动物对污染水体中低等藻类、有机碎屑和无机颗粒具有较好的净化作用。底栖软体动物的食性很广，以水生高等植物、藻类、细菌和小型动物及其死亡后的尸体或者腐屑为食。水体底栖动物一般由寡毛类或摇蚊幼虫等组成，通过增加螺蛳、河蚌放养量，补充底栖软体动物资源数量，增加系统的稳定性，促进物质能量循环，进一步净化水质。研究表明，不同地区的水体水质有差异、形成水华的优势藻类也不尽相同，因此要结合实际情况选择合适的物种及放养数量，此外还应考虑所在水域的生态系统中生物多样性的综合保护，防止出现生态危机。

3. 生物膜法修复技术

生物膜法修复技术是指在水体中合适的位置安装一定数量的具有较大比表面积的载体（例如卵石、合成纤维、蜂窝斜板等），为生物膜生长提供较大的附着表面，从而增加水体中生物膜量，强化生物膜的净化功能，实现水质改善和生态修复。

在污水处理和水体修复领域，生物膜是指微生物（包括细菌、放线菌、真菌、微型藻类和微型动物等）、悬浮物和胶体等附着在固体表面形成的黏液状薄膜。生物膜具有化学生物活性，对水体的净化作用是通过吸附、过滤和微生物代谢过程去除水中污染物，完善水体生态系统来实现的。生物膜在自然界中广泛存在，例如浸没在水中的植物茎叶和根系、砂石、沉积物等物质的表面都生长有生物膜。

生物膜赖以附着和生长的载体应具有较大的比表面积、较好的机械强度和化学稳定性。例如，美国开发的阿科蔓生态基、日本研究的碳素纤维生态水草在水体生态修复领域都得到了广泛应用。生物膜法生态修复原理如图4-102所示（以阿科蔓生态基为例）。对于富营养化污染河流，氮磷浓度高，溶解氧低，由于河岸植被少，水流速度大，水体很难保持较高的生物膜量。但是生物膜可在惰性介质上形成，降解污染水体中的有机物，吸附悬浮物，改变水体营养盐结构，并且生物膜的存在还能削弱藻类的生长繁殖。

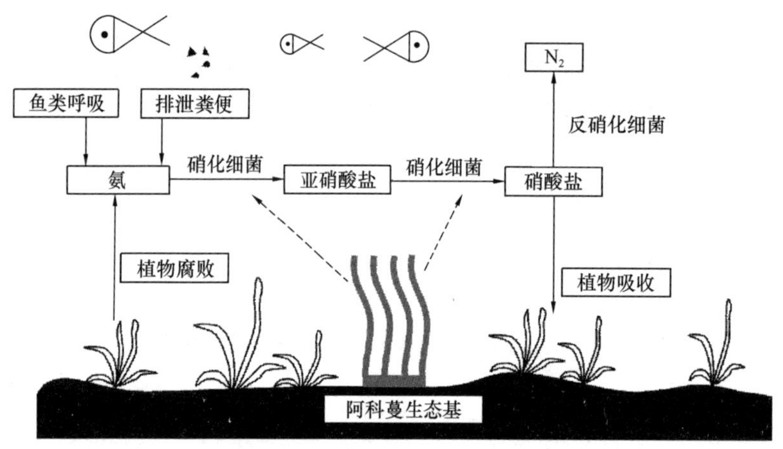

图4-102　生物膜法生态修复原理图

生物膜法对于受有机物及氨氮轻度污染水体有明显的修复净化效果，较适合于低污染物浓度的水体修复。采用生物膜法处理技术前，要进行清淤，水质污染严重时，此技术作用甚微。

在应用生物膜法进行水体修复技术时，需注意以下问题：

（1）载体对水体使用功能的影响。为了解决载体对河流泄水和航运的影响，可将生物膜设施置于水体岸边；

（2）垃圾在载体上的缠绕，影响景观，减小载体的表面积。为了防止垃圾在载体上缠绕，可在河水进入净化区之前加强水面保洁，必要时设置浮筒或尼龙网对垃圾进行拦截；

（3）脱落的生物膜对水体造成二次污染的问题。

曝气和造流可以促进生物膜的更新，减少生物膜的脱落。

4. 生态浮床技术

生态浮床主要包括自然形成和人工构建两种类型。一些长期稳定漂浮在水面上的生长茂盛的水生植物群体即为自然生态浮床。为了强化水体生态修复，应用较多的是人工生态浮床。第一个人工生态浮床是由德国BESTMAN公司开发，之后在水体污染修复中得到不断发展和应用。人工生态浮床技术是在水体中适当区域构筑人工生物浮床，以水生植物为主体，运用无土栽培技术原理，以高分子材料等为载体和基质，应用物种间共生关系和充分利用水体空间生态位和营养生态位的原则，建立高效的人工生态系统，利用水生植物和水生动物在自然水体中的生命活动规律来削减水中的污染物。

生态浮床的工作原理如图 4-103 所示。它主要包括两个方面：一方面，利用表面积很大的植物根系在水中形成浓密的网，吸附水体中大量的悬浮物，并逐渐在植物根系表面形成生物膜，生物膜中微生物吞噬和代谢水中的污染物，使其成为植物的营养物质，通过光合作用转化为植物细胞，促进其生长，最后通过收割浮床植物和捕获鱼虾减少水中营养盐；另一方面，浮床通过遮挡阳光抑制藻类的光合作用，减少浮游植物生物量，通过接触沉淀作用促使浮游植物沉降，有效防止"水华"发生，提高水体的透明度，其作用相对于前者更为明显，同时浮床上的植物可供鸟类栖息，下部植物根系形成鱼类和水生昆虫生息环境。

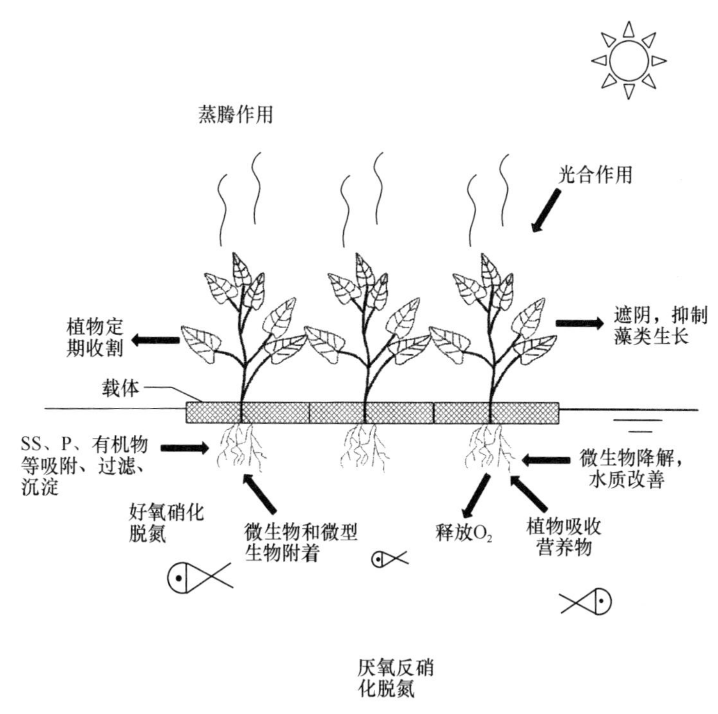

图 4-103 生态浮床工作原理

人工生态浮床按其功能主要分为消浪型、水质净化型和提供栖息地型三类；根据浮床结构分为有框架和无框架两种，其中有框架型生态浮床应用较多，一般由浮床框架、浮体、基垫、水下固定装置以及水生植被五部分组成。框架用于保持浮床的外形，控制植物生长的范围，还要保障足够的结构强度来抵御风浪。目前应用的生态浮床框架一般由木材、竹材、塑料管等加工而成。浮体主要功能是保证浮床在水体中有足够的浮力，一般由泡沫塑料加工成的浮板、浮筒制得。基垫主要是为植物提供生长点，其材料有椰丝纤维、泡沫塑料板及穿孔的塑料盒等。固定装置主要是用于防止各个浮床相互碰撞，同时保证浮床不被风浪带走。目前趋向于各浮床单元之间留有一定的间隔，相互间用绳索连接。植物是浮床生物群落及净化水质的主体。植物应是当地水体或滨岸带的适生种，具有生长快、根系发达、生物量大、观赏性好等特点。例如，美人蕉、芦苇、水花生、水竹等都可以作为浮床植物。

生态浮床有净化水质、美化水面景观、提供水生生物栖息空间等多种功能。其优点如下：浮床浮体可大可小，形状变化多样，易于制作和搬运；与人工湿地相比，植物更容易栽培；无需专人管理，只需定期清理，大大减少人工和设备的投资，降低了运行维护费用等；直接利用水体水面面积，不另外占地。因此，生态浮床适用于管理经验少、经费有限的小城镇的水体生态修复。

4.5 污泥处理与资源化技术

我国小城镇规模不一，污水处理水平也参差不齐，对于服务人口较少的小城镇，污水日排放量一般不超过10^4m^3数量级，污泥日产量在2t以下（以含水率80%计）。污泥是一种由有机残片、细菌菌体、无机颗粒、胶体等组成的极其复杂的非均质体。剩余污泥含水率高，所以体积较大，同时含有大量有机质，丰富的氮磷钾等营养物质，也含有大量的寄生虫卵、病原微生物等致病物质。由于小城镇污水主要以生活污水和以农产品为原料的工业废水（有机废水）为主，因此污泥中的重金属等有害物质含量相对较低。

污泥不加处理肆意堆放，将会对水体、土地以及大气造成污染，严重影响居民的生存环境。对于污泥这种含水率高，有机物含量高，同时富含丰富的氮磷等营养物质，具有可资源化潜能的有机废弃物，其处理处置目标是在实现稳定化、减量化、无害化的同时尽可能实现资源化利用。

4.5.1 剩余污泥处理

1. 我国小城镇污泥处理存在的问题

我国小城镇分布广、数量多、规模小，发展程度差异较大，许多小城镇的污水处理设施尚不完备，污泥处理更是存在许多问题，可以归纳为：

1）资金短缺，污泥处理率低

我国许多小城镇由于资金短缺，能够保证污水收集和处理设施的正常运行都相对困难，污泥处理往往被人们所忽视，在中西部一些发展相对落后的城市和小城镇，甚至仍未将污泥处理作为污水处理厂的必要组成部分。据统计，我国已建成运行的污水处理厂中，70%以上的污水处理厂不具有完整的污泥处理工艺，具有污泥浓缩、消化、干化脱水工艺的污水处理厂仅占25.68%。

2）技术落后，管理水平低

受到经济和发展情况的限制，许多具备污泥处理条件的小城镇所采用的处理技术也都相对落后，多是发达国家20世纪70～80年代所采用的处理工艺。加之许多小城镇的教育文化水平相对较低，缺乏专业的管理和操作人员，不能有效地进行生产，导致许多污泥处理设施一旦出现问题，不能得到及时解决，无法实现长期稳定运行。

3）污泥类型多，处理方式单一

我国小城镇的类型多样，有些以农业为主，有些以工业和旅游业为主等，这种类型的差异导致我国小城镇污泥类型多样化，因此，需要针对不同的小城镇类型选择适合的处理工艺。但是目前我国小城镇的污泥处理通常采用浓缩、脱水、外运的处理方式，甚至未经处理就直接排放，造成严重的污染。

根据我国小城镇污泥处理存在的问题，针对小城镇服务人口相对较少，污水产生量低，污泥产量较少等特点，在污泥处理工艺选择和建设的时候需要充分考虑环境、安全、经济等方面技术经济的合理性，尽可能选择易于管理和操作的处理工艺。

2. 污泥处理技术

污泥处理是对污泥进行减量化、稳定化和无害化处理的过程，主要包括脱水处理和稳定化处理。

1）脱水处理

污泥脱水技术主要包括污泥浓缩、机械脱水和自然干化。

（1）污泥浓缩

污泥浓缩的目的在于减容，即缩小污泥体积便于运输。浓缩主要是去除污泥中部分自由水和间隙水，污泥浓缩后含水率可降为 95%～97%。浓缩的方法主要包括重力浓缩、气浮浓缩和机械浓缩。这三种浓缩方法的特点见表 4-42 所列。

污泥浓缩方法及特点 **表 4-42**

<table>
<tr><th colspan="2">浓缩方式</th><th>浓缩含固率（%）</th><th>比能耗（kW·h/tTDS）</th><th>特点</th><th>适用性</th></tr>
<tr><td rowspan="2">重力浓缩</td><td>间歇式</td><td rowspan="2">2～3</td><td rowspan="2">4.4～13.2</td><td rowspan="2">占地面积大；
运行维护简单；
对运行管理人员要求不高</td><td>小型的污水处理厂</td></tr>
<tr><td>连续式</td><td>大、中型污水处理厂</td></tr>
<tr><td colspan="2">气浮浓缩</td><td>3～5</td><td>100～240</td><td>固液分离效果好；
运行维护费用高；
对运行管理人员要求高</td><td>适用于难于沉降、特别是污泥膨胀的污泥</td></tr>
<tr><td rowspan="3">机械浓缩</td><td>离心浓缩</td><td>5～7</td><td>200～300</td><td rowspan="3">占地小；
离心浓缩运行维护费用高；
带式、转鼓浓缩可与脱水一体，运行维护费用低；
带式、转鼓浓缩徐添加絮凝剂、会产生臭气</td><td rowspan="3">适用于用地面积较小，有脱氮除磷工艺的水厂</td></tr>
<tr><td>带式浓缩</td><td>3～5</td><td>30～120</td></tr>
<tr><td>转鼓浓缩</td><td>4～8</td><td>50～100</td></tr>
</table>

重力浓缩、气浮浓缩和机械浓缩都有各自的优缺点，在我国重力浓缩占到了 71.5%，气浮浓缩和机械浓缩分别为 21.4%和 7.1%。考虑到我国小城镇的实际情况，操作简单，运行管理费用低，适用于小型污水处理工艺的间歇式重力浓缩仍是小城镇污泥减量化处理的最佳方式。

间歇式重力浓缩池可建成矩形或者圆形，如图 4-104 所示。其主要设计参数是停留时间。设计停留时间应由试验确定，在不具备试验条件时，浓缩时间不应小于 12h。间歇式重力污泥浓缩池应设置可排出深度不同的污泥水的设施，浓缩池上清液应返回污水处理构筑物进行处理。为了加强重力浓缩效果，改善污泥脱水性能，也可向污泥中投加少量化学药剂，促进污泥凝聚。

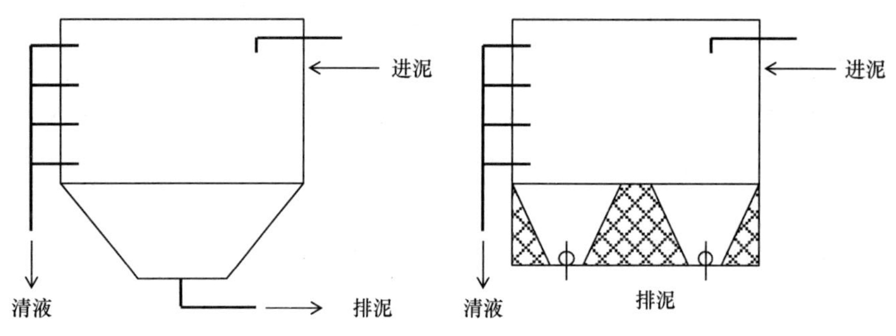

图 4-104　间歇式重力浓缩池

（2）机械脱水

污泥中含有大量水分，初次沉淀污泥含水率介于 95%～97%，剩余污泥含水率在 99%以上。2009 年发布的城镇污泥处理标准《城镇污水处理厂污泥泥质》（GB 24188—2009），要求污泥含水率必须小于 80%。经脱水处理之后的污泥含水率能够达到 70%～80%，体积缩减为原来的 1/10～1/4。目前常用的机械脱水方法主要可分为过滤脱水、离心脱水和压榨式脱水等，其中过滤脱水又可分为真空过滤和压力过滤。由于真空过滤的附属设备多，工序复杂，运行维护费用相对较高，已很少使用。常用的脱水方式为压力过滤和离心脱水，常用的脱水设备为板框压滤机、带式压滤机以及离心脱水机，这三类脱水设备的特点见表 4-43 所列。

常用脱水设备的特点　　　　**表 4-43**

脱水设备	脱水污泥含固率（%）	比耗能（kW·h/tTDS）	特点	适用性
板框压滤机	30	—	投资费用高； 运行成本高； 占地面积大； 需要更换滤布	适用于中、小型污水处理厂
带式压滤机	20	5～20	投资费用较低； 运行成本较高； 占地面积大； 需要更换滤布	适用于大、中型污水处理厂
离心脱水机	25	30～60	投资费用较低； 运行成本较低； 占地紧凑； 操作环境封闭	适用于大、中型污水处理厂

板框压滤机、带式压滤机和离心脱水机是目前我国最常用的脱水设备，结合我国小城镇的特点，上述三种脱水设备均具有一定的适用性，应结合小城镇实际情况进行比选。

(3) 自然干化

自然干化是利用污泥在自然界中蒸发、渗滤、重力分离等作用，使污泥体积逐渐减小而达到污泥脱水的目的。

污泥自然干化的构筑物是污泥干化场，根据其适用土质的差异又可分为自然滤层干化场和人工滤层干化场。自然滤层干化场适用于土质渗透性能好，地下水位低的地区，可铺薄层的碎石和砂子，并设排水暗管，依靠下渗和蒸发降低干化场上的污泥的含水率。人工滤层干化场的滤层是人工铺设的。如图 4-105 所示，人工滤层干化场由不透水底层、排水系统、滤水层、输泥管、围墙、围堤等部分组成。对于干燥、蒸发量大的地区，采用由沥青或混凝土铺成的不透水层而无滤水层的干化场主要依靠蒸发进行脱水，其优点是泥饼容易铲除。

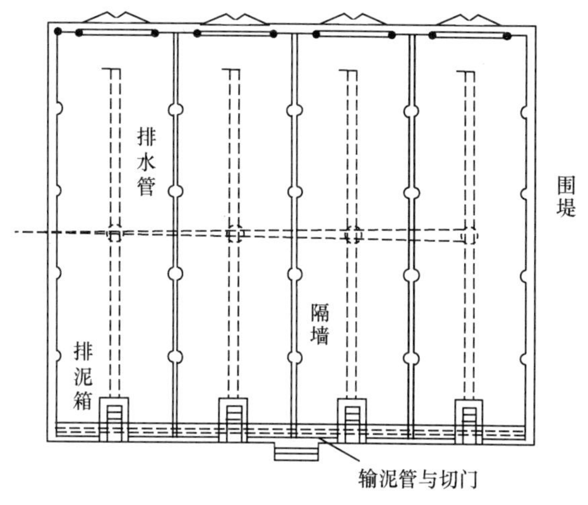

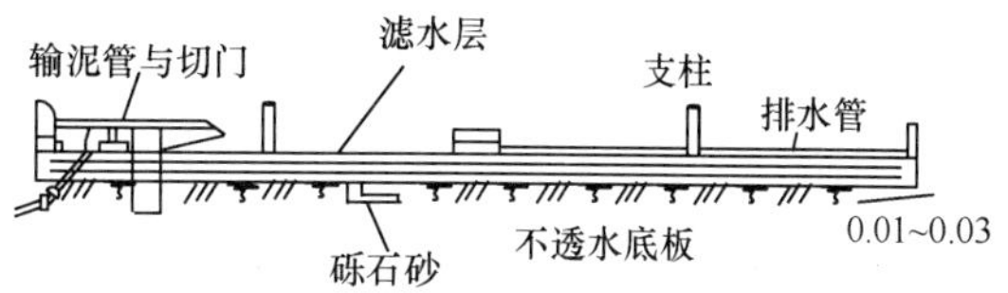

图 4-105 人工滤层干化场

干化场脱水主要依靠渗透、蒸发与撇除。渗透过程约在污泥排入干化场最初的 2～3d 内完成，可使污泥含水率降低至 85%左右。此后水分不能再渗透，只能依靠蒸发脱水，约经 1 周至数周内，污泥含水率可降低至 75%。

污泥自然干化过程受气候影响较大，需要考虑降雨量、相对湿度、风速和年冰冻期等因素的影响，特别是在降雨量大的地区，最好采用有盖式干化场。污泥干化的特点是简单易行、投资少、运行管理费用低、污泥含水率低，但是占地面积大、易散发恶臭，不适合大规模处理。对于我国经济水平较低的小城镇而言，污泥干化则是污泥脱水工艺中较为经济可行的方法，特别适合污泥产量少，气候干燥，对环境要求不高的小城镇。

2) 稳定化处理

小城镇污水处理过程中产生的污泥不仅含水量高，同时含有大量的有机污染物、挥发性物质、病原体、寄生虫等，容易发生腐败，不利于运输和处置，因此，在污泥处置之前除了进行浓缩和脱水之外，还需要针对有机物污染物和病原体等进行稳定化处理。

目前我国常用的稳定化处理方式厌氧消化和好氧消化两类。通常认为当污泥中的挥发性固体量降低到 40%左右即认为污泥已经稳定。据欧盟统计，约有 76%的污泥在最终处置前进行了稳定化处理，而厌氧消化处理占到了 50%以上，好氧消化仅为 18%。在我国，厌氧消化处理占污泥稳定化处理的 38.4%，好氧消化仅为 2.1%。

(1) 厌氧消化

污泥厌氧消化是指在无氧条件下，由兼性菌及专性厌氧细菌降解污泥中的有机物，最终生成二氧化碳和甲烷，从而实现污泥稳定化的过程。传统的厌氧消化工艺如图 4-106 所示，浓缩后的污泥进入到厌氧消化池经稳定化处理后再进行脱水，就能够得到无害、稳定的发酵产物，进一步进行污泥处置。

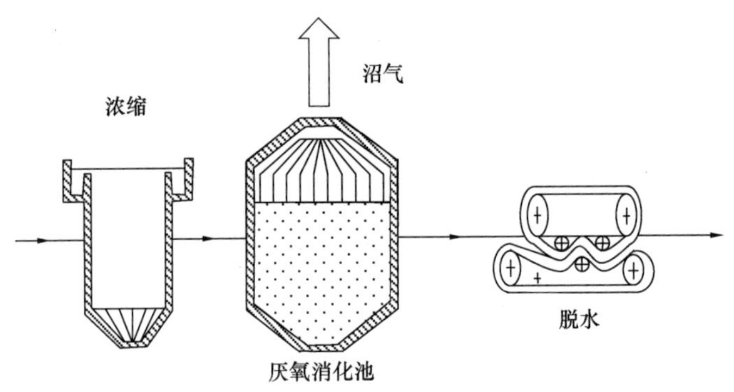

图 4-106　厌氧消化工艺

厌氧发酵根据温度不同可以分为中温发酵（30～35℃）和高温发酵（50～55℃），高温发酵过程中有机物分解快，产气速率高，厌氧消化所需的水力停留时间相对较短，对致病菌的灭活效果好。但是与中温系统相比，高温消化微生物抗冲击性弱，系统不够稳定，同时由于消化过程需要维持在较高的温度，因此能耗也相对较大。中温消化虽然反应速率相对较慢，但是能耗低，系统稳定，因此在实际工程中多选择中温消化。

厌氧消化工艺不仅可以减少污泥的量，还能够产生能源物质甲烷，具有一定的经济效益。但厌氧发酵是一个极其复杂的生化反应过程，包含水解、酸化、乙酸化和甲烷化四个步骤。其反应过程受温度、pH、碱度、有机负荷、水力停留时间、C/N 比、毒性物质等多种因素影响，运行管理相对复杂。

该技术适用于日处理能力在 10 万 m^3 以上的污水处理厂，在进行厌氧消化处理的同时还需要配备沼气回收和发电装置。对于我国大多数欠发达的小城镇而言，处理规模小，沼气利用方式有限，污泥处理费用承担能力有限，采用厌氧发酵技术进行污泥稳定化处理并不是一个最佳选择。但是对于一些经济条件较好，服务人口相对较大，同时具有专业技术人员的小城镇而言，厌氧消化不仅能够实现污泥的稳定化处理，同时能够进一步的利用消化过程中产生的沼气，是实现污泥减量化、稳定化和资源化的一种有效方式。

(2) 好氧消化

污泥好氧消化是在不投加其他有机物的条件下，对污泥进行长时间曝气使污泥处于内源呼吸阶段，污泥中的微生物被自身氧化为二氧化碳、水和氨氮，从而实现污泥稳定的过程。该工艺可以看作是活性污泥法的延续，工艺流程如图 4-107 所示。

污泥好氧消化过程中必须保持足够的空气供应，使污泥中的溶解氧至少维持在 1～2mg/L，才能保证好氧消化过程的正常进行。该工艺适用于中小型污水处理厂的污泥处理，在北美应用的相当广泛，仅加拿大的一个省就有20余个小型污水厂采用此方法。

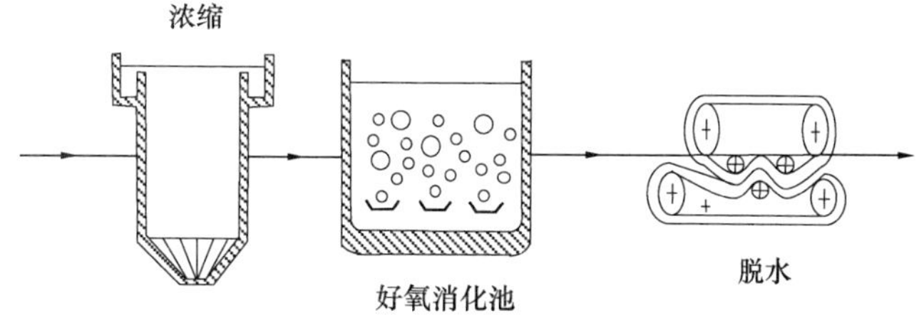

图4-107 好氧消化工艺

厌氧消化和好氧消化作为污泥稳定化处理的重要工艺，都有其各自的优缺点，见表4-44所列。

厌氧消化及好氧消化的优缺点比较 表4-44

	优点	缺点	适用范围
厌氧消化	有效提高污泥脱水性能； 病原菌灭活效果好； 能够回收能源物质甲烷	运行维护成本高； 运行管理难度较大； 系统容易出现不稳定	日处理能力在10万m^3以上的污水处理厂
好氧消化	构造简单，管理方便； 运行安全、稳定； 上清液中BOD浓度较低	需要动力输入； 停留时间较长，反应器容积较大； 污泥浓度高时氧传递效率低； 消化后污泥脱水性能较差，无法进行甲烷回收	不超过1万m^3的小型污水处理厂，适合于我国小城镇污泥处理

好氧消化虽然在城市大、中型水厂应用并不多，但是对于日处理量不超过1万m^3数量级的小城镇污水处理厂而言，其构造简单、投资低等优点使其与厌氧消化相比更加适用于我国小城镇污泥的稳定化处理。

4.5.2 污泥的最终处置

小城镇污泥的最终处置要因地制宜，以减量化和无害化为前提，根据各地实际情况，在资金、场地等客观条件允许的条件下，就近处理处置，以节省运输费用以及减少湿污泥运输中对沿途造成的污染，同时尽可能的实现资源化利用。如图4-108所示，目前我国污泥的最终处置方式情况是以农业利用为主占总处理量的44.8%，土地填埋占31.0%，仍有13.8%的污泥没有能够进行妥善处置。

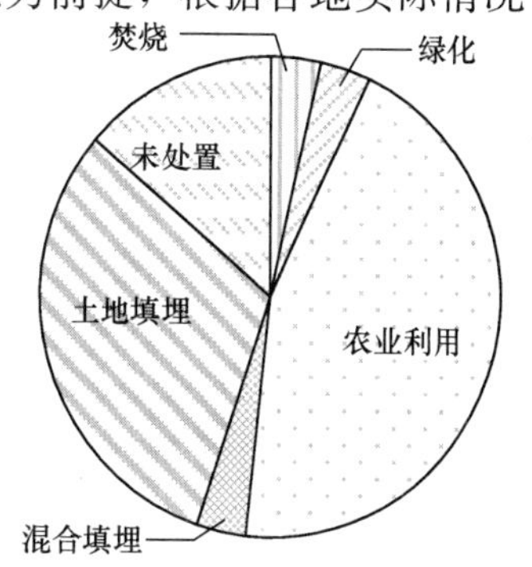

图4-108 我国目前污泥处置情况

结合我国基本国情以及小城镇污泥处理现状，适合于小城镇的污泥处置技术主要包括：卫生填埋、污泥焚烧、土地利用。

1. 卫生填埋

卫生填埋始于 20 世纪 60 年代，它是将固体废弃物铺成一定高度，通过压实、加土覆盖等一系列操作过程，利用固体废弃物中微生物的活动实现有机物降解，是一项比较成熟的污泥处置技术。污泥填埋既可单独进行也可与生活垃圾和工业废弃物一起填埋。卫生填埋场通常选择在地基渗透系数低且地下水位不高的区域，建设时需铺设防渗性能好的材料（目前多采用高密度聚乙烯），以避免对地下水及土壤造成二次污染；要配设甲烷气体和渗滤液的收集及其净化处理设施；堆层需用塑料薄膜等不透气材料封盖，以防止蚊蝇滋生和臭味外逸；同时要设置竖向排气导管，收集与排除污泥可能由于厌氧消化而产生的沼气，避免发生爆炸的危险。

卫生填埋的优点是简单、易行、成本低，不需要污泥高度脱水，适应性强。卫生填埋的缺点是需要占用大量的土地和花费大量的运输、管理费用。如果填埋场选址不当或管理不当，污泥中含有的氮、磷和重金属等各种有毒有害物质就会进入地下水层，污染地下水环境；或者造成甲烷燃烧和爆炸；不能最终消除环境污染，只是延缓了污染产生的时间。

欧盟各国 1992 年填埋处理量约为 40%，到 2005 年减至 17%，虽然卫生填埋逐渐被国外许多国家所放弃，但是考虑到我国小城镇经济水平较低，闲置土地较多，土地填埋仍将是污泥处置的主要途径。

2. 污泥的焚烧

污泥焚烧是利用高温将污泥中的有机物彻底氧化分解，将有机固体转化为二氧化碳、水和污泥灰，最大程度地达到减量化和无害化。1962 年德国率先建设并开始运行第一座剩余污泥焚烧厂，此后污泥焚烧处理技术在西欧和日本等国家得到推广。

焚烧处置的优点是可以实现最大限度减量化，病原体均被杀灭，有毒污染物被氧化，难以被好氧或厌氧微生物在短时间内降解的有机物质等可以被迅速氧化。是一种相对安全的污泥处置方式，焚烧后剩下的焚烧灰可以用作建筑材料，使重金属被固定在混凝土中而避免其重新进入环境。焚烧处置的缺点为泥饼在燃烧过程中，将产生大量的炉灰（废渣）、废水和废气，尤其是不完全燃烧时产生的二噁英，是一种强致癌物质，危害较大；另外，污泥焚烧流程较复杂，焚烧设备一次性投资较大，能耗和运行费用都较高。

污泥焚烧工艺往往用于大、中型污水处理厂，污泥经脱水后可直接焚化，通常不必污泥稳定化。它是当前污泥处理中最彻底的处理方法之一，常用于有毒有害的有机污泥和剩余污泥的处理。结合我国小城镇的经济条件及人员操作水平，污泥焚烧更适用于发展水平较高、经济条件较好的小城镇。

3. 土地利用

小城镇污水处理厂的污泥中含有大量的氮、磷、钾等营养物质，且重金属含量相对较低，经适当的处理后可作为肥料施用于农田、园林绿化、森林等。这种处置方法因投资少、能耗低、运行费用低、有机部分可转化成土壤改良剂成分等优点，被认为是最有发展潜力的一种处置方式。目前我国污泥土地利用的比例占到了 44.8%，是污泥处置的重要途径之一。污泥土地利用的技术手段主要是堆肥技术。

污泥堆肥技术是利用自然界广泛存在的细菌、放线菌、真菌等微生物群落在特定的环境中对多相有机物分解，将污泥改良成稳定的腐殖质，用于肥田或土壤改良。堆肥技术在实际应用中可以达到“无害化”、“减量化”、“资源化”的效果，并且具有经济、实用、不需外加能源、不产生二次污染等优点。

堆肥过程中一般是将污泥按一定比例与各种添加物混合，添加物可就地取材，处置场所如在农村可添加稻草、锯末、秸秆、树叶等植物残体，而与工业场所较近则可与粉煤灰、草炭、生活垃圾等混合，堆料借助于混合微生物群落，对多种有机物进行氧化分解，使有机物转化为类腐殖质。

堆肥化的优点是，操作简单，成本低，能够有效地使污泥进一步腐殖化，有效地灭活病原菌，还能够将污泥中氮、磷、钾等营养物质保留在堆体中，提高其农用价值。但是目前国内堆肥水平比较落后，也存在着占地面积大，堆肥过程中会产生氨气、硫化氢等气体，处理不当会造成周边环境污染。

污泥的土地利用在我国小城镇具有广泛的应用前景，污泥堆肥产品达到国家规定的标准就可以作为肥料和土壤改良剂应用于农业生产中，是污泥资源化利用的一种极佳途径。

4.5.3　污泥的资源化利用

我国是农业大国，无论从经济因素还是从肥效利用角度出发，污泥农用资源化都是一种符合我国国情，具有广阔前景的处置方法。

1. 污泥的农业利用

农业直接利用。将未经处理的污泥直接施用在土地上，如农业用地、林业用地、严重破坏的土地、专用的土地场所。污泥中含有大量的氮、磷、钾等多种营养元素和有机质，可以增加土壤肥力，促进作物生长，特别是一些食品企业的污泥，农用价值很高。

农业间接利用。通过堆肥或制成污泥复合肥后再利用于农业，同直接农用相比，具有干净卫生，无蚊蝇滋生，减少运费等优点。国外将污泥制成复合肥施用已相当普遍，近几年我国也出现了将污泥制成有机肥、有机复合肥等的研究。

2. 修复受损土壤

我国受损土壤存在的主要问题有：土壤结构不良，持水能力差；土壤贫瘠，氮、磷、钾及有机质含量低；土壤酸化或盐碱化；存在重金属等有毒有害物质。将经过稳定化处理的污泥适用于受损土壤，能够改善土壤质量，提高农作物的产量，减少土壤腐蚀。另外，污泥对矿山废弃地具有良好的修复效果，可增加土壤养分，促进土壤熟化。随污泥使用量的增加，废弃地有机质含量提高，土壤理化性质改善，水土流失量减少。

3. 污泥沼气发电

污泥厌氧发酵产生沼气，最终转化为电能和热能，可用来发电。污泥发电不仅可以得到电能，还能去除污泥臭味，减少污泥体积。据调查，青岛市麦岛污水处理厂利用沼气发电，在沼气发电机组正常运行时日均节约电耗可达 48%～75.4%，大大地减少污水处理厂日常电能消耗，降低运行成本，提高经济效益。对于经济实力较强、服务人口相对较多的小城镇来说，如果能够采用厌氧消化技术进行污泥处理，那么在厌氧消化过程中产生的沼气也能够作为能源用于日常生活，实现污泥的资源化利用。

4. 其他用途

污泥还用作制砖与制纤维板等材建筑材料，也可通过污泥裂解产生燃气、焦油、甲醇等，但是考虑到小城镇经济实力薄弱，同时这些资源化利用要求的技术水平较高，运行管理人员的素质要求也相对较高，这些资源化利用手段并未在小城镇得到广泛应用。

第 5 章　小城镇水污染控制与治理技术评价

本书第 4 章对小城镇水污染控制与治理技术进行了归纳和总结，类别包括污水处理技术、雨水收集与利用技术、水体生态修复技术和污泥处理与资源化技术，在不同类别中，也对常见技术进行了介绍和总结。在污水处理技术中，介绍了化粪池技术、活性污泥法技术、生物滤池技术、人工湿地技术、稳定塘技术、土地处理技术、厌氧床技术、处理水消毒技术、深度处理技术和小型污水处理装置。在雨水收集与利用技术中，介绍了雨水收集技术、雨水处理技术和雨水储存与利用技术。在水体生态修复技术中，介绍了水体生态修复原理、人工湿地生态修复技术、水体生态净化技术。在污泥处理与资源化技术中，介绍了剩余污泥处理技术、污泥最终处置技术和污泥资源化利用技术。

以上提到的处理技术都在我国小城镇水污染控制与治理过程中得到了一定程度的应用，但应用效果各异。因此，如何选择适宜的处理技术，是开展小城镇水污染控制与治理工作需首要考虑的问题。目前，在我国小城镇水污染控制与治理过程中得到应用的处理技术一般包括传统的污水处理技术（如活性污泥法及其各种变法），根据小城镇特点选用的生态技术（如土地处理、稳定塘等），以及小型污水处理技术（定型污水处理装置等）。这些技术在使用过程中，除了需要结合小城镇自身的现状以外，技术本身的特点也是需要重点考虑的因素，比如占地面积、投资成本、运行能耗、使用寿命、处理效果、二次污染等。本章将从技术评价的角度，通过确定合理的评价指标，建立相应的评价方法，形成小城镇水污染控制与治理技术评价体系。

根据我国小城镇的发展现状，相比于雨水收集与利用、水体生态修复、污泥处理与资源化，污水处理应该是小城镇水污染控制与治理的首要环节，因此本章的技术评价重点是针对小城镇污水处理技术。

5.1　技术综合评价

综合评价是对某一对象进行客观、公正、合理、全面的评价。综合评价方法有很多，如多属性决策法（ELECTRE）、多维偏好分析的线性规划法（LINMAP）、层次分析法（AHP）、数据包络分析法（DEA）等。在灰色理论、模糊数学和集对分析得到不断发展和应用后，多属性决策的思路得以拓宽，产生了灰色关联决策法、模糊层次分析法、模糊积分法等多属性决策方法。

运用于综合评价的模糊积分一般是菅野积分，它是由日本学者菅野道夫（M. Sugeno）在 1974 年首先提出的一类模糊积分，同时提出的还有这一类模糊积分的基础——模糊测度。用来表示一个元素从属于某个集合的可能性程度或概率测度的集函数称为模糊测度，作为经典概率测度的推广，模糊测度以单调性代替了经典概率中的可加性条件。

由于模糊积分不需要假设可加性和独立性，因而可以避免层次分析法的弊端。同时，模糊积分法可避免模糊评价方法的一些不足之处，如权重大的因素在结果中得到反映，而其他权重小但影响大的因素被屏蔽掉等。此外，模糊积分能够充分考虑到各因素的影响，影响大但权重小的因素也可通过积分对结果产生影响，这样做更符合实际，更符合直观的认识。

在分析比较各综合评价方法的特点及优缺点后，本章采用模糊积分法建立综合评价模型，对小城镇常用污水处理技术进行综合评价，以优化选择出适合不同类型小城镇的污水处理技术。运用模糊积分法建立综合评价模型，主要有以下几个步骤：

（1）建立评价指标体系；

（2）确定指标权重；

（3）综合评价。

5.1.1　评价指标体系

根据第 4 章介绍的小城镇污水处理常用技术的特点，选择相对成熟的 16 种处理技术：稳定塘、人工湿地（表流、潜流、垂直流）、土地处理（地表漫流 OF、慢速渗滤 SR、快速渗滤 RI）、上流式厌氧污泥床反应器 UASB、A/O 法、A/A/O 法、氧化沟、序批式活性污泥法 SBR、循环式活性污泥法 CASS、膜生物反应器 MBR、曝气生物滤池 BAF 和生物接触氧化法。按照影响其工艺适用程度高低的因素，将指标体系分为 A、B、C、D 共 4 个层次。其中，A 层是总目标层，即小城镇污水处理技术；B 层是实现总目标层的 2 个准则层，包括经济指标和技术指标；C 层是具体指标层，即为达到总目标层和准则层的各种条件，共 9 项指标，包括对应经济指标的工程投资、经营成本、占地面积，对应技术指标的 COD 去除率、BOD 去除率、NH_3-N 去除率、TN 去除率、TP 去除率、SS 去除率。具体分层情况如图 5-1 所示。

5.1.2　指标权重值

为保证指标权重的有效性、权威性，采用主观赋权法（层次分析法）和客观赋值法（熵值赋权法）相结合的方法确定指标的综合权重值。

1. 层次分析法确定指标权重

1）构造 B 层对 A 层权重判断矩阵

层次分析法一般通过采用相对重要性权数（1～9）或其倒数作为标度的方法构造判断矩阵确定权重，相对重要性的比例标度及其含义见表 5-1。

假设有 n 个指标 M_1、M_2、…、M_n，给定一个准则，利用上面的相对重要成比例标度方法，对于指标 M_i 和 M_j 作相互比较判断，便可获得一个表示相对重要度的数值 a_{ij}，

即有 $a_{ij}=\dfrac{M_i\text{ 重要程度}}{M_j\text{ 重要程度}}$，构成一个 n 阶矩阵：

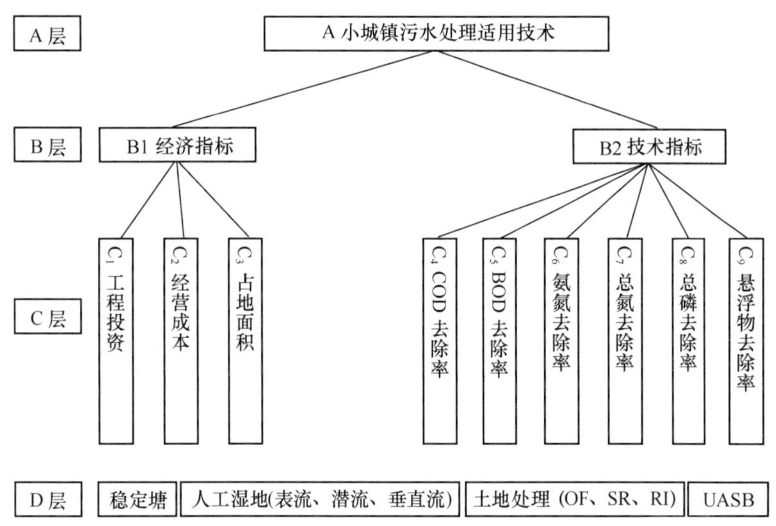

图 5-1 小城镇污水处理技术综合评价体系

相对重要性的比例标度 **表 5-1**

相对重要性的权数	含义
1	表示两个因素相比，具有同样重要性
3	表示两个因素相比，一个因素比另一个因素稍微重要
5	表示两个因素相比，一个因素比另一个因素明显重要
7	表示两个因素相比，一个因素比另一个因素强烈重要
9	表示两个因素相比，一个因素比另一个因素极端重要
2，4，6，8	介于上述相邻评价准则的中间状态
上述权数的倒数	如果一个活动相对于第二活动的权数为 n，则第二活动相对于第一个活动的权数为 $1/n$

$$A=\begin{pmatrix} a_{11} & a_{12} & \cdots & a_{1n} \\ a_{21} & a_{22} & \cdots & a_{2n} \\ \vdots & \vdots & \vdots & \vdots \\ a_{n1} & a_{n2} & \cdots & a_{nn} \end{pmatrix}$$

考虑到小城镇污水厂建设与城市污水厂建设的差异，现阶段，经济指标 B_1 比技术指标 B_2 稍微重要，在计算中，将其权重取为 3。那么，B 层对 A 层权重判断矩阵构造见表 5-2 所列。

***B*-*A* 判断矩阵** **表 5-2**

A	B_1	B_2
B_1	1	3
B_2	1/3	1

求得上述判断矩阵最大特征根 $\lambda_{max}=2$，对应的特征向量为 $W_1=(0.75, 0.25)$，其

中 2 个分量分别为 B 层中 2 个元素（B_1，B_2）的权值，2 阶矩阵本身具有完备的一致性。B 层对 A 层权重判断矩阵一致性可以接受，故 W_1 中的权值可以应用。

2）构造 C 层对 B 层权重判断矩阵

（1）构造 C 层对 B_1 层权重判断矩阵

对于经济能力较弱的小城镇来说，污水处理厂基建费用和运行费用是一个不小的财政负担。由于污水处理费用可以利用增加自来水费用加以弥补，而一次性投入则需要占用小城镇建设污水处理厂当年的大部分财政支出，因此 C_1 工程投资比 C_2 经营成本稍微重要；通常情况下，小城镇建设用地相对于城市来说较为充裕，故 C_2 经营成本较 C_3 占地面积稍微重要，C_1 工程投资较 C_3 占地面积明显重要，部分建设用地较为紧张的小城镇（如发达地区小城镇和山区小城镇）例外，针对这些小城镇，需要相应修正。那么，C 层对 B_1 层权重判断矩阵构造见表 5-3 所列。

C-B_1 判断矩阵　　　　表 5-3

B_1	C_1	C_2	C_3
C_1	1	3	5
C_2	1/3	1	3
C_3	1/5	1/3	1

求得上述判断矩阵最大特征根 $\lambda_{max}=3.0385$，对应的特征向量为 $W_2=$（0.6370，0.2583，0.1047），其中 3 个分量为 C 层中 3 个元素（C_1，C_2，C_3）的权值。根据检验判断矩阵的一致性公式可得：

$$CI=(\lambda_{max}-n)/(n-1)=(3.0385-3)/(3-1)=0.01925$$

查找一致性指标 RI 见表 5-4，当 $n=3$ 时，一致性指标 $RI=0.58$。则其一致性比率 CR 为：

$$CR=CI/RI=0.01925/0.58=0.0332<0.1$$

显然，C 层对 B_1 层权重判断矩阵一致性可以接受，故 W_2 中的权值可以应用。

平均随机一致性指标　　　　表 5-4

阶数	2	3	4	5	6	7
RI	0	0.58	0.96	1.12	1.24	1.32

（2）构造 C 层对 B_2 层权重判断矩阵

从小城镇污水厂出水水质达标的角度来考虑，现有污水处理技术出水超标的指标多为 TP，且 TP 是导致水体富营养化的一个重要原因，故 TP 较其他指标重要；NH_3-N 的去除率高低一般会直接或间接影响到 TN 的去除率，而且也关联到异臭味问题，因此，氨氮也较 TN 重要；BOD 的去除率比 COD 的去除率更能衡量一个污水处理技术对于主要污染物的去除能力，且 BOD 比 COD 更易引起受纳水体溶氧降低，导致水质恶化，故而 BOD 指标也较 COD 重要。由于小城镇污水收集系统大多为密闭性较差的污水沟渠，且多为合流制，雨水收集地面硬化率较低，且积尘较多，这些原因都导致小城镇污水的 SS 中无机悬浮物较多，因此SS的去除率显得较为重要。那么，C层对B_2层权重判断矩阵构造如表5-5所示。

C-B_2 判断矩阵 **表5-5**

B_2	C_4	C_5	C_6	C_7	C_8	C_9
C_4	1	1/2	1/3	1/2	1/4	2
C_5	2	1	1/2	1	1/2	3
C_6	3	2	1	2	1/2	3
C_7	2	1	1/2	1	1/2	4
C_8	4	2	2	2	1	5
C_9	1/2	1/3	1/3	1/4	1/5	1

求得上述判断矩阵最大特征根$\lambda_{max}=6.1095$，对应的特征向量为$W_3=(0.0820, 0.1489, 0.2314, 0.1576, 0.3269, 0.0533)$，其中6个分量为$C$层中6个元素（$C_4$，$C_5$，$C_6$，$C_7$，$C_8$，$C_9$）的权值。根据检验判断矩阵的一致性公式可得：

$$CI=(\lambda_{max}-n)/(n-1)=(6.1095-6)/(6-1)=0.0219$$

查找一致性指标RI（见表5-3），当$n=6$时，一致性指标$RI=1.24$，其一致性比率CR为：

$$CR=CI/RI=0.0219/1.24=0.0177<0.1$$

显然，C层对B_2层权重判断矩阵一致性可以接受，故W_3中的权值可以应用。

3）计算C层对A层的权重

根据C层对B_1和B_2权重的分析结果，C层中9个指标对A层的权重计算见表5-6所列。

各级指标权重 **表5-6**

	指标及其权重		C层指标总权重
	B_1	B_2	
	0.75	0.25	
C_1	0.6370		0.75×0.6370=0.4778
C_2	0.2583		0.75×0.2583=0.1937
C_3	0.1047		0.75×0.1047=0.0785
C_4		0.0820	0.25×0.0820=0.0203
C_5		0.1489	0.25×0.1489=0.0372
C_6		0.2314	0.25×0.2314=0.0579
C_7		0.1576	0.25×0.1576=0.0394
C_8		0.3269	0.25×0.3269=0.0817
C_9		0.0533	0.25×0.0533=0.0133

2. 熵值赋权法确定指标权重

1）熵值赋权法确定权值的步骤

熵值法是根据熵的概念和性质，把各评价指标的固有信息或决策者的经验判断的主观信息进行量化和综合。用熵值法确定小城镇污水处理技术评价指标权值的操作步骤如下：

（1）确定小城镇污水处理技术备选方案；

（2）建立评价指标体系，包括定性指标、定量指标；

（3）指标赋值；

（4）指标数值无量纲化处理；

（5）计算各指标的熵值，进而求出各指标的熵权值。

2）工艺评价指标权值的确定

将前面定性比选的 16 种工艺作为小城镇污水处理技术备选方案，利用 5.1.1 节建立小城镇污水处理技术综合评价体系（见图 5-1），对 B 层（2 个准则层）和 C 层（9 项具体指标）进行指标权值的确定。

（1）指标赋值

由于采用熵值法赋权只能针对可定量指标以及可定量的定性指标进行，难以定量的指标将无法使用熵值法进行赋权。因此，一级指标难以定量，二级指标中 $C_1 \sim C_9$ 可以通过文献和调查分析得到其定量值。本节通过查阅相关文献资料、实地考察等方法取得这 16 种污水处理工艺的 $C_1 \sim C_9$ 指标的相关数据，求得平均值见表 5-7。选择的资料源于已经实施的小城镇污水处理工程案例，且处理规模均小于 1 万 m^3/d，对于小城镇污水处理具有较好的代表性。

（2）指标数值无量纲化处理

由于不同的指标一般具有不同的量纲、量纲单位，因此，在使用熵值法赋权之前需要对评价指标进行无量纲化处理，以消除由于量纲、量纲单位不同所带来的不可比性。本文指标中主要有效益型指标和成本型指标两类，对于效益型指标，某一方案的该指标值越大表明该方案在该指标上越好，如 $C_4 \sim C_9$ 各污染物去除率；对于成本型指标，某一方案的该指标值越小表明该方案在该指标上越好，如 C_1 工程投资、C_2 经营成本、C_3 占地面积。根据各自特点，对这两类指标作出如下处理：

a. 对于效益型指标（$C_4 \sim C_9$）值的无量纲化处理如式（5-1）：

$$y_{kj} = \frac{x_{kj} - \min(k)\, x_{kj}}{\max(k)\, x_{kj} - \min(k)\, x_{kj}} \quad k,j = 1,2,\cdots \tag{5-1}$$

式中　y_{kj} ——项目 k 第 j 项指标无量纲处理值；

x_{kj} ——项目 k 第 j 项指标值；

$\min(k)\, x_{kj}$ ——k 个项目第 j 项指标最小值；

$\max(k)\, x_{kj}$ ——k 个项目第 j 项指标最大值。

b. 对于成本型指标（$C_1 \sim C_3$）值的无量纲化处理如式（5-2）：

$$y_{kj} = \frac{\max(k)\, x_{kj} - x_{kj}}{\max(k)\, x_{kj} - \min(k)\, x_{kj}} \quad k,j = 1,2,\cdots \tag{5-2}$$

式中　y_{kj} ——项目 k 第 j 项指标无量纲处理值；

x_{kj} ——项目 k 第 j 项指标值；

$\min(k)\, x_{kj}$ ——k 个项目第 j 项指标最小值；

$\max(k)\, x_{kj}$ ——k 个项目第 j 项指标最大值。

16 种污水处理技术的 9 种指标无量纲化处理结果见表 5-8 所列。

各技术各项指标赋值情况 表 5-7

指标 \ 工艺		稳定塘	人工湿地			土地处理			UASB	A/O	A/A/O	氧化沟	SBR	CASS	MBR	BAF	接触氧化法
			表面流	潜流	垂直流	OF	SF	RF									
C_1	工程投资	411.2	350	767.74	994.8	522.44	729.08	614.66	2299.17	1372.73	1409.62	1199.50	1220.09	1112.52	2491.75	1383.09	1465.06
C_2	经营成本	0.048	0.08	0.115	0.09	0.083	0.104	0.098	1.48	0.56	0.68	0.44	0.42	0.41	0.97	0.46	0.42
C_3	占地面积	28.75	26	3.36	3.01	25.09	122.8	12.44	2.36	0.83	1.12	1.06	0.67	0.65	0.49	0.59	0.88
C_4	COD 去除率	51.23	80.6	78.24	59.06	80.2	62.07	91.9	89.52	90.50	86.92	86.28	90.24	85.13	93.15	87.81	85.64
C_5	BOD 去除率	72.58	81.67	84.33	78	84.8	55.01	95.3	93.57	95.80	90.46	92.14	90.55	87.86	96.76	91.75	90.53
C_6	NH_3-N 去除率	53.1	59.4	88.08	61.3	53	58.91	85.6	74.84	82.20	88.48	89.80	83.73	82.20	98.06	67.33	72.36
C_7	TN 去除率	42	64.45	48	43.6	61.6	52.64	79.3	13.1	58.67	62.48	70.60	53.76	55.82	62.40	44.26	61.10
C_8	TP 去除率	58.7	65.05	90	66.34	40	61.3	69	18.6	86.79	82.75	80.53	87.30	76.50	95.74	42.10	72.60
C_9	SS 去除率	54.93	83.3	91.3	75.63	90.9	59.35	98	82.67	94.39	91.22	92.10	90.88	91.76	98.80	93.69	91.36

说明：a. C_1工程投资（元/m³），C_2经营成本（元/m³），C_3占地面积（m²/m³）；C_4～C_9（%）；

b. C_2经营成本为动力费用（电费）、药剂费用、工资福利费用、大修费用、检修维护费用以及管理费用和其他费用之和。

各技术各项指标无量纲化值 表 5-8

指标 \ 工艺		稳定塘	人工湿地			土地处理			UASB	A/O	A/A/O	氧化沟	SBR	CASS	MBR	BAF	接触氧化法
			表面流	潜流	垂直流	OF	SF	RF									
C_1	工程投资	0.97	1.00	0.80	0.70	0.92	0.82	0.88	0.09	0.52	0.51	0.60	0.59	0.64	0.00	0.52	0.48
C_2	经营成本	1.00	0.98	0.95	0.97	0.98	0.96	0.97	0.00	0.64	0.56	0.73	0.74	0.75	0.36	0.71	0.74
C_3	占地面积	0.77	0.79	0.98	0.98	0.80	0.00	0.90	0.98	1.00	0.99	1.00	1.00	1.00	1.00	1.00	1.00
C_4	COD 去除率	0.00	0.70	0.64	0.19	0.69	0.26	0.97	0.91	0.94	0.85	0.84	0.93	0.81	1.00	0.87	0.82
C_5	BOD 去除率	0.42	0.64	0.70	0.55	0.71	0.00	0.97	0.92	0.98	0.85	0.89	0.85	0.79	1.00	0.88	0.85
C_6	NH_3-N 去除率	0.00	0.14	0.78	0.18	0.00	0.13	0.72	0.48	0.65	0.79	0.82	0.68	0.65	1.00	0.32	0.43
C_7	TN 去除率	0.44	0.78	0.53	0.46	0.73	0.60	1.00	0.00	0.69	0.75	0.87	0.61	0.65	0.74	0.47	0.73
C_8	TP 去除率	0.52	0.60	0.93	0.62	0.28	0.55	0.65	0.00	0.88	0.83	0.80	0.89	0.75	1.00	0.30	0.70
C_9	SS 去除率	0.00	0.65	0.83	0.47	0.82	0.10	0.98	0.63	0.90	0.83	0.85	0.82	0.84	1.00	0.88	0.83

（3）指标熵权值确定

假设某评价体系有 n 个待评方案，m 项评价指标，则第 j 项指标的熵值计算公式见式（5-3）。

$$E_j = -k\sum_{i=1}^{n}(p_{ij} \times \ln p_{ij}), j = 1,2,\cdots,m \tag{5-3}$$

其中，$p_{ij} = x_{ij} / \sum_{i=1}^{n} x_{ij}$ 表示第 j 项指标下第 i（i=1，2，…，n）个方案指标值的比重，p_{ij} =0 时，$\ln p_{ij}$ 为常数；当 $k>0$ 时，ln 为自然对数，可知 $E_j \geqslant 0$。

如果指标值 X_{ij} 对于给定的 j 全部相等，则有：$p_{ij} = x_{ij} / \sum_{i=1}^{n} x_{ij} = \frac{1}{n}$ 。

此时，熵 E_j 取得极大值，即有：$E_j = -k\sum_{i=1}^{n}\frac{1}{n}\ln\frac{1}{n} = k\ln n$ ，j=1，2，…，m。

如果 k 取值 $1/\ln n$，则有 E_j=1，可以保证 $E_j \in [0, 1]$。

某指标值的无序程度越大，其熵就越小，说明该指标所能提供的信息量也越大，该指标的权重越大；反之，该指标的权重越小。因此，可以通过计算某一指标的熵与 1 的差值得到该指标对综合评价的权重，见式（5-4）。

$$d_j = 1 - E_j, j = 1,2,\cdots,m \tag{5-4}$$

显然，当 d_j 越大时，表明该指标对综合评价的影响越大，其重要程度也越大，其权重也越大。当 $d_j>0$ 时，指标的权重可以按按式（5-5）进行计算。

$$w_j^0 = d_j / \sum_{j=1}^{m} d_j j = 1,2,\cdots,m \tag{5-5}$$

这样，即得到了权向量 W^0=（$W_1{}^0$，$W_2{}^0$，…，$W_m{}^0$）。

根据表 5-8 及熵权计算公式，可以求出客观权重值，具体结果见表 5-9。

指标客观权重值　　　　**表 5-9**

一级指标	二级指标	权重	一级指标	二级指标	权重
经济指标	工程投资	0.2485	技术指标	COD 去除率	0.1588
	经营成本	0.2745		BOD 去除率	0.1073
	占地面积	0.4770		NH_3-N 去除率	0.1631
				TN 去除率	0.1545
				TP 去除率	0.1631
				SS 去除率	0.2532

3. 评价指标综合权重的确定

假设通过主观赋权法求得的权向量为 α=（α_1，α_2，…，α_m）^{T}，通过客观赋权法求得的权向量为 β=（β_1，β_2，…，β_m）^{T}，另设对主观权向量的偏好程度为 u，则对客观权向量的偏好程度为 $1-u$，指标综合权重可以通过下式求得：

$$W = [u\alpha_1 + (1-u)\beta_1, u\alpha_2 + (1-u)\beta_2, \cdots u\alpha_m + (1-u)\beta_m]^T \tag{5-6}$$

由于主客观赋权法各有优缺点，为了弥补各自的缺陷，采用主客观赋权相结合的方法求得二级评价指标的权重。假设对主客观权重的偏好程度相同，即取 u=0.5，根据层次分析法和熵值赋权法求得的主客观权重值，由式(5-6)即可求得各指标的综合权重，见表5-10。

各级指标综合权重　　　　表 5-10

	指标及其权重		C层指标总权重
	B_1	B_2	
	0.75	0.25	
C_1	0.5474		0.75×0.5474=0.4105
C_2	0.2857		0.75×0.2857=0.2143
C_3	0.1670		0.75×0.1670=0.1252
C_4		0.1204	0.25×0.1204=0.0301
C_5		0.1281	0.25×0.1281=0.0320
C_6		0.1972	0.25×0.1972=0.0493
C_7		0.1560	0.25×0.1560=0.039
C_8		0.2450	0.25×0.2450=0.0613
C_9		0.1533	0.25×0.1533=0.0383

5.1.3　技术指标评价

1. 指标值隶属度的计算

某种指标对系统影响的好坏程度称作隶属度，参考对小城镇备选的16种污水处理技术各项指标赋值情况(见表5-7)，在这些指标中，有的指标是取值越大效用越好(如技术指标)，有的指标则是取值越大则效用越差(如经济指标)。下面对就各种指标对系统影响的好坏的隶属度进行计算分析。

1)理想值 S_i 的确定

对于数值越大则效用越好的指标，取指标值中最大的者作为理想值；对于数值越大而效用越差的指标，则取指标值中最小者作为理想值。

2)隶属度 $h(I_i)$ 计算

当指标值 C_i 越大，而效用越差时，$I_i=C_i/S_i$；

当实际值 C_i 越大，则效用越好时，$I_i=S_i/C_i$；

当 $0<I_i\leqslant 1$ 时，$h(I_i)=1$；当 $I_i>1$ 时，$h(I)=e^{-(I-1)}$。

由此可见，指标的隶属度值的取值范围为[0，1]，取值越接近1，隶属度越大；反之，取值越小则隶属度越小。利用上述方法计算得到的各指标的隶属度见表5-11所列。

2. 污水处理技术评价值计算

根据已求得各污水处理技术的9项指标的综合权重和隶属度，将这9项指标各自的隶属度分别与各自对应的综合权重之相乘所得之积即为该污水处理技术的该项指标的评价值，见表5-12。例如，稳定塘的经济指标中的工程投资指标 C_1 的隶属度为0.8396，而工程投资指标 C_1 的综合权重为0.4105，则稳定塘经济指标中的工程投资指标 C_1 的评价值为0.8396×0.4105=0.3446。备选的16种小城镇污水处理技术评价值计算结果见表5-12。其中，经济指标和技术指标分别为其所属的3个和6个指标评价值之和，总评价值为9项指标评价值之和。

各技术指标隶属度　表 5-11

工艺 / 指标		稳定塘	人工湿地			土地处理			UASB	A/O	A/A/O	氧化沟	SBR	CASS	MBR	BAF	接触氧化法
			表面流	潜流	垂直流	OF	SF	RF									
C_1	工程投资	0.8396	1.0000	0.3031	0.1585	0.6110	0.3385	0.4695	0.0038	0.0538	0.0484	0.0883	0.0832	0.1132	0.0022	0.0523	0.0413
C_2	经营成本	1.0000	0.5134	0.2476	0.4169	0.4823	0.3114	0.3529	0.0000	0.0000	0.0000	0.0003	0.0004	0.0005	0.0000	0.0002	0.0004
C_3	占地面积	0.0000	0.0000	0.0029	0.0058	0.0000	0.0000	0.0000	0.0220	0.4996	0.2765	0.3125	0.6926	0.7214	1.0000	0.8154	0.4512
C_4	COD 去除率	0.4412	0.8558	0.8265	0.5615	0.8509	0.6061	0.9865	0.9603	0.9711	0.9308	0.9235	0.9683	0.9101	1.0000	0.9410	0.9160
C_5	BOD 去除率	0.7167	0.8313	0.8630	0.7862	0.8685	0.4682	0.9848	0.9665	0.9900	0.9327	0.9511	0.9337	0.9037	1.0000	0.9469	0.9335
C_6	NH_3-N 去除率	0.4288	0.5216	0.8929	0.5490	0.4273	0.5145	0.8645	0.7333	0.8245	0.8974	0.9121	0.8427	0.8245	1.0000	0.6336	0.7011
C_7	TN 去除率	0.4114	0.7942	0.5210	0.4410	0.7503	0.6026	1.0000	0.0064	0.7035	0.7640	0.8841	0.6218	0.6566	0.7627	0.4531	0.7424
C_8	TP 去除率	0.5321	0.6239	0.9382	0.6420	0.2482	0.5702	0.6787	0.0158	0.9020	0.8547	0.8279	0.9078	0.7776	1.0000	0.2797	0.7271
C_9	SS 去除率	0.4499	0.8302	0.9211	0.7361	0.9168	0.5144	0.9919	0.8227	0.9544	0.9203	0.9298	0.9165	0.9261	1.0000	0.9469	0.9218

各技术评价值　表 5-12

工艺 / 指标		稳定塘	人工湿地			土地处理			UASB	A/O	A/A/O	氧化沟	SBR	CASS	MBR	BAF	接触氧化法
			表面流	潜流	垂直流	OF	SF	RF									
C_1	工程投资	0.3446	0.4105	0.1244	0.0650	0.2508	0.1390	0.1927	0.0016	0.0221	0.0199	0.0362	0.0342	0.0465	0.0009	0.0214	0.0170
C_2	经营成本	0.2143	0.1100	0.0531	0.0893	0.1034	0.0667	0.0756	0.0000	0.0000	0.0000	0.0001	0.0001	0.0001	0.0000	0.0000	0.0001
C_3	占地面积	0.0000	0.0000	0.0004	0.0007	0.0000	0.0000	0.0000	0.0028	0.0626	0.0346	0.0391	0.0867	0.0903	0.1252	0.1021	0.0565
C_4	COD 去除率	0.0133	0.0258	0.0249	0.0169	0.0256	0.0182	0.0297	0.0289	0.0292	0.0280	0.0278	0.0291	0.0274	0.0301	0.0283	0.0276
C_5	BOD 去除率	0.0229	0.0266	0.0276	0.0252	0.0278	0.0150	0.0315	0.0309	0.0317	0.0298	0.0304	0.0299	0.0289	0.0320	0.0303	0.0299
C_6	NH_3-N 去除率	0.0211	0.0257	0.0440	0.0271	0.0211	0.0254	0.0426	0.0361	0.0406	0.0442	0.0450	0.0415	0.0406	0.0493	0.0312	0.0346
C_7	TN 去除率	0.0160	0.0310	0.0203	0.0172	0.0293	0.0235	0.0390	0.0002	0.0274	0.0298	0.0345	0.0243	0.0256	0.0297	0.0177	0.0290
C_8	TP 去除率	0.0326	0.0382	0.0575	0.0394	0.0152	0.0350	0.0416	0.0010	0.0553	0.0524	0.0507	0.0557	0.0477	0.0613	0.0171	0.0446
C_9	SS 去除率	0.0172	0.0318	0.0353	0.0282	0.0351	0.0197	0.0380	0.0315	0.0366	0.0352	0.0356	0.0351	0.0355	0.0383	0.0363	0.0353
经济指标		0.5589	0.5205	0.1779	0.1551	0.3542	0.2057	0.2683	0.0043	0.0847	0.0545	0.0754	0.1210	0.1369	0.1261	0.1236	0.0735
技术指标		0.1232	0.1791	0.2096	0.1539	0.1541	0.1367	0.2224	0.1287	0.2208	0.2195	0.2240	0.2156	0.2057	0.2407	0.1609	0.2008
总评价值		0.6822	0.6996	0.3875	0.3090	0.5082	0.3425	0.4908	0.1330	0.3055	0.2740	0.2995	0.3365	0.3426	0.3669	0.2845	0.2744

5.1.4 综合评价

1. 经济指标评价

分析表5-12的评价结果，在经济指标中，得分值最高的是稳定塘工艺，最低的是UASB工艺。所选工艺的优先排序依次为：稳定塘、表面流人工湿地、OF、RF、SF、潜流人工湿地、垂直流人工湿地、CASS、MBR、BAF、SBR、A/O、氧化沟、接触氧化法、A/A/O、UASB。

2. 技术指标评价

分析表5-12的评价结果，在技术指标中，综合评价得分值最高的是MBR工艺，所选工艺的优先排序依次为：MBR、氧化沟、RF、A/O、A/A/O、SBR、潜流人工湿地、CASS、接触氧化法、表面流人工湿地、BAF、OF、垂直流人工湿地、SF、UASB、稳定塘。

若按污染物去除效果来评价，COD、BOD、NH_3-N、TP、SS去除效果最好均为MBR，TN去除效果最好的是RF。

3. 总体评价

分析表5-12的评价结果，将经济指标和技术指标综合考虑，所选工艺的优先排序依次为：表面流人工湿地、稳定塘、OF、RF、潜流人工湿地、MBR、CASS、SF、SBR、垂直流人工湿地、A/O、氧化沟、曝气生物滤池(BAF)、接触氧化法、A/A/O、UASB。

由于评价过程选择的资料源于已经实施的小城镇污水处理工程案例，因此，评价结果反映了已建成污水处理设施小城镇在处理技术选择方面的基本原则，同时，也可以作为尚未建设污水处理设施小城镇的建议和参考。首先，小城镇污水处理技术需要根据小城镇的实际情况，因地制宜地选择。对于我国目前尚处在欠发达水平的多数小城镇，污水处理技术首先需要考虑投资成本低、维护难度小的近自然处理技术，包括稳定塘、人工湿地和土地处理技术。当然，对于一些用地紧张、经济发展水平高的小城镇，占地面积小、处理效率高的处理技术应该成为首选。城市污水处理厂常用的活性污泥法处理技术，包括A/O、A/A/O、氧化沟、SBR、CASS、MBR、BAF、接触氧化，在小城镇的适用性评价结果差距不大，其中工艺流程短、占地面积小的MBR技术的适应性略高。

以上是根据污水处理系统中的主体单元(生物处理)进行的分析评价，但是，小城镇的类型多种多样，不同的污水处理工艺在不同类型小城镇应用时特点和适用性也不同，因此，有必要对我国小城镇的类型进行更加合理的划分，再根据各种类型小城镇的特点，采用本章中所采用的分析方法，对评价指标及权重进行修正，然后进行工艺的适用性评价。

5.2 结合小城镇类型的技术适用性评价

5.2.1 小城镇类型的划分

根据不同的划分原则，如小城镇规模、发达程度、产业类型、气候特征、水资源状况、用地紧张程度等，对我国的小城镇的类型进行划分，以便于实现小城镇污水处理技术的优化选择。

1. 按规模划分

小城镇的人口数量直接影响污水产生量的大小，也影响着污水收集方式和系统形式。因此，小城镇的人口规模是划分小城镇类型的一个重要原则。根据小城镇人口规模的大小可以将小城镇划分为大、中、小三类，具体见表 5-13。

按人口规模划分小城镇类型　　表 5-13

规模	小型镇	中型镇	大型镇
镇区人口规模(万人)	≤0.2	0.2～1	≥1

2. 按发达程度划分

小城镇的经济状况关系到市政基础设施建设及污水处理设施建设上的资金投入能力和力度。按镇区年人均收入可将小城镇划分为发达、中等发达、欠发达三类小城镇，可以体现出建设污水收集系统和污水处理设施的能力，具体划分情况见表 5-14。

按人均年收入划分小城镇类型　　表 5-14

等级	欠发达小城镇	中等发达小城镇	发达小城镇
人均纯收入(元/年)	≤5000	5000～8000	≥8000

3. 按产业类型划分

小城镇的产业类型将直接影响到小城镇污水的水质、变化系数等特性，例如工业厂矿型小城镇和农业型小城镇的水质就会有很大不同，工业厂矿型小城镇的污水以工业污水为主，对于污水处理工艺的选择将有很大影响。此外，商贸旅游型小城镇和其他类型的小城镇的污水变化系数，尤其是季节性变化系数将有很大不同，直接影响到部分污水处理技术对于这一类小城镇的适用程度。并且，商贸旅游型小城镇的一些其他(如气味、美观等环境方面)的特殊要求也会一定程度上限制一些污水处理工艺的应用。

按产业类型可将我国的小城镇划分为以下几大类，具体划分情况见 5-15。

按产业类型划分小城镇类型　　表 5-15

类型	特　点
农业型	农业型小城镇大多为一定范围农村地区的政治经济中心，规模较小，主要由传统集市发展而来，产业以农业为主，工业企业较少，部分农业型小城镇会有一些农产品加工企业。此类小城镇的污水以居民生活污水为主，水量水质较为稳定
商贸旅游型	由于地理优势或交通优势，一些小城镇成为物资特别是农业物资的集散中心，从而发展成为商贸型小城镇；还有一些小城镇由于其历史"文化资源"会带动观光旅游产业的兴起，从而发展成为旅游型小城镇。这两类小城镇的污水特点是：污水以生活污水为主，但水量随季节变化大。此外，旅游型小城镇对于污水处理技术的环境友好性标准(如气味小、出水水质好等)要求高
工业厂矿型	工业厂矿型小城镇的主要产业为工业或矿业，这一类小城镇主要分布在大城市周边，属大城市的卫星镇，或是分布在偏远地区的矿区。此类小城镇的污水主要以工业、矿业污水为主，合成有机物或是重金属含量较高，难以处理，污水水量稳定，变化系数较小

续表

类型	特　点
综合型	综合型小城镇指的是没有明显的主导产业，一般有农业、农产品加工业、工业、矿业、商贸、旅游等产业的两种或是多种于一身。此类小城镇污水水质复杂，水质水量较为稳定，污水变化系数较小

4. 按气候条件划分

我国地域广阔，各地区的气候条件，如温度、降雨量差异较大。这些气候因素对于污水处理工艺的运行有着各自不同的影响，将直接影响到不同地区小城镇的污水处理技术的优化选择。如气温是影响污水处理工艺运行效果好坏的重要因素之一，不同的污水处理技术对于温度及其变化有着不同的适应性。此外，我国不少小城镇处于干旱少雨地区，对于污水处理尾水的利用有着较高的要求。为便于小城镇污水处理技术的优化选择，有必要对我国的小城镇按气候条件主要是温度、丰水程度等气候条件进行划分，具体划分情况见表5-16和表5-17。

按温度（气候条件）划分小城镇类型　　表5-16

类　型	寒冷地区小城镇	温暖地区小城镇	炎热地区小城镇
温　度	最冷月的平均气温在摄氏0℃以下	年均气温低于摄氏20℃，最冷月平均气温在摄氏0℃以上	年平均气温高于摄氏20℃

按丰水程度（气候条件）划分小城镇类型　　表5-17

类型	干旱缺水型小城镇	温润适中型小城镇	湿润丰水型小城镇
年均降雨量（mm）	≤800	800～1200	≥1200

5. 按建设用地情况划分

我国小城镇分布广阔，所处位置地形复杂，有平原、盆地、丘陵、山地，建设用地多寡情况不一，一定程度上限制了污水处理技术的选择。因此，有必要对我国的小城镇按建设用地的充裕程度分为：建设用地紧张，建设用地适中，建设用地充裕。

5.2.2 基于小城镇类型的指标权重修正

可将人口规模、经济发达程度、产业类型、温度、丰水程度、建设用地情况作为属性来划分为小城镇类型。不同类型小城镇对于污水处理技术的各类指标的偏重程度不同，例如，旅游型小城镇对于污水处理工艺的噪声、气味、出水水质的要求较其他类型小城镇高，建设用地紧张的小城镇则会偏好于选择占地面积少的污水处理工艺，导致在综合评价污水处理工艺时，占地面积指标权重增加。为优化比选出适合某一类型小城镇的污水处理技术，必须对前面得出的各指标的通用权重进行适当的修正，尽可能保证用于综合评价的指标权重能够适合实际的小城镇。

1. 修正系数确定

在确定修正系数之前，需要分析小城镇类型对污水处理技术适用性是否产生影响，以及影响的程度。通过资料收集和分析判断，确定小城镇不同类型对于不同指标的影响及其影响程度。确定的修正系数见表 5-18。

小城镇类型对于不同指标的修正系数　　表 5-18

类型	指标	C_1	C_2	C_3	C_4	C_5	C_6	C_7	C_8	C_9
规模	小型镇	1.3	1.3	1	1	1	1	1	1	1
	中型镇	1	1	1	1	1	1	1	1	1
	大型镇	0.7	0.7	1	1	1	1	1	1	1
发达程度	欠发达	1.3	1.3	1	1	1	1	1	1	1
	中等发达	1	1	1	1	1	1	1	1	1
	发达	0.7	0.7	1	1	1	1	1	1	1
产业类型	农业型	1	1	1	1	1	1	1	1	1
	商贸旅游型	1	1	1	1.2	1.2	1.2	1.2	1.2	1.2
	工业厂矿型	1	1	1	1	1	1	1	1	1
	综合型	1	1	1	1	1	1	1	1	1
温度	寒冷地区	1	1	1	1	1	1	1	1	1
	温暖地区	1	1	1	1	1	1	1	1	1
	炎热地区	1	1	1	1	1	1	1	1	1
丰水程度	干旱缺水型	1	1	1	1.2	1.2	1.2	1.2	1.2	1.2
	温润适中型	1	1	1	1	1	1	1	1	1
	湿润丰水型	1	1	1	1	1	1	1	1	1
建设用地	紧张	1	1	1.5	1	1	1	1	1	1
	适中	1	1	1	1	1	1	1	1	1
	充裕	1	1	0.5	1	1	1	1	1	1

2. 修正方法

在确定某一小城镇的类型之后，便可利用上述修正系数对指标的权重进行修正，即原综合总权重与不同类型的修正系数相乘。

这里以浙江省安吉县梅溪镇为例，对指标权重进行修正。浙江省安吉县梅溪镇按照前文提到的不同分类方法可划分为大型小城镇、发达型小城镇、综合产业型小城镇、地处温暖地区小城镇、湿润丰水小城镇、建设用地紧张小城镇，故选取该小城镇分别所属类型所对应的修正系数进行相关计算。显然，指标权重系数经过修正后的和可能不等于1，故需要对权重系数进行归一化处理。例如，该镇9个指标修正后权重之和为：

0.2011+0.1050+0.1878+0.0301+0.0320+0.0493+0.0390+0.0613+0.0383=0.7439

此时，C_1归一化权重为：0.2011/0.7439=0.2703，其余指标以此类推，各指标归一化权重见表5-19。

浙江省安吉县梅溪镇各指标权重 **表5-19**

指标 类型	C_1	C_2	C_3	C_4	C_5	C_6	C_7	C_8	C_9
大型	0.7	0.7	1	1	1	1	1	1	1
发达	0.7	0.7	1	1	1	1	1	1	1
综合型	1	1	1	1	1	1	1	1	1
温暖地区	1	1	1	1	1	1	1	1	1
湿润丰水型	1	1	1	1	1	1	1	1	1
用地紧张	1	1	1.5	1	1	1	1	1	1
总修正系数	0.49	0.49	1.5	1	1	1	1	1	1
修正前权重	0.4105	0.2143	0.1252	0.0301	0.0320	0.0493	0.0390	0.0613	0.0383
修正后权重	0.2011	0.1050	0.1878	0.0301	0.0320	0.0493	0.0390	0.0613	0.0383
归一化权重	0.2703	0.1411	0.2525	0.0405	0.0430	0.0663	0.0524	0.0824	0.0515

5.2.3 技术适用性综合评价

在5.2.2节中，根据浙江省安吉县梅溪镇的六种类型对9项指标的通用权重进行了修正，得到针对该镇的指标权重，计算得到的16种污水处理技术评价值，见表5-20。

由表5-19可以看出，根据梅溪镇的具体情况对9项评价指标的权重进行修正后，部分指标如占地面积指标的权重有较为明显的上升，直接影响到16种备选技术的最终评价值。表5-20的结果显示，综合评价值最高的还是表面流人工湿地工艺，只是优势没有修正之前那么明显，UASB最低；按综合评价值高低排序有：表面流人工湿地、MBR、稳定塘、CASS、SBR、RF、OF、A/O、BAF、氧化沟、潜流人工湿地、接触氧化、A/A/O、SF、垂直流人工湿地、UASB，与权重修正之前的排序有很大不同。此外，由于该镇用地紧张，占地面积小的处理技术，如MBR和CASS，尤其是MBR技术的排序有较大提升。

浙江省安吉县梅溪镇污水处理技术评价值　表 5-20

指标＼工艺		稳定塘	人工湿地			土地处理			UASB	A/O	A/A/O	氧化沟	SBR	CASS	MBR	BAF	接触氧化法
			表面流	潜流	垂直流	OF	SF	RF									
C_1	工程投资	0.2270	0.2704	0.0820	0.0428	0.1652	0.0915	0.1269	0.0010	0.0146	0.0131	0.0239	0.0225	0.0306	0.0006	0.0141	0.0112
C_2	经营成本	0.1411	0.0725	0.0350	0.0588	0.0681	0.0440	0.0498	0.0000	0.0000	0.0000	0.0000	0.0001	0.0001	0.0000	0.0000	0.0001
C_3	占地面积	0.0000	0.0000	0.0007	0.0015	0.0000	0.0000	0.0000	0.0056	0.1261	0.0698	0.0789	0.1748	0.1821	0.2524	0.2058	0.1139
C_4	COD 去除率	0.0179	0.0346	0.0334	0.0227	0.0344	0.0245	0.0399	0.0389	0.0393	0.0377	0.0374	0.0392	0.0368	0.0405	0.0381	0.0371
C_5	BOD 去除率	0.0308	0.0358	0.0371	0.0338	0.0374	0.0201	0.0424	0.0416	0.0426	0.0401	0.0409	0.0402	0.0389	0.0430	0.0407	0.0402
C_6	NH_3-N 去除率	0.0284	0.0346	0.0592	0.0364	0.0283	0.0341	0.0573	0.0486	0.0546	0.0595	0.0604	0.0558	0.0546	0.0663	0.0420	0.0465
C_7	TN 去除率	0.0216	0.0416	0.0273	0.0231	0.0393	0.0316	0.0524	0.0003	0.0369	0.0401	0.0463	0.0326	0.0344	0.0400	0.0238	0.0389
C_8	TP 去除率	0.0438	0.0514	0.0773	0.0529	0.0205	0.0470	0.0559	0.0013	0.0743	0.0704	0.0682	0.0748	0.0641	0.0824	0.0230	0.0599
C_9	SS 去除率	0.0232	0.0427	0.0474	0.0379	0.0472	0.0265	0.0511	0.0424	0.0491	0.0474	0.0479	0.0472	0.0477	0.0515	0.0487	0.0475
经济指标		0.3681	0.3428	0.1176	0.1032	0.2333	0.1355	0.1767	0.0066	0.1407	0.0829	0.1028	0.1974	0.2128	0.2530	0.2200	0.1251
技术指标		0.1657	0.2407	0.2818	0.2068	0.2071	0.1838	0.2990	0.1730	0.2969	0.2951	0.3011	0.2898	0.2765	0.3236	0.2163	0.2700
总评价值		0.5338	0.5836	0.3994	0.3100	0.4403	0.3193	0.4757	0.1796	0.4375	0.3780	0.4039	0.4872	0.4893	0.5766	0.4363	0.3951

小城镇主要污水处理技术适用情况筛选表 **表 5-21**

类型	工艺	稳定塘	人工湿地			土地处理技术			UASB	A/O	A/A/O	氧化沟	SBR	CASS	MBR	BAF	接触氧化法	
			表面流	潜流	垂直流	OF	SF	RF										
规模	小型镇	★	★	☆	×	★	☆	☆		×	×	×	×	×	☆	☆	×	×
	中型镇	★	★	☆	☆	★	☆	×		×	☆	×	×	☆	☆	☆	×	×
	大型镇	★	★	☆	☆	☆	☆	★		×	☆	☆	☆	☆	☆	☆	☆	☆
发达程度	欠发达	★	★	☆	×	★	☆	☆		×	×	×	×	×	☆	☆	×	×
	中等发达	★	★	☆	☆	★	☆	×		×	☆	×	×	☆	☆	☆	×	×
	发达	★	★	☆	☆	☆	☆	★		×	☆	☆	☆	☆	☆	☆	☆	☆
产业类型	农业型	★	★	☆	☆	★	☆	×		×	☆	×	×	☆	☆	☆	×	×
	商贸旅游型	★	★	☆	☆	★	☆	★		×	☆	☆	☆	☆	☆	☆	☆	×
	工业厂矿型	★	★	☆	☆	★	☆	×		×	☆	×	×	☆	☆	☆	×	×
	综合型	★	★	☆	☆	★	☆	×		×	☆	×	×	☆	☆	☆	×	×
气候条件	寒冷地区	★	★	☆	☆	★	☆	×		×	☆	×	×	☆	☆	☆	×	×
	温暖地区	★	★	☆	☆	★	☆	×		×	☆	×	×	☆	☆	☆	×	×
	炎热地区	★	★	☆	☆	★	☆	×		×	☆	×	×	☆	☆	☆	×	×
水资源程度	干旱缺水型	★	★	☆	☆	★	☆	★		×	☆	☆	☆	☆	☆	☆	☆	×
	温润适中型	★	★	☆	☆	★	☆	×		×	☆	×	×	☆	☆	☆	×	×
	湿润丰水型	★	★	☆	☆	★	☆	×		×	☆	×	×	☆	☆	☆	×	×
建设用地情况	紧张	★	★	☆	×	☆	☆	☆		×	☆	☆	☆	☆	☆	☆	☆	×
	适中	★	★	☆	☆	★	☆	×		×	☆	×	×	☆	☆	☆	×	×
	充裕	★	★	☆	☆	★	☆	★		×	×	×	×	☆	☆	☆	×	×

说明：★表示适用程度高，☆表示适用程度一般，×表示适用程度差。

5.3　小城镇污水处理技术筛选

我国小城镇的类型有很多种，适合不同类型小城镇的污水处理工艺又有好几种，在确定处理技术时，必须同时考虑小城镇的规模、发达程度、产业类型、气候条件、水资源状况，以及用地紧张程度等。由 5.2.3 节的评价结果可知，通过综合考虑各种情况，可以得到具体某个小城镇适合的污水处理技术。与此同时，对于单一类型的小城镇也可以通过计算，给出备选污水处理技术的排序，并以此为基础，选择最适合的技术方案。因此，本节根据 5.1 节和 5.2 节的评价方法，对不同分类方法划分的小城镇分别进行技术评价。在评价结果的基础上，根据总评价值来判断不同类型小城镇的各种污水处理工艺的适用性。在工艺适用度上取总评价值大于 0.5 的为适用程度高，总评价值在 0.5～0.3 的为适用程度一般，总评价值小于 0.3 的为适用程度差。然后将不同分类方法划分的小城镇的各项污水处理技术适用情况进行汇总，给出各种类型特点的小城镇污水处理技术的筛选结果，见表 5-21 所列，可以用于指导今后对小城镇污水处理技术的选择。

第6章　小城镇水污染控制与治理示范工程实例

国家科技重大专项“水体污染控制与治理”在“十一五”期间启动实施了“城市水污染控制与水环境综合整治技术研究示范”主题，其中专门针对小城镇的水污染控制与治理设置了一批研究课题和子课题，开展了关键技术研究和工程示范，包括：

(1)“城镇水污染控制与治理共性关键技术研究与工程示范”项目中设置的“小城镇水污染控制与治理共性关键技术研究与工程示范”课题；

(2)“环太湖河网地区城市水环境整治技术研究与综合示范”项目中设置的“水乡城镇水环境整治技术研究与综合示范”课题；

(3)“海河流域典型城市水环境整治技术研究与综合示范”项目中设置的“华北缺水地区小城镇水环境治理与水资源综合利用技术研究与示范”课题；

(4)“三峡库区城市水污染控制与治理技术研究与综合示范”项目中设置的“三峡库区山地小城镇水污染控制关键技术研究与示范”课题；

(5)“巢湖流域城市水污染控制及水环境治理技术研究与综合示范”项目中设置的“分散区域及小城镇污水处理技术与设备集成研究”子课题。

本章针对示范工程的实施情况进行了调查、分析和总结，本章列举了部分典型的示范工程实例。

6.1　典型案例概况

本书共选择11个典型案例进行介绍，这些案例都是“十一五”阶段“水体污染控制与治理”科技重大专项启动的小城镇水污染控制相关课题实施的示范工程。所选案例涉及不同规模的小城镇，在这些案例中，根据实际情况，所开展的水污染控制与治理工程分别包括污水收集工程、污水处理与再生工程、污泥处理处置工程、水体修复工程等。表6-1介绍了典型案例概况。

典型案例基本概况　　**表6-1**

序号	小城镇	位置	基本特点	工程内容	污水处理规模	污水处理主体技术
1	角直镇	江苏省苏州市	历史文化名镇；以印染为主的纺织业和化工业	1. 污水收集管网工程； 2. 污废水处理与再生工程； 3. 固体废物处理与资源化工程； 4. 降雨径流污染控制工程； 5. 污染河道水质改善工程	4万m^3/d	高级氧化—厌氧—水解酸化—活性污泥—混凝沉淀—生物过滤

续表

序号	小城镇	位置	基本特点	工程内容	污水处理规模	污水处理主体技术
2	玉石庄村	天津市蓟县	以农家乐为主的乡村旅游	1. 单户污水处理工程； 2. 片区污水收集与处理工程	单户：$5m^3/d$ 片区：$300m^3/d$	单户：一体化复合式生物膜反应器；片区：隔油池—调节池——一体化氧化沟—潜流人工湿地
3	黄麓镇	安徽省巢湖市	以水产养殖为主要产业	1. 水产废水处理与利用工程； 2. 污水收集工程； 3. 污水处理工程； 4. 雨水收集处理工程	水产废水：$10m^3/d$ 城镇污水：$712m^3/d$	水产废水：SBR； 城镇污水：厌氧微网—生物膜
4	仙女山镇	重庆市武隆县	以旅游业为主要产业	1. 自然曝气下水道污水处理工程； 2. 复合式人工湿地污水处理工程	自然曝气：$1200m^3/d$ 人工湿地：$1200m^3/d$	自然曝气下水道污水处理工程采用“预处理池＋跌水曝气下水渠道”工艺； 复合式人工湿地污水处理工程采用“化学除磷＋竖向折流式人工湿地＋生物接触氧化”工艺
5	澄溪镇	重庆市垫江县	山地小城镇；城镇化率高	污水处理工程	$1200m^3/d$	生物处理＋人工湿地
6	磐石市	吉林省吉林市	寒冷地区小城镇	污水处理工程	$30000m^3/d$	水解—AICS（交替式内循环活性污泥法）
7	河头店镇	青岛市莱西市	产业型小城镇	污水处理工程	$500m^3/d$	复合生物过滤＋耕作层下污水土地处理
8	长阳土家族自治县	湖北省宜昌市	旅游服务区小城镇	污水处理工程	$15000m^3/d$	奥贝尔氧化沟
9	井冈山农业小城镇	江西省井冈山市	农业小城镇	污水处理工程	$360m^3/d$	厌氧预处理＋人工湿地
10	周庄镇	江苏省苏州市	水网地区小城镇	污水处理工程	$2000m^3/d$	膜生物反应器（MBR）
11	梅溪镇	浙江省安吉县	水网地区小城镇	污水处理工程	$10000m^3/d$	成套化 SBR

6.2 苏州市甪直镇水环境整治工程

6.2.1 工程建设背景

太湖流域水乡城镇作为我国城市快速发展的重要区域和环太湖城市的重要构成要素，

已超越传统的城镇概念，其发展在区域城市化进程中具有明显的代表性。表现为社会经济快速发展，经济高速增长，人口激增，区内工业高度发达，产值与人口比重不断增加。由于近二十多年来的高速发展，对水环境质量保持造成巨大压力，水环境质量持续下降，水环境污染问题十分突出。城镇为产业密集区和新增人口主要的聚集区，污染负荷污染源增加速率快，新增的污染量比较大；基础设施建设落后于经济发展；城镇内河道流动缓慢，水交换能力差，基本丧失了自净功能；城镇内民居稠密，道路狭窄，具有众多文化底蕴深厚的古老建筑，不能承受施工扰动；产业结构不合理、并且与居住区混布，工业污染和生活污染都比较严重，属于复合型污染等。由于水乡城镇在环太湖河网地区中的地位和特点，水乡城镇的水环境改善和污染控制成为实现环太湖河网地区水环境改善的总体目标的关键节点。

针对环太湖水乡城镇存在的突出水环境问题，选择苏州市吴中区典型水乡城镇——角直镇作为水乡城镇水污染控制与水环境修复技术集成与示范区。角直镇中心区面积 $12km^2$，古镇区 $2km^2$，现有人口 80000 人，是国务院颁布的历史文化名镇，全镇有 1000 余家工业企业，主要是以印染为主的纺织业和化工业等。

6.2.2 工程建设内容

1. 污水收集管网工程

角直镇原有收集管网主要位于北部，用于收集工业废水，就近接入污水处理厂。南部居民区和工厂因建筑密集、道路狭窄，传统的重力污水收集方式实施难度较大，污水一直无法得到有效收集，污水就近直排河道，使周边水体支家厍和洋泾港的水环境严重恶化。本工程采用室外负压抽吸收集技术（图 6-1），提出了多种污水收集方式相结合的生活污水收集模式。通过重力和负压收集相结合的污水收集方式，建立 $0.5km^2$ 污水收集示范工程，实现收集率 85%。

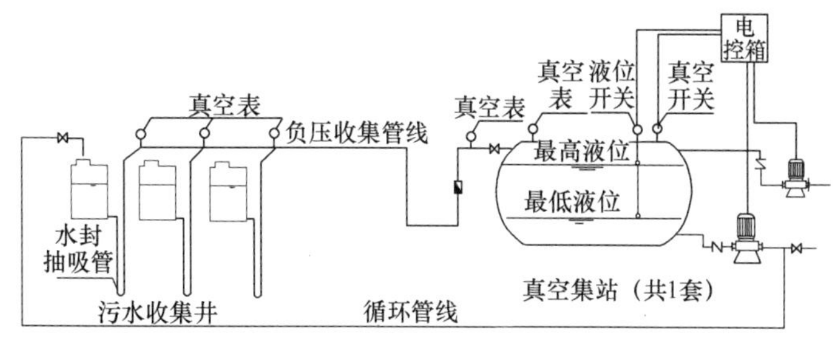

图 6-1 污水负压收集系统

2. 污废水处理与再生工程

在角直镇收集的排水中，工业废水比例高，且以印染废水为主，有机组分复杂，可生化差，溶解性易生物降解有机物仅占 7.55%～8.97%，氮素含量不高。如果采用曝气池处理此类污废水，容易出现活性污泥解体、污泥膨胀、二沉池出水悬浮物高等问题，因此，工程采用了如图 6-2 所示的处理工艺流程，以“水解酸化—活性污泥—混凝沉淀—生物活性炭”作为主体处理工艺，建立了规模为 4 万 m^3/d 的污废水协同处理示范工程，出水达到一级 A 标准。

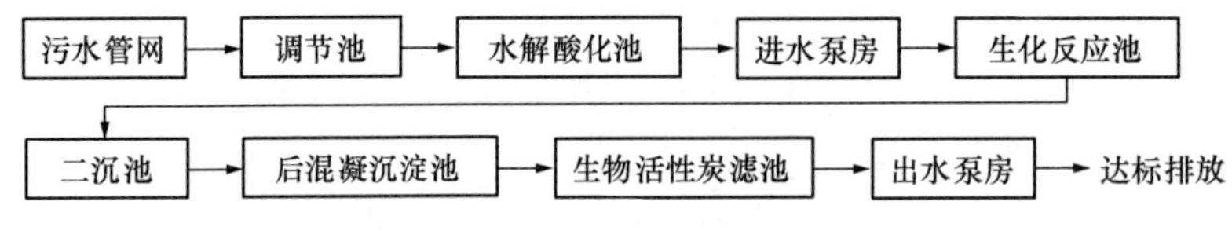

图 6-2　污废水处理工艺流程

在尾水再生处理方面，如图 6-3 所示，工程采用模块化组合方式，将化学氧化、生物过滤、膜处理进行不同组合，形成不同出水水质的再生水处理工艺，出水水质分别满足印染等工业一般品质用水及锅炉用水等高端用水要求。建立了规模为 4000m^3/d 的再生水处理利用工程，再生水回用于 10 家印染企业用水。

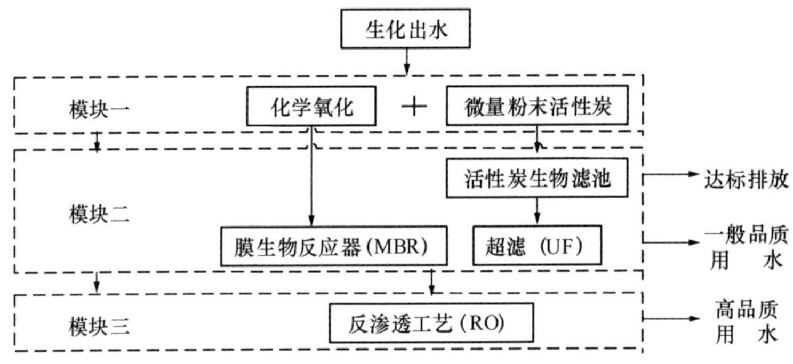

图 6-3　再生水回用处理工艺流程

3. 固体废物处理与资源化工程

基于污水处理厂来水工业废水占较高比例、污泥有机质含量较低而重金属含量较高的特点，结合河道疏浚产生大量底泥的情况，以污水处理厂污泥、河道疏浚底泥和电厂粉煤灰为原料，通过高温烧结生产轻质陶粒。针对经济较为发达的城镇生活垃圾主要由高热值可燃物与厨余垃圾组成的特点，通过选择性源头分类收集，辅之以机械分选，将生活垃圾中的高热值可燃物分离出来，与部分工业企业产生的可燃工业边角料、河道底泥等一起，同时添加废石灰等辅料，生产加工高热值固废衍生燃料，实现可燃垃圾的高附加值资源化。开发出相应设备，分别建立了规模为 20t/d 和 3t/d 的固废资源化处置工程。

4. 降雨径流污染控制工程

基于降雨径流量大，径流路径短，水域面积大，陆域缓冲能力低，径流控制工程空间有限等问题，针对城镇河道水体富含有机胶体、固态型悬浮物含量高等特征，利用超滤系统实现固液分离和降雨径流污染河道净化。建立了规模为 300m^3/d 的示范工程。

5. 污染河道水质改善工程

针对角直镇典型河道支家库沿河民居密集，沿河生活污染源均直接分散入河，水环境严重，同时支家库区域存在断头浜，流态差，水体自净能力缺失等特点，建设了集人工湿地、生态护坡与生态浮岛为一体的净化系统，建设了如图 6-4 所示的 1.0km^{2}的过滤、表流湿地与潜流湿地相结合的四段式人工湿地处理工程，实现了断头浜激活与污染河道水质净化，提升了污染河道的自净能力，改善了水质。

图 6-4　河道水质改善工程处理工艺流程

6.2.3　工程实施效果

通过工程实施，实现示范区内污水收集处理率达 85%以上，污水厂出水水质达到了一级 A 的排放标准。再生水利用于工业企业生产，有效节约水资源 146 万 m^3/a。COD、TP、NH_3-N 污染负荷削减率分别达到 30.74%、50.92%、47.10%，水体流速提高近一倍，水体 COD、TN、TP 浓度降低 30%～50%，监测断面的 95%的水质达到地面水环境质量标准 V 类，显著改善综合示范区水动力学条件和水环境质量。

6.3　玉石庄村污水收集处理工程

6.3.1　工程建设背景

据调查，华北缺水地区小城镇生活污水为河道水体提供了 90%的 COD 及 84%的 NH_3—N，是最主要的污染源。但京津冀地区小城镇排水体制粗放，平均排水管道密度仅 26m/hm^2，污水收集能力不足，除北京市小城镇污水处理率达 16.9%外，天津市、河北省小城镇污水处理率均不足 6%，低于全国小城镇污水处理平均水平。由于污水设施投资效率低导致污水总体处理率较低，即使有污水处理厂，其平均设计规模大都低于 5000m^3/d，普遍存在实际运行负荷不足，建设运行成本高、工艺适用性差，最终处理设施建设成为“晒太阳”工程的严重问题。选择天津市最早的旅游专业村蓟县玉石庄为对象，开展水污染控制与治理工程示范，为解决天津旅游型乡村所面临的水环境恶化问题提供基础资料。

华北缺水地区（以京津冀地区为主）进行污水处理的小城镇，玉石庄位于天津市蓟县官庄镇西北的国家级风景区盘山南麓，旅游业是支柱产业。玉石庄总用地面积 81.10km^2，人口 280 人，86 户，90%以上村民从事旅游业，旅游淡季接待游客约 1000 人/d，旺季超过 10000 人/d。景区污水主要来自景区农家乐，污水经化粪池处理后通过自然沟渠直接进入水体。

6.3.2　工程建设内容

1. 片区污水处理工程

工程建设内容包括污水收集系统和污水处理系统两个部分。根据农家乐污水中污染物的主要特点，污水处理系统的建设采用了如图 6-5 所示的“隔油池—调节池——体化氧化沟—潜流人工湿地”工艺流程，处理规模为 300m³/d，处理出水回用于景区的景观绿化。

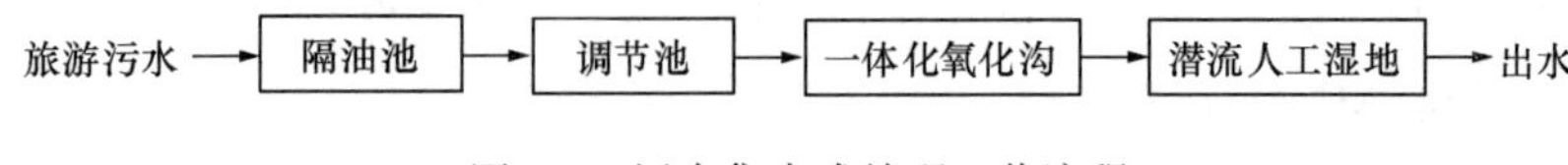

图 6-5　污水集中式处理工艺流程

2. 单户污水处理工程

针对少量村民农家院位于山区，地势陡峭不利于污水管网铺设，旅游污水直接排入附近的盘山水库，对水库水质造成污染。选取老杨农家院为示范点，采用如图 6-6 所示的一体化复合式生物膜技术，处理规模为 5m³/d。出水除磷外，基本达到了城镇污水处理厂污染物排放标准一级 B 标准。

旅游污水 → 调节池 → 一体化复合式生物膜反应器 → 出水

图 6-6　污水分散式处理工艺流程

6.3.3　工程实施效果

工程投入运行后，玉石庄村居民生活污水收集率达到 85%以上，污染物 COD、NH_3-N、TN、TP 去除率分别达 90%、95%、70%、78%，出水 TN、NH_3-N、COD、SS 等水质指标均能稳定达到一级 A 标准，TP 达到一级 B 标准，单位处理成本为 0.52 元/（m^3·d）。

6.4　黄麓镇污水处理工程

6.4.1　工程建设背景

巢湖流域小城镇分布较分散，且存在生活污水、水产加工废水、养殖废水等多种污废水，针对这一特点，选择巢湖市黄麓镇，开展相应的处理技术研究与工艺示范，为巢湖流域分散区域及小城镇污水、村镇分散点源生活污水、流域城镇水产加工/养殖废水等处理提供适用、可行、处理效果好的工艺技术与设备。

黄麓镇总面积 $83km^2$，其中集镇区面积 $2.8km^2$。全镇辖 8 个行政村和 1 个居委会，总人口 4.3 万人，其中农业人口 2 万人。沿巢湖开展水产养殖是黄麓镇主要产业特点。

6.4.2　工程建设内容

1. 水产废水处理与利用工程

在黄麓镇的三珍食品集团有限公司厂区内建设了水产废水处理与利用工程，包括：水产养殖污水循环利用工程和水产加工废水脱氮除磷工程。其中，水产养殖污水循环利用工程主要功能单元包括：循环水养殖系统、预/物理过滤装置、高效生物过滤装置、旁路效益农业耦合单元等（图 6-7），工程总容积 $20m^3$，总占地 $150m^2$；水产加工废水脱氮除磷工程以“调节池—混凝气浮池—厌氧水解池—SBR 生物池—清水池”为废水主体处理工艺流程（图 6-8），处理能力为 $10m^3/d$。

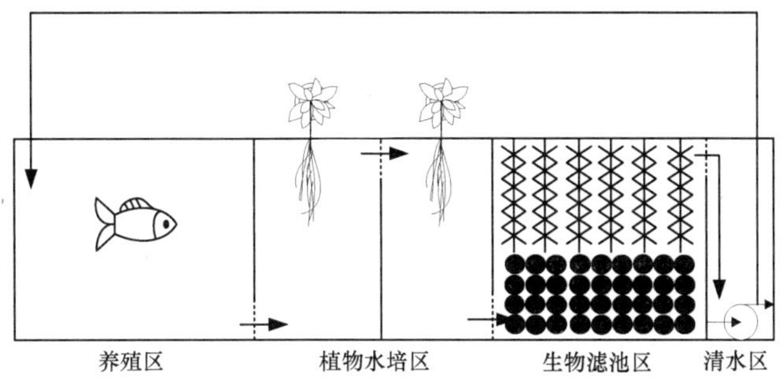

图 6-7 水产废水处理与利用系统

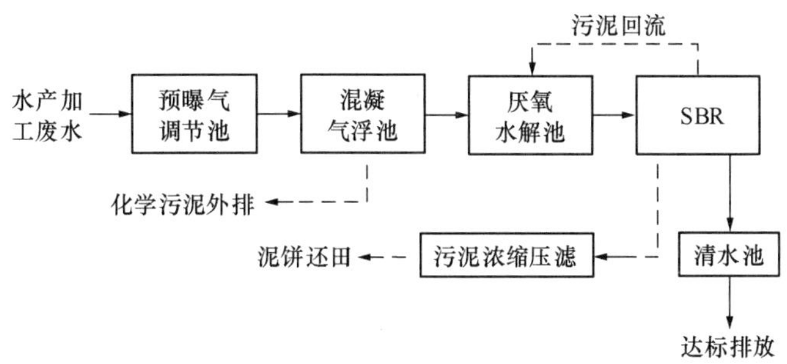

图 6-8 水产加工废水脱氮除磷工艺流程

2. 污水收集与处理工程

针对城镇污水，采用集中收集、集中处理的方式，工程包括污水收集、雨水收集处理和污水处理三部分内容：

（1）污水收集工程：由于受黄麓镇的经济实力及地形坡度等自然条件的限制，敷设管径较大，埋深较深的污水管道，存在一定的难度，因此，新建污水管道沿原有排水明沟敷设。

（2）雨水收集处理工程：将原有排水明沟改造成雨水管渠，并在雨水沟渠末端设置处理设施，初期雨水处理达标后排入周边受纳水体。

（3）污水处理工程：建设了以厌氧微网—生物膜组合为主体工艺的污水处理工程。

6.4.3 工程实施效果

分散区域及小城镇污水生物与生态联合处理技术，出水水质稳定达到一级 A 排放标准，COD、BOD、NH_3-N 浓度达到地表水Ⅳ类标准。

6.5 仙女山镇污水处理工程

6.5.1 工程建设背景

重庆市武隆仙女山镇海拔 1650～2033m，年平均气温约 10℃，冬季气温低于 0℃，年积雪时间为 90d 左右。镇辖 22 个村，121 个社；农户 3938，人口 1.5 万；立体气候明显；森林覆盖率已达 63%。近年来，仙女山镇大力开发当地的旅游资源，但是，镇区内无完善的排水系统，污水未经处理直接排入水体，对镇区环境造成严重污染。

6.5.2　工程建设内容

1. 自然曝气下水道污水处理工程

仙女山镇自然曝气下水道工程主要接纳仙女山镇及附近景区的一部分生活污水。如图 6-9 所示，工程的污水处理工艺为“预处理池＋跌水曝气下水渠道”，工程规模为 1200m^3/d。建设的渠道总长 1.83km，分为 A、B 两个渠道，其中，A 渠道由南向东敷设，长度为 1351m，沿程跌落总高度为 87.6m，有效容积为 342.3m^3；B 渠道由东北向南敷设，长度为 475m，沿程跌落总高度为 88.4m，有效容积为 93.2m^3。

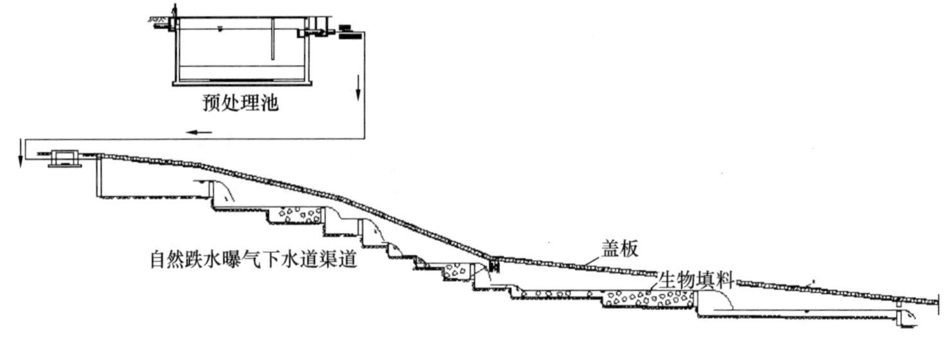

图 6-9　自然曝气下水道污水处理系统

本工程将污水的输送与处理结合起来，在输送过程中得到处理。渠道主体为收集和处理城市污水的下水道，内设置隔墙，将渠道主体沿水流方向隔为多个处理单元，沿程各个处理单元内的渠底比上一级向下跌落约 40cm；隔墙即为跌水堰，通过跌落可使得污水流经各个单元得到处理，各污水处理单元的渠底高度沿水流方向依次降低；每一处理单元的最后一级台阶处为水流滞留区，此处设置悬浮填料，形成污水生物降解区。

2. 复合式人工湿地污水处理工程

在仙女山镇建成谭家沟污水处理厂，工程处理规模 1200m^3/d，占地 18.5 亩，受纳仙女山镇居民的一部分生活污水。采用竖向折流式人工湿地为核心的组合工艺，包括化学除磷区、竖向折流式人工湿地处理区及生物接触氧化区三部分，系统工艺流程如图 6-10 所示。

6.5.3　工程实施效果

跌水曝气下水渠道夏季 COD 去除率为 72%～91%，春秋为 64%～91%，冬季为 52%～85%，出水 COD 值达到一级 B 排放标准。NH_3-N 全年去除率为 24%～60%，夏季去除率能够达到 50%，当 NH_3-N 进水浓度低于 19.8mg/L 时，出水 NH_3-N 值能够达

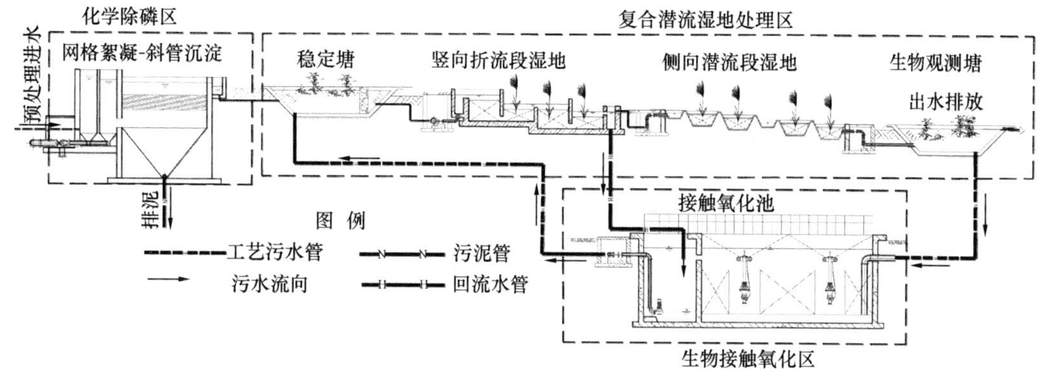

图 6-10 复合式人工湿地污水处理工艺流程

一级 B 排放标准。TN 全年去除率为 15%～47%，夏季去除率能够达到 47%。经测算，工程运行成本为 0.022 元/m^3。

复合式人工湿地污水处理工程出水稳定达到一级 B 排放标准，工程投资 1500 元/m^3，与传统表面流人工湿地工艺相比，节约投资 22%；示范工程运行费用为 0.12 元/m^3。

6.6 澄溪镇污水处理工程

6.6.1 工程建设背景

澄溪镇是全国重点镇、国家小城镇建设试点镇、全国创建文明村镇工作先进镇、重庆市小城镇建设示范镇、重庆市首批启动的经济百强镇和重点中心镇。全镇辖区面积 59km^2，辖 7 个行政村，6 个社区居委，总人口 5.5 万人，其中城镇面积 2.76km^2，城镇人口 2.5 万人。澄溪是重庆市域东部重要的区域性物流结点，境内的小商品交易市场、农产品市场辐射长寿、邻水等周边区县。

6.6.2 工程建设内容

如图 6-11 所示，澄溪镇污水处理采用了生物/生态协同处理工艺技术，主要构筑物包括一体化预处理池、组合式生物/生态处理池、贮泥池等，整个处理系统可以实现序批式运行。污水处理规模为 1200m^3/d，污水厂占地 5.6 亩。连续运行监测结果表明，澄溪镇污水处理系统具有工艺流程短，一体化组合式设计，占地少，投资低，运行能耗低，剩余污泥量少的特点，并且，工艺流程集生物、生态处理为一体，景观效果良好。

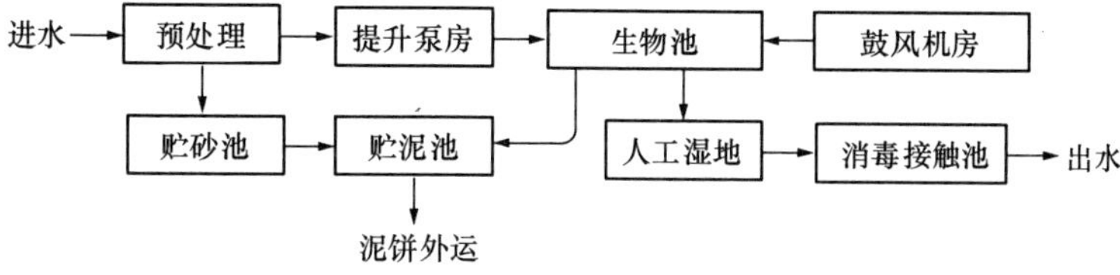

图 6-11 澄溪镇污水处理工艺流程

6.6.3　工程实施效果

澄溪镇污水处理工程出水稳定达到一级 B 标准，工程投资 1700 元/m^3，与传统生物处理工艺相比，节约投资 26%；工程运行费用为 0.28 元/m^3。

6.7　磐石市污水处理工程

6.7.1　工程建设背景

我国东北地区，冬季长、气温低。小城镇污水处理具有三个主要问题：

（1）水温低。普遍存在较长时间的低温期，污水温度可低至 6～8℃，污水处理设施处理效果差，运行费用高，与此同时，污泥在低温条件下处理难度增大；

（2）污染物浓度高。寒冷地区居民以肉食为主，且用水量较小，导致污水中污染物含量高，尤其是含油多，可生物降解性差；

（3）水量变化大。北方寒冷地区冬季昼短夜长，导致昼夜水量差异大，易对污水厂产生水量冲击。

因此，寒冷地区小城镇在选择污水处理工艺时，不仅需要考虑水量水质的影响，更需要考虑低温对处理设施的影响，采用适当的技术措施，保证低温条件下污水处理系统的正常运行。

磐石市位于吉林省东南部，地处松辽平原向长白山过渡地带，年平均气温 4.1℃，最冷月为 1 月份，月平均温度为－17.1℃，多年平均降水量 700.1mm，故该市为寒冷地区干旱缺水型城镇。

6.7.2　工程建设内容

磐石污水处理厂采用水解—AICS（交替式内循环活性污泥法）工艺。该工艺属于“水解—好氧”工艺，其中水解酸化池具有强大的预处理能力，能适应小城镇污水进水水质水量波动较大的能力，AICS 是 SBR 的一种变形，具有恒水位、连续进水、连续出水和交替运行的特点，有效提高污水处理效率。如图 6-12 所示，污水处理工艺流程为：粗格栅→集水井→细格栅→旋流沉砂池→水解池→AICS 池，出水一部分排入挡石河，另一部分经深度处理后回用至电厂循环冷却水系统。水解池内截留的污泥和 AICS 池中的剩余污泥一起排入集泥池，

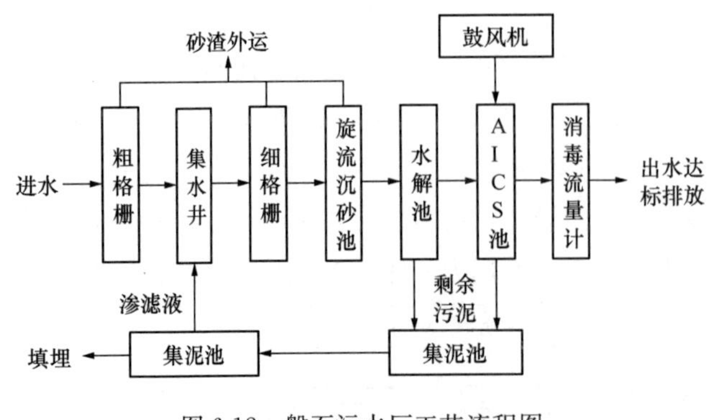

图 6-12　磐石污水厂工艺流程图

经浓缩脱水机浓缩脱水后，泥饼外运填埋。污水厂处理规模为 3 万 m^3/d。

6.7.3 工程实施效果

工程连续运行监测结果表明，COD 平均去除率为 85.6%，出水 COD 均低于 60mg/L，NH_3-N 平均去除率为 80.1%，出水 NH_3-N 均低于 8mg/L，均能达到一级 B 排放标准。TN 平均去除率为 42.4%，出水 TN 平均为 20.78mg/L。TP 平均去除率为 65.9%，出水 TP 平均为 0.88mg/L。工程显著特点是解决低温地区生活污水处理问题，为我国寒冷小城镇水污染综合整治提供了技术示范。

6.8 河头店镇污水处理工程

6.8.1 工程建设背景

产业型小城镇企业多为印染、电镀、机械加工、食品加工、饮食服务等小型企业，因此污水主要来自于工业废水、生活污水、畜禽养殖废水及农业面源污染产生的废水，水污染主要特点有：

（1）污染源分散，污染物种类复杂，工业、生活、养殖、农业形成复合污染；

（2）污水水量水质变化大。企业废水集中排放，且企业多为中小型企业，生产工艺较为落后，排放废水中含有大量有毒有害物质。

青岛莱西市河头店镇镇区人口 2500 余人，属于发达型小城镇。小镇以农业为主兼有多种产业，可收集污水除生活污水外，还有工业废水、禽畜粪便污水、餐饮业污水等，原有的水污染控制基础设施薄弱，造成污水直接排放，对小镇环境造成了严重的影响。

6.8.2 工程建设内容

如图 6-13 所示，污水处理采用以“复合生物过滤＋耕作层下污水土地处理系统”为主体工艺的污水处理流程。耕作层下污水土地处理技术，是一种人工强化的污水生态处理技术，将经过预处理的污水经配水井投配到耕作层下土地生物处理系统，在土壤—微生物—植物等的综合作用下，使污水中的残余污染物得到进一步有效去除，如图 6-14 所示。工程处理规模为 $500m^3/d$。二沉池的剩余污泥通过蚯蚓生态处理后，可作肥料供农田使用。

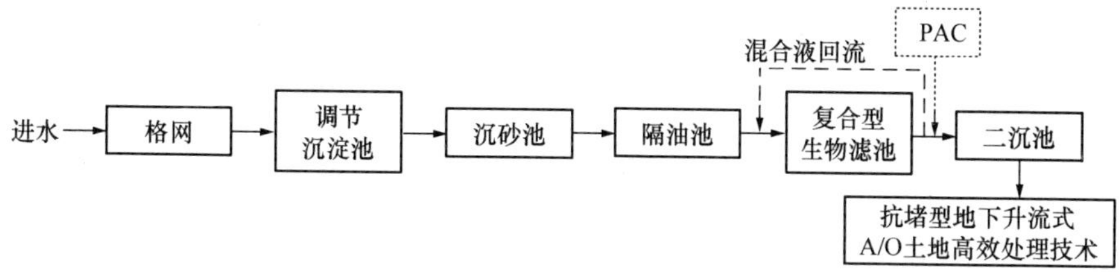

图 6-13　河头店镇污水处理厂工艺流程

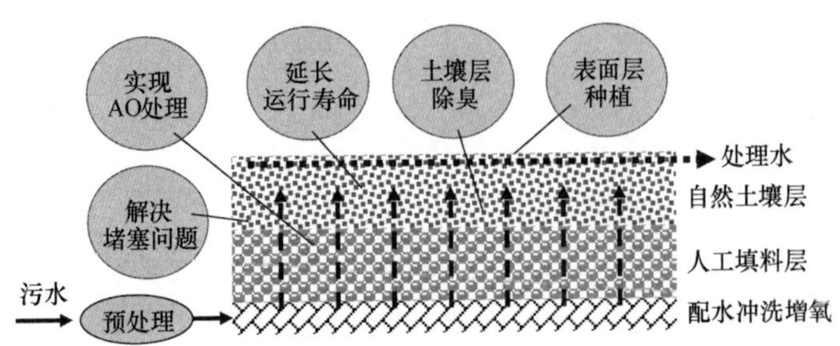

图6-14 抗堵型地下升流式A/O土地高效处理技术

6.8.3 工程实施效果

耕作层下土地处理系统，解决了传统土地处理技术占地面积大，有异味，冬季处理效果差等不足，具有处理效果好，建设费用低，运行成本低，稳定性好，维护管理方便等特点。污水站单位建设投资为1800元/m^3，单位运行费用为0.26元/m^3。处理出水达到了一级B排放标准。

6.9 长阳土家族自治县污水处理工程

6.9.1 工程建设背景

旅游服务型小城镇的污水水量水质易受到旅游人口、气候等条件的影响。由于旅游人口季节性、时段性的变化特征，城镇人口的变化呈现一种潮汐式的变化方式，从而导致污水水量和水质的剧烈变化，进而影响污水处理技术的选择。

长阳土家族自治县，地处鄂西南山区清江中下游，旅游为该县的主导产业。由于原有排水基础设施不完善，大量生活污水及工业废水未经处理直接排入清江，对水域造成一定程度的污染。此外，城区下游高坝洲电站建成后，清江龙舟坪段成为静水区，水体自净能力下降，也进一步加剧了水体恶化的趋势。

6.9.2 工程建设内容

污水厂的建设分远期（2020年）和近期（2010年）两部分，远期处理规模3.0万m^3/d，占地59.5亩，近期处理规模1.5万m^3/d，占地40亩。如图6-15所示，近期处理

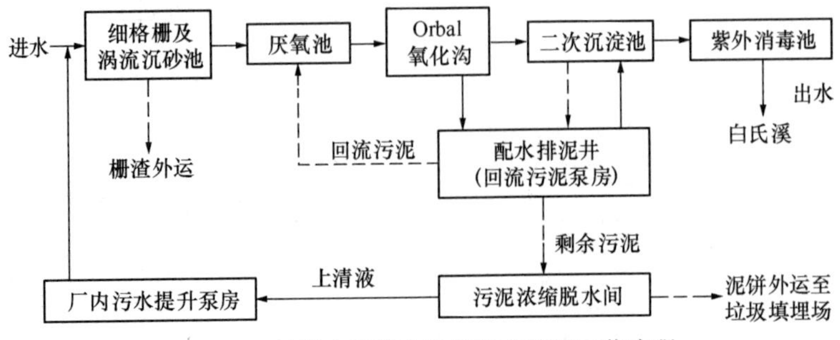

图6-15 长阳土家族自治县污水处理工艺流程

污水处理设施采用以奥贝尔氧化沟为主的工艺流程，污水厂内主要构（建）筑物有：细格栅间及涡流沉砂池、厌氧池、奥贝尔氧化沟、二沉池及配水排泥井、紫外线消毒池、出水巴氏计量槽、污泥浓缩脱水间、变配电间、综合楼及出水在线监测房。

6.9.3 工程实施效果

污水厂处理出水水质达到了一级 B 排放标准。污水处理厂单位建设费用 1400 元/(m³·d)，与同类工程相比降低 27.8%～39.2%；单位经营成本 0.93 元/m³，不计折旧及大修单位运行行成本 0.59 元/m³，与同类工程相比降低 17.5%～39.25%。

6.10 井冈山小城镇污水处理工程

6.10.1 工程建设背景

我国农业型小城镇面积较小，而且人口少，居民生活规律相近，导致污水的日变化系数较大，在用水高峰时排水量大，夜间排水量很小，甚至断流，污水排放呈现不连续状态。另一方面，农业型小城镇的乡镇企业大多选择生产工艺简单、科技含量低、污染严重的行业，从而进一步加剧了此类小城镇水质水量不稳定的特点，进而影响适宜的处理技术的选择。

工程分四个部分，分别位于茅坪镇石盘下组、茨坪镇大井村、茨坪镇上井村和厦坪镇菖蒲村。除菖蒲居民房屋分布比较集中，污水较易集中收集处理外，茅坪、大井、上井居民房屋均是依山势而建，房屋布局较为分散，污水较难集中收集、统一处理。因此，工程因地制宜分别在茅坪、大井、上井、菖蒲 4 个点建设了污水处理设施。工程总处理规模 360m³/d。

6.10.2 工程建设内容

在茅坪镇石盘下组居民及旅游景区聚集区边田地中，建设了人工湿地处理设施，结合在住宅旁绿化地下建设的一级厌氧发酵池，形成了“厌氧预处理＋人工湿地”的处理流程。人工湿地植物选用美人蕉、芦苇、菖蒲、冬麦草等。

在菖蒲，大井，上井三地建设了一体化污水处理装置，工艺流程如图 6-16 所示，生活污水收集后排至格栅井内，经格栅去除毛发、塑料袋等大的悬浮物后进入隔油池，隔除油污后进入调节池。污水通过提升泵进入一体化污水处理装置内，处理后进入清水槽内，处理水可回用或达标排放。少量剩余污泥可直接用于农田施肥。

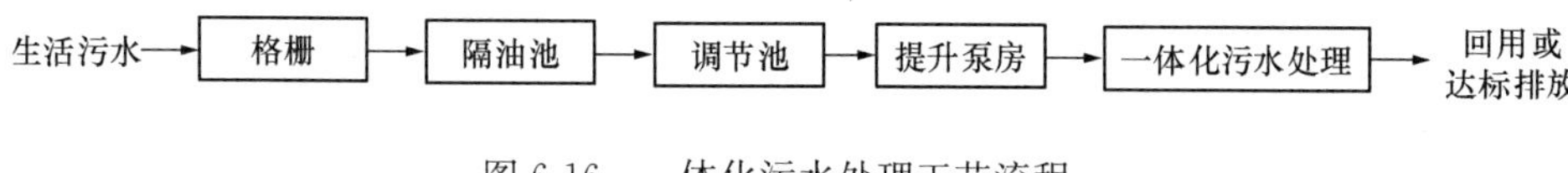

图 6-16 一体化污水处理工艺流程

6.10.3　工程实施效果

工程投入运行后，综合处理成本 0.41 元/m^3，出水水质满足一级 B 排放标准的要求，出水 COD 浓度平均为 34mg/L，NH_3-N 出水平均浓度 4mg/L。工程采用的人工湿地、一体化污水处理装置对农业型小城镇污水进行处理，运行中各种工艺表现出抗负荷冲击性强，设备操作简单，维护方便，总成本较低的特点，能适应农业型小城镇的水量水质冲击负荷和相对落后的管理水平，并且有效地利用了农村土地。

6.11　周庄镇污水处理工程

6.11.1　工程建设背景

我国水网型小城镇通常具有一些共性特点：

（1）河网密布，水陆相间，易形成水体污染。居民生产生活与水联系密切，传统的生活方式和生产作业产生的污水多数直接排入水体。

（2）工业化程度高，工业污水量增长趋势明显，处理率低。东南沿海的水网小城镇大多分散在大城市周围，区域内已经形成相当规模的工业产业园区，但企业自有污水处理设施缺乏。

（3）多为生态敏感的风景旅游区，污水处理水平要求高。一些水网小城镇多为典型的旅游性古镇，属于生态敏感区，对水环境的要求很高。

周庄镇地处环太湖流域，是集传统农业、现代工业和生态风景旅游于一体的小城镇，天然水体对污水处理排放标准要求高，具有典型的水网小城镇高排放标准污水处理特征。镇内现有的第二污水处理厂主体处理工艺采用的 A^2/O 工艺，出水中多项指标难以达到一级 A 排放标准。

6.11.2　工程建设内容

周庄镇现有第二污水处理厂主体工艺采用 A^2/O 工艺，本工程建设是对原有污水处理工艺系统的升级改造，包括两部分内容，一是在好氧反应池末端，增加 500m^3/d 的膜过滤装置；二是在二沉池后端，增加 1500m^3/d 的膜过滤装置。升级改造完成后，结合原有的污水处理流程，形成了如图 6-17 所示的污水处理工艺流程。

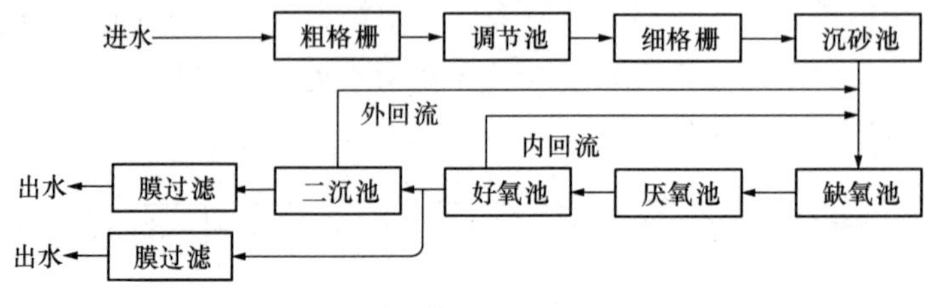

图 6-17　周庄第二污水厂工艺流程

6.11.3 工程实施效果

工程的膜生物反应器膜组件成本相对于进口膜组件降低 30%以上，占地面积比常规城市污水生物深度处理工艺（二级生化处理＋过滤工艺）节约 40%以上。工程连续运行结果表明，单位运行成本为 0.75 元/m^3。处理出水水质良好，达到了一级 A 排放标准，能够满足所在流域水体高标准排放的要求。

6.12 梅溪镇污水处理工程

6.12.1 工程建设背景

梅溪镇位于浙江省安吉县东北部，地处杭嘉湖平原西部边缘。随着梅溪镇经济的发展，人口及工业企业的增加，流域受纳的工业和生活污水量将进一步加大，但该镇基础设施建设相对较为落后，由于周边的工农业及生活污水直排等因素，流域的水环境质量开始恶化，几乎已经无环境容量。

6.12.2 工程建设内容

梅溪镇污水处理厂处理规模 1 万 m^3/d。本工程采用了成套化污水处理装备，装备的处理流程如图 6-18 所示，采用 ABR 厌氧水解工艺作为工程的预处理环节，二级生物处理采用 SBR 工艺，污泥处理采用离心脱水工艺，脱水后污泥外运至垃圾填埋场进行卫生填埋处理。

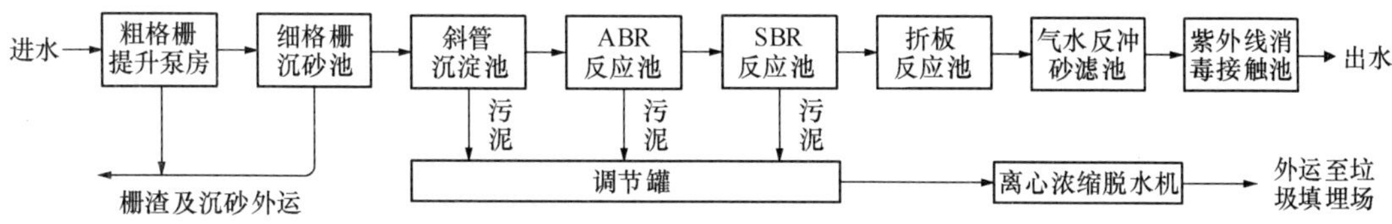

图 6-18 梅溪镇污水处理厂工艺流程

6.12.3 工程实施效果

本工程建设的特点在于设备的装备化，在工程中，基本完成了 SBR 主体结构与附属设备的成套化和标准化，实现了流程简洁、占地面积小、易实现自动控制的优势。工程建成后，实际处理污水 3700m^3/d，COD 平均出水浓度为 28.3mg/L，NH_3-N 平均出水浓度为 4.9mg/L，出水水质均达到了一级 A 排放标准，有效改善了所在流域水质。

第7章　小城镇水污染控制与治理系统运行管理

7.1　目标与原则

7.1.1　小城镇水污染控制与治理系统的特点

如本书前面各章所述，小城镇水污染控制与治理系统在构成上与城市水污染控制与治理系统没有大的区别，都包括排水设施、污水处理设施以及与处理水排放密切相关的水环境这三部分。排水设施包括污水收集和雨水集流排放设施，收集的污水被输送到污水处理设施进行处理，而雨水则在多数情况下直接进入受纳水体，如河流水体等，它往往是城镇水环境的核心部分。污水处理设施的出水（有时也包括初期雨水的处理水）一般也排入受纳水体。因此，对于任何城镇，排水设施、污水处理设施是污染"源"和"汇"之间的重要链接，城镇水污染控制与治理的目的就是将来自"源"的污染负荷进行削减，使进入"汇"（即受纳水体）的污染负荷不超过水体所能受纳的限值（即水环境容量）。

然而，由于小城镇水污染控制与治理系统在服务人口、系统模式、设施规模、排水形式等方面与大中型城市有很大的差异，所以在详细讨论小城镇水污染控制与治理系统的运行管理之前，应当首先从小城镇系统与大中型城市系统的差别入手，分析一下小城镇水污染控制与治理系统的特点。

1. 服务人口相对较少

就小城镇而言，多数情况下人口数量及其密集度远小于大中城市，与此相关的一个特点就是生活排水的时空分布不同，排水的不均匀系数偏高。就污水收集系统而言，排水不均匀会导致管道流量波动大，甚至出现一段时间内无水流或滞流的现象。就污水处理设施而言，进水不均匀也会加大处理过程控制上的一定难度，需要采取水量调节等措施来保障处理系统正常运行。

2. 系统模式多样化

大中城市一般采用集中式排水与处理的系统模式，已经积累了丰富的运行管理经验，且有一系列规范或规程［如《城镇污水处理厂运行监管技术规范》（HJ 2038—2014）、《城镇污水处理厂运行、维护及安全技术规程》（CJJ 60—2011）等］，而小城镇水污染控制与治理系统很多情况下具有分散式系统的特征，或采用集中式与分散式相结合的系统模式，在运行管理方面成熟的经验积累不多，且缺乏针对分散式系统（包括小型污水处理设施）的运行管理规范或规程可循。

3. 设施规模小

包括排水设施和处理设施在内，小城镇建成的水污染控制与治理设施的规模都远小于大中城市。在很多情况下，小城镇的排水管网系统相对简单，污水处理多为小型设施或装置。根据中国城乡建设统计年鉴，2013 年我国建制镇投入运行的污水处理设施中，能够称之为污水处理厂的共有 2060 处，总处理能力为 1114.8 万 m^3/d，则这些污水处理厂的平均规模为 $5412m^3/d$；与此相比，采用污水处理装置的共有 6371 处，总处理能力为 1309.7 万 m^3/d，则装置的平均处理规模为 $219m^3/d$。这样小规模的污水处理设施的运行管理通常很难配备具有足够技术经验的操作人员，因此经常发生运行不正常甚至停运的状况。

4. 排水形式多样

我国多数发展中的小城镇都具有农村城镇化的特点，因此排水设施建设一般都是从生活污水（包括小型乡镇产业废水）收集开始着手，从而使后续的污水处理成为可能。与污水相比，雨水集流排放设施的建设相对滞后。在人口密度低，自然排水条件好的小城镇，往往也无需建设专门的雨水集流排放设施。由于这个原因，小城镇的排水形式呈现多样化，且以单独考虑污水设施的处理水排放情况居多。另一方面，因为处理设施排放量相对较小，很多情况下都是以简陋的形式将处理水排入受纳水体。因此存在由于处理水排放不当造成污染物混入的情况。

7.1.2 系统运行管理目标

水污染控制与治理设施的建设仅仅意味着小城镇具备了控污、治污的硬件条件，要充分利用所建设的设施达到水环境改善的目的，很大程度上取决于系统的运行和管理。所谓系统运行，是指小城镇水污染控制与治理设施的全天候连续、正常投入运行；而所谓系统管理，则是指通过科学的管理，保证小城镇水污染控制与治理系统始终具备连续、正常运行的状态与条件。因此，小城镇水污染控制与治理系统运行管理的总体目标是：保障系统连续、正常运行，确保预期的污染负荷削减和水环境改善效果。

上述目标首先要与小城镇所在的流域水体的管理目标相一致。国务院颁布的《水污染防治行动计划》，即“水十条”，明确给出了我国到 2020 年和 2030 年两个阶段的水环境质量改善目标，基于对长江、黄河、珠江、松花江、淮河、海河、辽河等七大重点流域的指标要求，各个流域按照不同水域片区的水环境功能要求均有明确的水质改善目标，总体上可以分为三个类别：饮用水水源水质保障，水体水质要达到或优于Ⅲ类；水体使用功能恢复，水质要消除劣Ⅴ类；严重污染的水环境治理，要彻底消除黑臭水体。根据小城镇所在的流域片区，水污染控制和治理的具体目标必须与水体水质改善目标相一致。

其次，小城镇水污染控制和治理系统管理的目标与所在市（县）的水环境管理目标也要相一致。按照我国的行政区划，小城镇总是隶属于某一市（县），在该市（县）不同阶段的发展规划中均制定有具体的水环境保护与改善目标。因此，小城镇水污染控制和治理系统管理的具体目标必须置于所在市（县）的框架之下，并与上一级的水环境管理目标相一致。

再次，小城镇水污染控制和治理系统管理目标也需要根据小城镇自身的特点来确定。不同的小城镇在流域所处位置和范围不同，对流域水体造成危害的程度也不尽相同。对于毗邻重点保护水体的小城镇，其排污将直接影响水体水质，因此就需要设置更高的系统管理目标。

7.1.3　系统运行管理的原则

小城镇水污染控制与治理系统运行管理的属性是水环境管理，因此水环境管理的原则也适合于小城镇水污染控制与治理系统的运行管理。由于这类管理属于公益事业，涉及全社会成员的利益，不具备竞争性，因此具有制衡性和多原理性的特点，需要综合考虑多方面的因素，遵循以下基本原则。

1. 整体统一性原则

由于小城镇水污染控制与治理是小城镇所在流域水环境管理的一部分，所以必须将对象流域作为一个自然、经济、社会整体进行考虑，即小城镇水污染控制与治理要服从于流域水环境管理的整体目标与需求，为实现流域总体水环境改善做贡献。即使对于小城镇自身的水系统，其不同系统单元之间、不同水环境要素之间、污染源（点源与面源）之间、水资源与水环境之间、现状与未来之间，都将构成相互关联的有机统一体，只有在运行管理中遵循整体统一性的原则，才能实现优化管理。

2. 综合性原则

小城镇水污染控制与治理的目标是水环境改善。然而影响水环境的因素多种多样，涉及自然、生态、人为活动等各个方面，关联到自然科学、工程科学与社会科学问题，采用单一的对策或手段往往难以达到目标，因此需要通过政策、法规、行政、技术、经济等多个杠杆进行综合管理。

3. 主导动态性原则

在诸多影响小城镇水环境的因素中，总有几个因素对小城镇水环境起着主导或制约作用。因此要针对性地抓住主要矛盾，针对主导因素进行重点管理。另一方面，随着社会和经济的发展，小城镇水环境也处于动态变化之中，需要不断进行管理措施的动态调整，以保证小城镇水污染控制与治理系统处于良好的工作状态。

4. 公众参与原则

与任何公益事业一样，小城镇水污染控制与治理需要广泛的公众参与。尤其是与大中城市相比，小城镇在水环境领域的管理体制还很不完善，包括规划、设计、建设、资金筹措、技术保障在内的各个环节并不完全是政府主导，从而具有一定的自治的性质，这就更需要公众参与水污染控制与治理事业，同时通过公众参与提高环境意识，维护自身利益，监督污染治理，群策群力达到水污染控制与治理的目标。

7.2 小城镇水污染控制与治理系统运行管理体制的构建

在我国，城市水污染控制与治理系统的运行管理体制基本上是健全的。首先在政府管理机构方面，城市排水系统和污水处理事业都由建设局、水务局或公用事业局这样的政府部门统一管理，而城市水环境由环境保护局统一管理；在管理法规方面，我国的《室外排水工程设计规范》(GB 50014—2006)、《城镇污水处理厂运行监管技术规范》(HJ 2038—2014)、《城市污水处理厂运行、维护及其安全技术规程》(CJJ 60) 及其他国标、部颁标准主要都是针对城市指定的，使得系统管理有章可循；在系统运行管理的人员配置上，以城市污水处理厂为例，一般都根据处理设施的规模配置了专职运行操作人员、管理人员和维修人员，使水污染控制与治理设施得以正常运行。然而，这样的运行管理体制在我国的小城镇并没有建立。如前所述，我国的建制镇 2013 年投入运行的污水处理设施中，75%以上都是平均日处理能力仅为 200 多立方米的小型设备，多数设施处于缺乏专职人员运行管理的状态，同时由于多方面的原因，政府部门在小城镇水污染控制与治理方面的主导作用也与城市有很大的差距，现有的国家规范一方面在很大程度上不一定适合于小城镇，另一方面也很难在小城镇得以执行。因此，可以认为我国小城镇水污染控制与治理系统运行管理的机制还处在有待建立的阶段。

7.2.1 他山之石——国外可参考的经验

在第 1 章中我们比较了国内外城镇化发展的异同点。虽然一些发达国家与我国城镇化历程不同，且城镇化率远高于我国，但仍普遍存在服务人口少、面积小的排水系统与污水处理设施，在规模上与本书所讨论的小城镇水污染控制与治理系统相类似。下面主要介绍一下美国、德国和日本可参考的管理经验。

1. 美国的分散式污水处理系统管理

在美国，目前约有 1/4 的人口居住在城市集中式排水系统的服务区以外，采用小规模的收集与处理设施进行水污染控制与治理。这些设施在美国有多个名称，如小流量污水处理 (Small Flow Sewage Treatment)、就地污水处理 (Onsite Wastewater Treatment)、群落污水处理 (Clustered Wastewater Treatment)、分散式污水处理 (Decentralized Wastewater Treatment) 等。当然，分散式污水处理是强调这些系统有别于城市集中式污水处理的特点。

1) 相关法规

在水污染控制与治理方面，美国的“清洁水法”(Clean Water Act) 适用于各地区各种规模的系统。该水法的基本目标一是杜绝污染物排入水环境，而是改善水体水质以保障鱼类生存和人类娱乐（尤其是游泳）。依据水法，全国所有的污染点源必须定期监测，且排放水质必须达标。在点源污染控制取得成效时，人们意识到了非点源污染控制对水环境保护的重要性。1987 年，美国国会通过了清洁水法的修正案，增补了非点源污染的控制大纲，从而促使全国上下重视分散式污水处理及其系统管理问题。美国国家环保局（USEPA）于 2002 年和 2005 年先后颁布了《污水就地处理系统手册》和《分散式污水处理系统管理手册》，引导地方政府和社区进行分散式污水处理系统建设并科学地进行运行、维护与管理。同时 EPA 与地方政府及非政府组织紧密合作，不断加强和完善分散式污水处理系统的管理与监督，从环境教育、公众参与、资金筹措等多方面实施全方位管理。

2）组织构架

图 7-1 是美国分散式污水处理系统管理的组织构架图。作为各州政府拥有实权的联邦制国家，美国分散式污水处理系统的管理组织包括了联邦、州和民族保留区的行政部门、各级地方政府、公共责任主体以及民间责任主体等。在联邦层级，USEPA 的职责是通过执行《清洁水法案》、《安全饮用水法案》和《海岸带法修正案》来保护水质。在这些法案下，USEPA 设立并管理了大量与分散式污水处理系统相关的计划和项目，通过项目来制定相关水质标准，设定最大日负荷总量计划，完善非点源管理计划、国家污染排放削减系统计划和水资源保护计划等。州和民族地区政府则通过各相关行政部门来进行系统管理，通常是由州或民族地区公共卫生办公室负责制定规章，由州或民族地区在各地的派出部门执行管理。县级政府则担负着管理辖区内分散式污水处理系统的职责。由于各州立法和组织机构的不同，其管理能力、管辖范围和当地政府管理系统的权力也不尽相同，通常是根据当地政府的能力和管辖的环境来确定其最终的职责。州政府也可以根据需要设置特殊管理实体，负责实施某一区域（社区、县甚至全州）的分散式水污染控制与治理。民间非营利机构是另一个确保分散式系统有效实施的组成部分。管理部门可以与具有资质的民间管理实体签订合同，委托其完成分散系统的规划、评估、技术咨询或培训等工作。私人营利性质的实体主要提供管理服务。这些实体通常由州公共事业委员会监管，以确保其能长期以合理价格提供服务，通过签订服务协议来保证私人组织的财务安全、保质保量的服务和对客户长期负责。

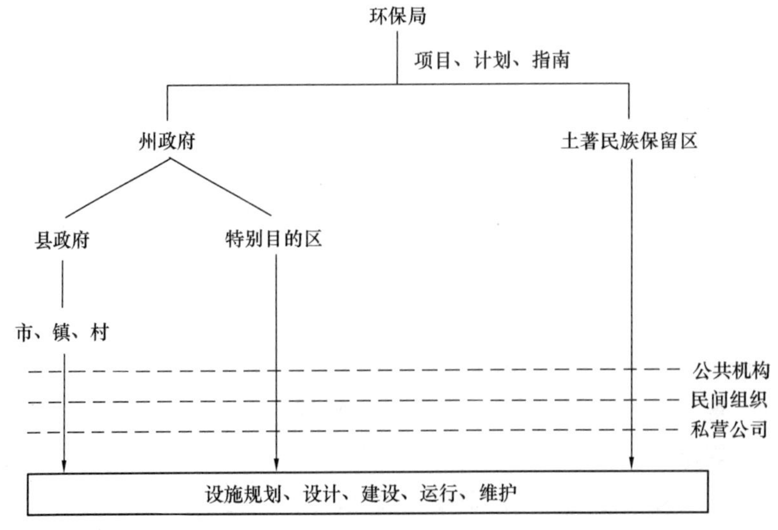

图 7-1　美国分散式污水处理系统管理的组织构架

3）管理模式

美国分散式污水处理系统的管理模式大体上可分为以下五类。

（1）模式1——屋主自觉制。

该管理模式的要点是，在环境敏感度相对低的地区，让屋主个体拥有并负责操作处理系统。此计划只限于平常需要很少精力维护的简单分散处理系统。为了确保系统及时的保养，相关执法部门须定时地给屋主寄去保养提示及相关事项的文件。

（2）模式2——保养合约制。

该管理模式的要点是，鼓励由合格的技工对系统提供适当和及时的保养服务（屋主与技工间签订保养合约）。此计划适用于较复杂的处理系统。

（3）模式3——操作准许制。

该管理模式的要点是，向屋主签发限期的操作准许证。在分散处理系统尚符合要求的条件下，操作准许证可续签。该管理模式体现了系统运转与设计相结合的管理理念，适用于水质重要的区域，以保证系统持续性正常运转并保护公众健康。

（4）模式4——管理实体负责操作和保养制。

该管理模式的要点是，把系统操作准许证签发给负责管理的实体而非处理系统拥有者（即屋主），以保证系统得到有效保养。该管理模式适用于需要高频率且高可靠性保养的系统以确保敏感环境地区的水源得到保护。

（5）模式5——负责管理实体所有权制。

该管理模式的要点是，由负责管理的实体拥有、操作并保养处理系统（完全替代了屋主责任制）。该管理模式类似于集中式处理系统的管理机制，能在最大程度上保证系统运转正常，适用于保护最敏感的环境地区。

采用上述不同模式进行分散式污水处理系统管理的目的在于，根据一定地区的特定情况，使其所需的系统管理程度与公众健康保护和水质风险控制目标相吻合。对于任何人类聚居区，能最恰当地控制潜在风险的管理模式就是最适用的。这些管理模式能通过利用合理的政策和行政程序来确定和统一立法机构、处理系统所有者、相关服务行业和管理实体的作用和责任，从而保证对分散式处理系统在使用期内的恰当管理。

2. 德国的水务事业管理

德国是一个没有超大规模的巨型城市的国家，小城镇星罗棋布在全德各地，各类城市分布均衡，城乡一体，形成了一种城乡统筹、分布合理、均衡发展的独特模式。德国全国人口中，只有约1/3的居民生活在10万以上人口的城市里，大部分人生活在人口为2000～100000的小城镇中。基于这一状况，德国对于各种规模的水污染控制与治理事业都纳入水务事业，依法进行统一管理。

1）相关法规

作为欧盟主要国家，德国首先全面执行欧盟在水务管理方面的各种指令，如欧盟水框架指令、欧盟地下水指令、欧盟饮用水指令等。其中，欧盟水框架指令从1975年开始制定，经过漫长的谈判于2000年由欧洲理事会和欧盟议会签署并开始正式执行。该指令的目标是在 2015 年以前实现欧洲良好的水状态，要求所有成员国以及准备加入欧盟的国家必须于 2003 年年底之前将该指令的要点纳入本国法律，使本国的水管理体系符合指令要求。因此，德国严格地将欧盟指令作为本国法规制定的基础。

德国自身的水务管理也严格遵照本国的基本法，以及联邦水法和州水法。根据基本法，各州的立法者可以决定水务事业是地方的“自愿事务”还是“义务事务”。作为地方自治的义务事务的情况下，水务管理的职责则不能完全地转让给私人，也就是说水务事业不能实行实质私有化，但可以进行功能私有化或组织形式私有化；但如果水务事业是地方自治的自愿事务，则可以自由选择包括实质私有化在内的任何一种私有化形式。同时根据联邦水法，水务管理必须服务于公共利益，须按此原则制定相关的管理规定。此外，德国还颁布有污水处理条例，对污水系统的排放水质进行了统一要求。

2）组织机构

德国是联邦制国家，水务行业的监管组织包括联邦、州和包括乡镇在内的地方自治体等多个级别。在联邦级别上，联邦政府有权制定水务管理的框架法律规范，负责整个国家与水务相关的经济管理。而相关的联邦政府部门则分别负责不同方面的水务工作，例如：联邦环境、自然保护及核反应安全部负责水体保护，联邦经济部负责供水业和水工业，联邦科教研究技术部负责水务领域的科技发展，联邦健康部负责饮用水质量标准制定。

在各州及其下属的地方自治体的层面，水务管理组织机构又有三个级别：州的最高水务管理机构是环境和发展局，负责根据联邦水法和州水法制定相应法规，并确定其管辖事务，例如水资源的管理、分配、保护和监测等；一个州往往可分为若干个大区，由大区政府主席团负责该大区的水务管理；基层水务管理则由市、县或乡镇等地方自治体负责，设有地方水务管理的具体执行机构，依照联邦水法、州水法和其他水务法规实施税务管理。

3）管理模式

目前德国的水务事业依然采用政府主导的运营模式。德国虽然允许私人经济参与水务经营，但政府占据了主导地位。在系统设计和设备标准化方面，污水技术协会及其在各州的分会全面负责标准制定和技术管理工作。政府主导模式的一个问题就是所面临的巨大财政压力。德国水务行业的一个重要特点是企业数量多但规模小，全国约有 6600 家供水企业和 7000 家污水处理企业，政府主导的难度很大。因此，近年来逐渐在进行水务企业管理模式的改革，推进实质私有化或形式私有化，实行了企业管理和特许经营两种模式。但是，政府主导的运营模式仍然是水务管理的主流。

3. 日本的净化槽管理体系

在发达国家中，日本是城市集中式污水处理系统普及率比较低的国家，据统计 2013 年末全国的集中式下水道普及率为 77%左右。作为集中式污水处理系统的重要补充，一种称之为净化槽的小型污水处理设施在日本也相当普及，不仅在小城镇中得到广泛使用，在集中式下水道尚未覆盖的城市周边地区也得到使用，成为具有日本特色的小型污水处理系统。

1）相关法规

因为净化槽在日本是集中式污水处理系统的重要补充，经过多年的发展，已经形成了一套比较完善的法律法规体系、技术标准体系和技术服务体系，支撑和规范着净化槽技术在日本的广泛应用。

（1）与净化槽有关的法律。

在日本，与净化槽有关的主要法律包括《净化槽法》《建筑标准法》《废扫法》等。

《净化槽法》于1983年颁布，明确规定了净化槽的制造、安装、运行维护等方面的要求，规定了净化槽清扫企业的许可制度，以及净化槽安装维护专业技术人员（净化槽设备士、净化槽管理士）的国家职业资格。《净化槽法》规定设置净化槽时应向特定行政机构提出申请，同时规定了净化槽的最长清扫周期，明确了对净化槽进行定期检查、维护维修的规定。为了确认净化槽的安装是否正确，能否正常发挥处理功能，规定在净化槽投入使用六个月后的两个月内必须接受制定部门对净化槽出水水质的检查。还明确规定每个净化槽每年都应接受一次有指定部门进行的出水水质检查，以确认净化槽的定期检查、清扫等日常维护工作的功效。作为国家法律，《净化槽法》还明确规定了对相关违法行为的量刑和经济处罚额度。2001年修订的《净化槽法》明确规定，污水不能汇入集中处理系统的新建建筑物有义务安装合并处理净化槽（粪便污水与杂排水合并处理），原则上禁止继续安装单独处理净化槽（单独处理粪便污水）。

《建筑标准法》中明确规定了对净化槽处理能力的要求，净化槽的结构，与建筑物之间的关系，形式认证等内容。

《废扫法》中则明确了净化槽污泥处理方面的规定。

（2）净化槽的技术标准体系。

日本早在1969年实施的建筑基准法中就规定了净化槽的构造标准，此后在使用过程中又进行了多次修订和补充。由国土交通大臣颁布的净化槽构造标准（也称构造方法）中规定了净化槽的工艺选择、处理效率、设备要求、结构设计、滤料、曝气量等方面的具体要求。《净化槽构造标准及解说》中除了对净化槽的构造标准进行详细解说外，还对负荷计算、设备选择、施工安装、维护管理等内容都作出了具体规定，是一本内容全面、指导性和技术性很强的净化槽技术规范，在指导和规范净化槽的设计、生产和开发方面起到了重要作用。

为了严格执行《净化槽法》的相关规定，日本环境省也颁布了一系列净化槽法实施规则，明确了净化槽维护检查技术标准、清扫技术标准、使用准则、净化槽施工技术标准等。

（3）净化槽的认证体系。

净化槽分为工厂生产型与现场制作型两类。日本的《建筑基准法》规定，对于日本国内生产的净化槽或在国外生产返销日本的工厂生产型净化槽设备，需在产业化生产前向国土交通大臣提交净化槽形式认定申请。形式认定需要提交的材料主要包括设计图纸、计算书、规格书等。形式认定审查的主要依据为建筑基准法以及净化槽构造标准。负责形式认证的机构为国土交通省，通过形式认定并获得形式认定证书后才准予生产和上市出售，形式认定的有效期为 5 年。对于不符合上述净化槽构造标准的新开发的净化槽产品，需要进行净化槽性能评价。性能评价实验由具有相关资质的第三方机构进行，性能评价结果合格后即可获得大臣认定。对于不符合上述构造标准的净化槽，取得大臣认定后同样可以获得形式认定，并进行生产和出售。

形式适合认定和形式部材等制造者认证是两项非强制性认定项目，净化槽生产厂家可以根据自己的需要任意选择。

(4) 净化槽性能评价制度。

净化槽性能评价制度是一种建立在实验数据基础上的第三方验证评价制度，评价数据准确、可靠，有利于科学、公正、客观地验证新产品、新技术的性能。

净化槽的性能评价依据《净化槽性能评价方法及细则》进行，它对净化槽性能评价所采用的原水水质、环境温度、评价周期、水量变化系数、合格标准等均有明确规定。

净化槽的性能评价分为现场评价实验和恒温短期评价实验。现场评价实验在净化槽的设置现场进行，根据现场条件，环境温度与进水水质会有一定波动，实验周期为 48 周。恒温短期评价实验是在环境温度、原水水质、进水流量可以调整的实验室内进行。实验分为恒温设计负荷实验、低温设计负荷实验、恒温短期负荷实验三个阶段，一般评价实验的周期为污泥驯养时间＋16 周。恒温短期评价实验的优势在于精度高、实验结果真实可信、可以大幅缩减实验周期等。根据评价实验的结果，由专门委员会审查后出具性能评价报告，合格的产品可以获得大臣认定。性能评价的费用由设备生产商负担。

净化槽认证体系和性能评价体系的建立保证了上市产品的质量和可靠的处理效果。

(5) 净化槽补贴制度。

除了相关法律法规的约束外，为了推动净化槽的普及，从 1987 年起日本大力推行了净化槽辅助金制度。由国家和地方政府对净化槽的安装和更换（由单独处理更换为合并处理）的使用者给予一定的补助金。补助金额及补助方式等根据行政区的不同有所差异，但经过补助后净化槽使用者负担的平均费用基本上不超过公共排水系统使用者每月所缴纳的排污费。部分城市和地区还对检修维护费用、清扫费用、污泥处理费用等日常运行费用进行补贴。国家和地方政府的补助大大减轻了净化槽使用者的负担，唤起了人们使用净化槽的热情，为净化槽技术的推广、普及提供了有力保证。

2) 组织机构

日本净化槽管理的组织机构是置于全国各类污水处理统一管理的框架之下的。如表 7-1 所示，依据《下水道法》和《净化槽法》，日本对集中污水处理、村落排水设施、家庭水处理设施的种类和各级政府管理职能进行了明确的界定。在中央政府部门，国土交通省负责管理以城市区域为主的集中污水处理设施，而集中设施以外的各类小型污水处理（包括村落排水设施、家庭排水设施等）则根据其性质由农林水产省、总务省和环境省进行管理。对于地方政府而言，各基层自治体（市、町、村）是各类污水治理的责任主体，但家用净化槽是由个人家庭自主设置并依照相应的法规进行专业管理。有关责任主体在设置污水治理设施时需要首先获得都、道、府、县（相当于我国的省级行政区）的批准。

日本污水管理相关法律、组织机构及责任主体 **表 7-1**

<table>
<tr><td rowspan="5">下水道法</td><td rowspan="5">集中污水治理</td><td>流域下水道</td><td colspan="3">2个市、町、村以上区域的下水处理由县级政府管理</td><td rowspan="5">国土交通省</td></tr>
<tr><td rowspan="4">公共下水道，属于市町村内的下水排放处理，由市町村管理</td><td rowspan="2">城市公共下水道，属于城市规划事业</td><td>单独公共下水道</td><td>市、町、村独自处理</td></tr>
<tr><td>流域公共下水道</td><td>连接到县级流域下水道干线</td></tr>
<tr><td rowspan="2">特定环境保护公共下水道，主要指渔村，规划人口小于1万人</td><td>单独公共下水道</td><td>市、町、村独自处理</td></tr>
<tr><td>流域公共下水道</td><td>连接到县级流域下水道干线或单独公共下水道</td></tr>
<tr><td rowspan="8">净化槽法</td><td rowspan="6">村落排水设施</td><td>农业村落排水设施</td><td colspan="3">农业振兴区域内，规划规模20户以上，人口小于1000人</td><td rowspan="4">农林水产省</td></tr>
<tr><td>渔业村落排水设施</td><td colspan="3">渔业村落，规划人口约为100～5000人</td></tr>
<tr><td>林业村落排水设施</td><td colspan="3">林业振兴区域内，原则20户以上，通过林业区域综合治理事业实施</td></tr>
<tr><td>简易排水设施</td><td colspan="3">山村地区等3户以上、20户以下</td></tr>
<tr><td>小规模集合排水处理设施</td><td colspan="3">10户以上、20户以下，地方单独事业</td><td rowspan="2">总务省</td></tr>
<tr><td>家庭粪便污水治理</td><td colspan="2">在集中处理区域的周边地区实施</td><td rowspan="2">市、町、村设置</td></tr>
<tr><td rowspan="2">家庭设施</td><td>特定地域生活排水处理设施</td><td colspan="2">以饮用水水源地保护为目的</td><td rowspan="3">环境省</td></tr>
<tr><td>合并处理净化槽</td><td colspan="2">个人家庭设置时，由市、町、村补助</td><td>个人家庭设置</td></tr>
<tr><td colspan="3">集体宿舍处理设施</td><td colspan="3">依据《废弃物处理法》设置，服务人口为101～30000人</td></tr>
</table>

3）管理模式

在日本，净化槽的管理模式可认为是一种使用者自主设置，委托专业公司管理的独特模式。在这种模式下，使用者的自主性是受法律约束的，即依据《净化槽法》和其他相关法律，安装使用净化槽是使用者的义务；而委托专业公司管理几乎是必需的，因为依照法律，使用者不可能具备自主进行设施管理的条件。因此，实现这种管理模式的基础是日本社会所形成的净化槽技术服务体系。除了净化槽的标准化生产以外，从使用的角度而言，因为净化槽的安装质量直接影响其处理功效，所以依照法律净化槽的安装需持有净化槽设备士资格的专业人员来完成。因为净化槽的维护管理水平直接关系到净化槽的出水效果，所以依照法律需由持有国家认定资格的净化槽管理士来完成定期的维护和管理。这样的维护管理通常是由使用者与专业的维护管理公司签订合同，从而也从法律上保障了专业管理的有效性。

净化槽生产、安装、维护在日本已经形成了一个行业，并建立了全国净化槽协会、全国净化槽联合会这样的专业性协会和培训机构，在开展净化槽技术的研究、推广、宣传教育、专业人才培养方面起到了重要作用，每年都为该行业培训出足够的合格的技术人员和管理人员。

7.2.2　我国小城镇污水处理设施专业性集约化管理体系的构建

从上述国外经验来看，小城镇水污染控制与治理最重要的环节是污水处理，不论污水处理设施建设的责任主体是政府、社团还是个人，从设计、建设、安装到运行、维护的各个阶段，由专业技术人员和管理人员来完成都是保障水污染控制与治理效果的重要条件。在“十三五”乃至今后的水污染控制与治理中，工作重点必将逐渐从大中城市向小城镇乃至村镇下移，与此同时，即使在城市的发展过程中，分散式污水处理作为集中式污水处理的有效补充措施的作用也将日趋重要。小城镇污水处理大都属于分散式污水处理的范畴，但分散式污水处理并不意味着污水处理设施的分散式管理，而需要针对分散式污水处理的特点建立完整的管理体系，实现从相关立法、技术标准与规格、技术与产品认证、到建设、安装、运行管理、质量保障的规范化管理，使分散式系统与集中式系统一样，达到水污染控制与治理的目标。

鉴于我国小城镇污水处理的巨大市场潜力，国内已经广泛开展了小型污水处理技术和设备的研发，同时引进国外的技术和产品供应国内市场，使各种形式的小型污水处理设备在以小城镇污水处理为主的水污染控制与治理工程中得到应用。但与以城市污水处理系统相比，相应的法规和科学管理体系尚不完善。总体来说，小型污水处理设施建设之后运行维护状况往往不尽如人意，没有真正发挥其在水污染控制与治理中的作用。在“十一五”水专项城市主题中设置的若干小城镇水污染控制与治理技术研究与工程示范课题中，也开发了一系列适合于各地小型污水处理的技术与设备，但示范工程建成后的长期运行管理问题尚未得到妥善解决。鉴于我国目前小型污水处理设施建设和运行中存在的问题，借鉴国外发达国家的成功经验，本书提出构建我国小城镇污水处理设施专业性集约化管理体系的思路，包括从规划、标准化立法、技术与工程服务、财政投入与政策激励等多个方面。

1. 统筹城乡污水处理规划

我国各地的城市排水和污水处理设施建设规划比较齐全、内容具体，对规划期内城市污水处理设施建设立项实施起到了重要指导作用。与此相比，乡镇级别的污水处理，以及作为城市集中式污水设施重要补充的分散式污水系统往往在规划中仅停留在原则性的表述上，实际上没有纳入规划，造成乡镇或分散式污水系统的建设具有随意性，难以起到应有的作用。要解决这个问题，必须进一步统筹城乡污水处理规划，明确划定集中式污水处理系统和分散式污水处理系统的覆盖区域，并依据对城乡水环境治理的作用和服务人口制定具体的实施计划。

2. 建立小型污水处理的标准化体系

根据发达国家的经验，小型或分散式污水处理的标准化体系包括相关立法、技术标准、设备标准、建设施工标准、质量保障标准等。这些法律和标准在我国基本上还处于空白状态。为此，需要国家在法律上给予小型或分散式污水处理系统作为集中式污水处理系统重要补充的应有地位，并从环境保护和城乡基础设施建设保障的角度对小型或分散式污水处理系统的作用给予明确的规定。在此基础上根据小型或分散式系统的特点制定成套技术设备标准、施工管理规范、质量保障规范等，为小型或分散式污水处理系统的规范化管理奠定法规基础。

3. 建立小型污水处理的技术与工程服务体系

与城市集中式污水处理系统一样，小型或分散式污水处理系统也是城乡水污染控制与治理的重要基础设施，必须通过专业化的技术与工程服务体系来保障其从设计、设备选用、安装施工、到运行维护的专业性。为此，需要建立小型污水处理设备的生产和销售许可制度，只允许具有充分技术实力和专业资质的企业从事设备的生产与销售。推进小型污水处理设施设计、施工、运行维护的专业化，建立相关企业和技术人员的技术资质认证制度，建立专业监测与质保机构，构建工程建设专业化、运行维护规范化、工程服务网络化的工程质量保障体系。根据发达国家的经验，污泥的区域性集中处理处置也是保障小型污水处理功效的重要措施，需要通过专业化集约管理来实现。

4. 建立城乡小型污水处理的财政投入与政策激励机制

发达国家为了推进小型或分散式污水处理事业都实行了政府补偿或补贴制度。根据我国的实际情况，需要结合城乡水环境改善目标的达成度，对按照城乡统筹规划实施的小型或分散式污水处理工程建立稳定的政府财政投入制度。国家可要求各级政府完善城乡污水处理费差异化、阶梯化收费和补偿机制，通过政策调控，加大城乡小型污水处理设施的建设资金投入和运行维护经费保障。

7.2.3 水环境安全管理

本节要讨论的水环境安全管理原则上应当放在小城镇的范畴内，但由于水环境一般都要涉及水体，以地表水体为例，其水环境安全与整个水体乃至所处流域密切相关，而小城镇水污染控制与治理能够解决的只能是局部问题，而不可能是大范围的问题。为此，本节拟从小城镇对水体或流域水环境污染影响的消除，以及水污染控制与治理对水体或流域水环境改善贡献的角度来论述水环境安全管理的要点。

1. 水环境安全管理目标的设置

如本书前面章节所述，对于小城镇而言，水环境安全管理的目标原则上与所在流域以及市县的水环境安全管理的目标应当相吻合。这里强调的水环境安全管理是比水污染控制与治理更高一个层次的目标，但首先完成水污染控制与治理任务是水环境安全管理的必要条件。纵观世界范围内水环境管理的发展状况，通常都经过或需要经过与水相关的卫生条件改善（卫生工程）、水污染治理（环境工程）、水生态保障（生态保障工程）这样三个循序渐进的阶段。而这三个阶段的递进与经济社会的发展密切相关。对于西方发达国家，卫生工程阶段基本上是在20世纪初及其以前，环境工程阶段是在20世纪中期，而从20世纪80年代或90年代后逐渐进入了生态保障工程阶段，尤其是进入21世纪后，水生态安全保障已经成为首要任务。然而我国的经济社会快速发展是到改革开放之后才开始，在水环境领域有别于发达国家的一个重要特点是卫生工程、环境工程、生态保障工程的问题并存。也就是说，为了达到与社会发展相适应的水环境安全保障目标，我们在很多地区既要弥补历史遗留的卫生工程缺陷，又要加速环境治理工程，还要尽快达到水环境安全保障的目标。与城市相比，这一问题在小城镇更为突出。但是，小城镇的发展在我国整个社会的发展中极其重要，从近十年来我国主要流域地表水质变化趋势来看，随着以大中城市为重点的水污染控制与治理工程力度的加大，Ⅳ类及更高水质所占比例持续增大，劣Ⅴ类水质所占比例明显减小。但是，因为小城镇无论从人口还是面积都在全国非农业区中占很大比例，而与大中城市在水污染控制治理设施建设方面差距又太大，带来的问题就是从小城镇区域进入流域水体的污染负荷还没有得到有效控制，从而制约了水体水质的进一步改善。因此，在当前的形势下讨论小城镇水污染控制与治理问题，必须将目标定位在水环境安全的层面。

基于这一目标，需要首先明确小城镇在所处流域中的地位以及局部水环境对流域水环境的影响。一般来说，依据不同流域片区的用水目的都有明确的水环境功能要求，成为该片区水环境安全管理目标的基础。水环境安全管理既包括水质管理（通常所说的水质达标要求），同时更要包括污染源管理，包括外源和内源。其中外源是指进入水环境的点源（污染物集中排入点）和面源（随降雨径流进入水体），内源则是指水体内部存在的污染源（如底泥沉积物等）。因此，水环境安全管理具体目标设置的核心是污染源的控制管理。对于小城镇水污染控制与治理系统而言，所辖区域的外源控制管理一般是重点，应根据所在流域（或流域片区）和市县一级对外源控制的总体目标，以及对小城镇区域内控源的具体要求来设置具体目标，包括点源和面源管控两个方面。

2. 排污负荷削减功效的保障

围绕着小城镇水环境安全管理的目标，保障小城镇水污染控制与治理系统的排污负荷削减功效是管理工作的核心任务。对于一个小城镇，其水环境污染多数情况下来源于生活排污，相应的污染物能够通过排水设施得以收集，就成为可以通过后续污水处理设施得以去除的点源，而不能通过排水设施有效收集的生活排污就有可能成为面源的一部分，与生活排污以外的非特定来源的污染物一样分散聚集于地面，在降雨时随地表径流进入水体造成污染。为了保障排污负荷削减功效，需要关注排水设施管理、污水处理设施管理、面源控制设施管理这三个方面。

1）小城镇排水设施管理

根据水污染控制与治理需求建设的排水设施所起的作用是源头收集和污染截留。与城市排水设施相比，小城镇排水设施一般规模小，系统简单，但运行管理难度却相对更大。在一些小城镇，排水设施可能会管渠共用，容易发生乱接、乱改、乱排等现象，这是排水设施管理的重点之一。另一方面，与城市排水设施相比，小城镇排水设施的排水量波动更大，容易发生管道积淤现象，降低管道的过水能力，直接影响源头收集和污染截留效果。因此，经常进行排水管渠检查，定期进行排水管渠清通是排水设施管理的日常工作。小城镇排水设施的自治管理成分也往往大于城市排水设施，因此排水设施管理的公众参与比城市更为重要，需要通过一定的宣传教育，使各个用户了解排水系统的构成和作用，提高参与维护排水设施正常运行的自觉性。

2）小城镇污水处理设施运行管理

污水处理设施运行管理是一项专业技术性较强的任务，原则上说，根据小城镇污水处理设施的规模和设备种类，需要配备专门的运行、维护和管理人员，或者通过7.2.2节中所建议的专业性集约化管理体系的建立来保障设施的运行、维护与管理。

污水处理设施所起的根本性作用是水中污染物的去除，而各种污水处理工艺的本质是水中污染物的转化和迁移。多数情况下污染物并非被彻底转化为无害物，而是从液相（水）转移到固相（污泥）之中，最后通过固液分离得以去除。污水处理设施运行管理的目的是保障污染物的有效去除分离，并保障分离后的污染物不再可能通过任何途径进入水环境。为了达到这个目的，第一是要通过专业性运行管理使污水处理设施始终处于良好的工作状态，以达到良好的污水处理效果；第二是要重视处理水排放环节，保证处理水不再受到污染；第三是要重视污泥的无害化处置和最终管理，确保分离浓缩后的污染物不再造成环境污染。对于小城镇污水处理设施，污泥处置往往成为难题，容易发生由于污泥随意堆放形成水环境二次污染的状况。因此，7.2.2节中讨论的小城镇水污染控制与治理系统专业性集约化管理的一个重要内容就是污泥的处置与管理。

3）小城镇面源控制设施管理

国内外经验表明，基于工程化设施的污水处理与生态水质改善相结合，是小城镇水污染控制与治理的最佳模式。本书4.2节和4.4节中讨论的人工湿地技术即为最有前景的备选技术之一，既能用于污水处理又能作为生态水质改善的净化单元。此类净化设施置于小城镇雨污水排入受纳水体之前，也能对小城镇面源污染控制起到重要作用，可以纳入面源控制设施管理的范畴。在设有此类设施的小城镇，需要对面源污染强度及排放特征进行分析，在此基础上确立面源控制目标，核算生态设施对面源污染的削减能力，确立设施运行维护方法。对人工湿地而言，植物的定期收割往往是湿地维护的重要环节，必须予以重视。

3. 水环境质量管控

小城镇的水环境质量管控包含水质检测和定期报告两个方面。水质检测的取样点一般应包括污水处理设施的进出水，受纳水体入流排水口断面，小城镇范围内的水体水质监测断面和监测点等；水质检测项目应参照《城镇污水处理厂污染物排放标准》（GB 18918—2002）和《地表水环境质量标准》（GB 3838—2002）的相关要求。小城镇往往难以具备齐全的水质检测条件，因此需要得到所在市县水质检测部门的支持与配合，或按计划委托专门机构定期进行水质检测。

水质检测的目的是水环境质量管控。对于小城镇水污染控制与治理系统本身，水质检测结果必须反馈到排水设施和污水处理设施的运行管理责任部门，通过问题分析调整设施运行管理方案，提升设施截污和治污能力，达到预期的运行效果。对于小城镇范围内的水体水质状况，要结合水质检测结果进行分析和评价，并报送到水环境质量管理部门。为了达到上述目的，都要定期做好水质报告。水质报告不仅仅提交给运行管理责任部门和水环境质量管理部门，同时也应在小城镇水污染控制与治理设施的服务区域内以适当形式进行公布，以增进公众对水环境问题的了解，提升环境保护意识，提高公众自觉参与水污染控制与治理事业的积极性。

参 考 文 献

[1] 罗勇．发达国家小城镇发展的成功经验[J]．投资北京，2002(6)：17-19.

[2] 费孝通．论中国小城镇的发展[J]．中国农村经济，1996(3)：3-5，10.

[3] 严正．中国城市发展问题报告[M]．北京：中国发展出版社，2004.

[4] 涂岩．论发达国家推进城市化进程的经验及启示[J]．理论界，2011(2)：82-84.

[5] 段瑞君．欧美发达国家城市化进程的经验及其对我国的启示[J]．城市，2008(10)：54-57.

[6] 邱爱军，郑明媚，白玮等．中国快速城镇化过程中的问题及其消解[J]．工程研究：跨学科视野中的工程，2011(3)：211-221.

[7] 叶嘉安，徐江，易虹．中国城市化的第四波[J]．城市规划，2006(S1)：13-18.

[8] 张超．新中国城市化：历程、问题与展望[J]．西部论坛，2010(4)：73-80.

[9] 唐春根，李鑫．国外小城镇的建设对我国的启示[J]．当代经济，2012(23)：102-103.

[10] 张群，秦川．国内外小城镇建设理论与实践分析[J]．小城镇建设，2008(12)：100-104.

[11] 李明超．我国城市化进程中的小城镇研究回顾与分析[J]．当代经济管理，2012(34)：67-73.

[12] 江曼琦．浅谈大城市郊区小城镇的特点[J]．城市问题，1990(3)：9-13.

[13] 王战和，许玲．大城市周边地区小城镇发展研究[J]．西北大学学报(自然科学版)，2005(35)：227-230.

[14] 潘允康．我国城市发展模式研究的回顾和展望——小城镇研究和大城市研究[J]．理论与现代化，2005(2)：63-68.

[15] 温铁军．中国的城镇化道路与相关制度问题[J]．开放导报，2000(5)：21-23.

[16] 何卫刚．新农村建设中的农村小城镇问题研究[J]．新疆师范大学学报(哲学社会科学版)，2007(28)：77-79.

[17] 王晓霞，杨在军．中国小城镇发展的主要模式分析[J]．乡镇经济，2002(10)：12-14.

[18] 中国建设报住房和城乡建设部政策研究中心课题组．"十二五"小城镇发展应重视从量到质的转变[J]．广西城镇建设，2010(4)：47-50.

[19] 王海霞．走中国特色城镇化道路要充分发挥小城镇的作用[J]．经济师，2011(12)：287-288.

[20] 张文渊．小城镇面临的生态环境问题及其对策[J]．农村经济，2001(1)：38-39.

[21] 王培辉，武月华．工业型小城镇的生态环境建设浅析[J]．山西建筑，2007(33)：31-32.

[22] 孙波，王婧静．现代工业型小城镇环境问题及其生态规划探讨[J]．安徽农业科学，2009(37)：16625-16627.

[23] 田文胜．农业型小城镇发展转型期面临的问题分析——以大石桥市高坎新市镇为例[J]．城市建设理论研究(电子版)，2012.

[24] 刘忠义．浅谈农村小城镇建设中的环境保护问题[J]．魅力中国，2009(9)：16-17.

[25] 王方．大城市边缘区小城镇发展模式研究[J]．工程与建设，2009(6)：775-777.

[26] 谭春华．大城市近郊小城镇建设与发展对策——以长沙市周边小城镇为例[J]．中国科技信息，

2007(7)：176-177.

[27] 中华人民共和国国家统计局. 中国统计年鉴 2014[M]. 北京：中国统计出版社，2014.

[28] 国家统计局农村社会经济调查司. 中国建制镇统计年鉴 2012[M]. 北京：中国统计出版社，2012.

[29] 住房和城乡建设部计划财务与外事司. 中国城乡建设统计年鉴[M]. 北京：中国计划出版社，2006-2014.

[30] 住房和城乡建设部. 城市、县城和村镇建设统计公报[R]. 2006-2007.

[31] 住房和城乡建设部. 城乡建设统计公报[R]. 2013-2014.

[32] 中华人民共和国民政部. 中华人民共和国乡镇行政区划简册 2014[M]. 北京：中国统计出版社，2014.

[33] 戴煦，潘海波. 小城镇排水管网系统改造的探讨[J]. 中国资源综合利用，2012 (03)：44-45.

[34] 冯培恩. 我国地下水保护刻不容缓[J]. 中国政协，2011，13(1)：30.

[35] 郭敬华，崔华东，贾卫利，等. 小城镇排水管网系统存在的问题与对策[J]. 给水排水，2006(S1)：59-60.

[36] 郭祥信. 小城镇垃圾收集与处理技术探讨[J]. 中国建设信息，2005 (S2)：45-46.

[37] 黄文献，秦德全. 小城镇雨污分流设计探讨[J]. 科技咨询，2012(18)：59.

[38] 兰世平. 浅谈小城镇污水处理现状及处理工艺[J]. 环境与生活，2014(73)：48.

[39] 李发光，张先斌，李丽. 云南省小城镇供水设施现状及存在问题分析[J]. 云南建筑，2013(6)：30-32.

[40] 林琳. 合肥市典型冲沟雨水系统排水防涝能力评估研究[J]. 中国给水排水，2014，30(15)：150-154.

[41] 刘俊良，张立勇，张铁坚，等. 农村径流生活污水控制模式探讨[J]. 节水灌溉，2010(12)：79-80.

[42] 罗固源，谭倩，许晓毅，等. 小城镇给水系统模式及水源的几点看法[J]. 重庆大学学报(自然科学版)，2005(28)：124-127.

[43] 罗旖旎，李光，司永莲. 天津市某小城镇污水管网建设[J]. 天津建设科技，2012(5)：63-64.

[44] 陆明，陈昭. 中国的城镇化、向城镇倾斜的政策和城乡收入不均，1987-2001[J]. 中国经济，2006，3(3)：42-63.

[45] 吕伟娅，方玉妹，陈才华等. 江南水乡古镇区生活污水收集与管道敷设问题探讨[J]. 给水排水，2010(1)：81-86.

[46] 彭新媛. 全面提升小城镇基础设施建设水平初探[J]. 山东纺织经济，2015(3)：54-56.

[47] 万玉山，黄利，涂保华，等. 小城镇污水处理厂运行管理及排污收费研究[J]. 生态经济，2014，30(10)：186-189.

[48] 王忠泽，梅崇敬，谢国庆. 东台市农村集中式供水管理现状与对策[J]. 中国初级卫生保健，2000(01).

[49] 薛春根. 基础设施在小城镇中的作用[J]. 科技情报开发与经济，2005，15(14)：280-281.

[50] 赵庆良，王广智. 小城镇污水处理问题与解决途径[J]. 建设科技，2009(13)：52-54.

[51] 张丽，姜瑞雪. 小城镇污水无害化资源化处理技术及应用[J]. 水科学与工程技术，2009(1)：20-23.

[52] 周盛兵，唐亚梅. 关于镇村生活污水处理设施运行管理的思考[J]. 污染防治技术，2014(03)：96-98.

[53] 赵晖. 我国村镇污水治理的现状与思路[J]. 水工业市场，2014(8)：10-13.

[54] 许志峰，张志祥，刘晓霞. 三姑泉域水环境质量评价及水污染控制对策[J]. 地下水，2014，34(4)：87-90.

[55] 葛静茹，李建清，李霄宇，等. 北京市周边地区河道污染现状分析[J]. 中国环境监测，2011(27)：84-88.

[56] 陈振楼，许世远，徐启新，等. 长江三角洲地表水环境污染规律及调控对策[J]. 长江流域资源与环境，2001(10)：353-359.

[57] 钱宇红，田红. 观音山地区地表水环境状况及治理对策[J]. 地下水，2011，33(3)：80-81.

[58] 夏丽华，王芳，薛云. 珠江三角洲中小城镇地表水污染分析研究[J]. 热带地理，2003(23)：162-166.

[59] 陈长太，阮晓红. 小城镇发展现状与水污染问题[J]. 福建环境，2003(20)：48-50.

[60] 刘宏斌，李志宏，张云贵，等. 北京平原农区地下水硝态氮污染状况及其影响因素研究[J]. 土壤学报，2006，43(3)：405-412.

[61] 胡海军，董广福，陈淑青. 宁西平原地下水污染现状及保护对策[J]. 地下水，2010，32(1)：115-116.

[62] 李纯纪. 平定县地下水污染现状分析及防治对策[J]. 山西水利科技，2004(3)：83-84.

[63] 冯明旺，张宪民，刘勇. 浅议阳谷县城区地下水污染现状及其对策[J]. 2003(25)：77.

[64] 王长琪，崔健，马宏伟等. 松嫩平原旱田区地下水污染现状初探[J]. 地下水，2014 (36)：112-113.

[65] 房桂祥，薛宗焕，邵卫华. 浅谈小城镇地下水污染原因及其防治措施[J]. 地下水，2001(23)：17.

[66] 李英. 地下水水质恶化与治理措施[J]. 科技世界，2012(14)：232-234.

[67] 孙雨石. 浅析我国小城镇污水处理厂建设及运营[J]. 城市道桥与防洪，2013(4)：119-124.

[68] 环保部. 华北平原地下水污染防治工作方案[R]. 2013.

[69] 国务院. “十二五”全国城镇污水处理及再生利用设施建设规划[R]. 2012.

[70] 吴正松，王建爱，聂健锋等. 小城镇污水治资金筹集模式研究[J]. 中国给水排水，2014(4)：26-29.

[71] 中国环境保护产业协会水污染治理委员会. 我国水污染治理行业 2014 年发展综述[J]. 中国环保产业，2015(6)：11-16.

[72] 中国环境保护产业协会水污染治理委员会. 我国水污染治理行业 2013 年发展综述[J]. 中国环保产业，2015(2)：4-13.

[73] 陈珺，王洪臣. 城市污水处理排放标准若干问题的探讨 [J]. 给水排水，2010，36(3)：39-42.

[74] 师荣光，周启星，刘凤枝，等. 城市再生水农田灌溉水质标准及灌溉规范研究 [J]. 农业环境科学学报，2008，27(3)：839-843.

[75] 许飞进，张春明. 小城镇市政工程规划[M]. 北京：中国水利水电出版社，2014.

[76] 袁明. 小城镇污水收集系统建设的探讨[J]. 安徽建筑，2013，(5)：165-167.

[77] 郭一令，韩金益，高晓兰，等. 常熟市农村分散污水收集处理技术与运行管理调查研究 [J]. 安徽农业科学，2014，42(8)：2441-2444.

[78] 陈洪斌，于凤，孙博雅，等. 集中式污水处理系统的最佳规模研究 [J]. 中国给水排水，2006，22(21)：26-30.

[79] P. 伦斯，G. 泽曼，G. 莱廷格编. 分散式污水处理和再利用——概念、系统和实施[M]王晓昌，彭党聪，黄廷林译. 北京：化学工业出版社，2004.

[80] 王凯军，宫徽，金正宇. 未来污水处理技术发展方向的思考与探索 [J]. 建设科技，2013(2)：36-38.

[81] 王阳，石玉敏. 分散式污水处理技术研究进展 [J]. 环境工程技术学报，2015，5(2)：168-174.

[82] 向连城. 中国分散型污水处理系统的现状及发展 [J]. 北京建筑工程学院学报，2005，21(4)：55-58.

[83] 刘建秋. 环境规划[M]. 北京：中国环境科学出版社，2007.

[84] 范春. 新农村规划中生活污水处理模式及工艺探讨——以贵州省岑巩县水尾镇于河村村庄规划为例 [J]. 重庆工商大学学报(自然科学版)，2013，30(4)：59-63.

[85] 祝光耀. 小城镇环境规划编制技术指南 [M]. 北京：中国环境科学出版社，2002.

[86] 张自杰，林荣忱，金儒霖. 排水工程[M]. 第4版. 北京：中国建筑工业出版社，1999.

[87] 王晓昌，张承中主编. 环境工程学[M]. 北京：高等教育出版社，2011.

[88] GB 50015—2003(2009)建筑给水排水设计规范[S]. 北京：中国建筑工业出版社，2003.

[89] GB 50014—2006(2014)室外给水排水设计规范[S]. 北京：中国计划出版社，2006.

[90] 田禹，王树涛，孙兴滨，孟宪林. 水污染控制工程[M]. 北京：化学工业出版社，2010.

[91] 张可方，李淑更. 小城镇污水处理技术[M]. 北京：中国建筑工业出版社，2008.

[92] 秦伦. 关于化粪池几个问题探讨[J]. 同煤科技，2002，33-36.

[93] 闫亚男，张列宇，席北斗，等. 改良化粪池/地下土壤渗滤系统处理农村生活污水[J]. 中国给水排水，2011，27(10)：69-72.

[94] 范建伟，张杰，尹大强. 加强型生物化粪池/潜流人工湿地处理农村生活污水[J]. 中国给水排水，2009，25(24)：69-71.

[95] 沈耀良，王宝贞. 废水生物处理新技术：理论与应用[M]. 第2版. 北京：中国环境科学出版社，2009.

[96] 周雹，SBR工艺的分类与特点[J]. 给水排水，2001，27(2)：31-33.

[97] 国家环境保护部编. 序批式活性污泥法污水处理工程技术规范[S]. 北京：中国环境科学出版社，2011.

[98] 国家环境保护部编. 氧化沟活性污泥法污水处理工程技术规范[S]. 北京：中国环境科学出版社.

[99] 华佳，柏双友，李治阳，张军. CASS工艺用于小城镇污水处理的工程设计研究[J]. 环境科学与管理，2013，38(12)：59-62.

[100] 王左良. Orbal氧化沟污水处理工艺在城镇的应用分析[J]. 能源与环境，2013(1)：84-85.

[101] 张景丽，幸福堂. 移动床生物膜工艺特点、研究现状及发展[J]. 工业安全与环保，2003，29(4)：13-15.

[102] 孟涛，刘杰，杨超，余鹏. MBBR工艺用于青岛李村河污水处理厂升级改造[J]. 中国给水排水，2013，29(2)：59-61.

[103] 张亮，王冬梅，滕新君. MBBR工艺在农村水污染治理中的应用[J]. 中国给水排水，2009，25(16)：50-52.

[104] 张兴文，杨凤林，马建勇，等. MBBR处理低浓度污水的工程应用[J]. 环境工程，2002，20(5)：12-14.

[105] 李碧. MBBR工艺的研究现状与应用[J]. 中国环保产业，2009(1)：20-23.

[106] 林琦. 生物滤池在污水处理中的应用[J]. 环境保护与循环经济，2012，32(5)：62-64.

[107] 岳三琳，刘秀红，施春红，等. 生物滤池工艺污水与再生水处理应用与研究进展[J]. 水处理技术，2013，39(1)：1-6.

[108] 李炜，杨云龙，高富丽. 曝气生物滤池在生活污水处理中的应用[J]. 科技情报开发与经济，2007，17(9)：126-127.

[109] 国家环境保护部编. 生物滤池法污水处理工程技术规范[S]. 北京：中国环境科学出版社.

[110] 赵明. 曝气生物滤池在废水处理中的应用[J]. 舰船防化，2009(5)：39-44.

[111] 李博，杨持，林鹏. 生态学[M]. 北京：高等教育出版社，2000.

[112] 杨永兴. 国际湿地科学研究的主要特点、进展与展望 [J]. 地理科学进展，2002，21(02)：111-120.

[113] 蒋廷杰，齐增湘，罗军，等. 人工湿地水质净化机理与生态工程研究进展 [J]. 湖南农业大学学报(自然科学版)，2010，36(03)：356-362.

[114] 阮晶晶，高德，洪剑明. 人工湿地基质研究进展 [J]. 首都师范大学学报(自然科学版)，2009，30(06)：85-90.

[115] 成水平，吴振斌，况琪军. 人工湿地植物研究 [J]. 湖泊科学，2002，(02)：179-184.

[116] 尹士君，汤金如. 人工湿地中植物净化作用及其影响因素 [J]. 煤炭技术，2006，14(12)：115-118.

[117] 周元清，李秀珍，李淑英，等. 不同类型人工湿地微生物群落的研究进展 [J]. 生态学杂志，2011，30(06)：1251-1257.

[118] 董贝，刘杨，杨平. 人工湿地处理农村生活污水研究与应用进展 [J]. 水资源保护，2011，27(02)：80-86.

[119] 吴树彪，董仁杰. 人工湿地污水处理应用与研究进展 [J]. 水处理技术，2008，34(08)：5-9.

[120] 刘志强，苗群，邵长飞，等. 滇池流域村镇生活污水污染及处理技术[J]. 青岛建筑工程学院学报，2003(1)：13-17.

[121] 段增强，段婧婧，耿晨光，等. 园林地慢速渗滤系统处理农村分散式生活污水[J]. 农业工程学报，2012，28(23)：192-199.

[122] 马鸣超，李建民，杜义鹏，等. 人工快速渗滤系统研究及应用进展综述[J]. 环境工程，2009，29(S1)：74-77.

[123] 李正昱，何腾兵，杨小毛，等. 人工快速渗滤系统的研究及应用[J]. 中国给水排水，2004，20(10)：30-32.

[124] 袁宜如，李平，吴桃娥. 生活污水地表漫流处理系统的节能减排效益分析[J]. 九江学院学报(自然科学版)，2012(1)：9-11.

[125] 张晓辉，崔建宇，蓝艳，等. 不同草坪覆盖下地下渗滤系统处理生活污水研究[J]. 环境科学，2011，32(1)：165-170.

[126] 郑向勇，严立，王崇，等. 地下渗滤污水处理系统的工艺类型[J]. 中国给水排水，2006，22(6)：11-14.

[127] 张建，黄霞，施汉昌，等. 滇池流域村镇生活污水地下渗滤系统设计[J]. 给水排水，2004，30(7)：34-36.

[128] 白晓慧，王宝贞，秦晓荃. 稳定塘系统与城镇污水资源化[J]. 西北水资源与水工程，1998，9(2)：21-24.

[129] 张巍，许静，李晓东，等. 稳定塘处理污水的机理研究及应用研究进展[J]. 生态环境学报，2014，23(8)：1396-1401.

[130] 黄翔峰，池金萍，何少林，等. 高效藻类塘处理农村生活污水研究[J]. 中国给水排水，2006，22(5)：35-39.

[131] 李怀正，姚淑君，徐祖信，等. 曝气稳定塘处理农村生活污水曝气控制条件研究[J]. 环境科学，2012，33(10)：3484-3488.

[132] 李松，单胜道，曾林慧，等. 人工湿地/稳定塘工艺处理农村生活污水[J]. 中国给水排水，2008，24(10)：67-69.

[133] 李蕾，方圣琼，顾超，等. 小城镇和农村污水处理与资源化技术研究[J]. 污染防治技术，2004(03)：58-62.

[134] 王凯军. UASB工艺系统设计方法探讨[J]. 中国沼气，2002(02)：18-23.

[135] 徐庆贤，钱午巧，陈彪. UASB处理污水现状及效果分析[J]. 能源与环境，2006(2)：34-38.

[136] 屈计宁，贾磊，陈洪斌. 污水消毒技术评述[J]. 北方环境，2005，30(2)：55-59.

[137] 龙腾锐，何强. 排水工程[M]. 北京：中国建筑工业出版社，2011.

[138] 张立成，傅金祥. 紫外线消毒工艺与应用概况[J]. 中国给水排水，2002，18(2)：38-40.

[139] 赵风云，孙根行. 城市污水消毒技术的研究进展[J]. 北京联合大学学报(自然科学版)，2010，24(1)：8-11.

[140] 吴晓文. 二氧化氯消毒技术在医院污水处理中的分析与应用[J]. 中国医学工程，2012，20(3)：138-139.

[141] 陈尧，王向东. 紫外线消毒技术在污水处理中的应用[J]. 重庆环境科学，2001，23(3)：49-51.

[142] 徐平平. 紫外线消毒在城市污水处理中的应用[J]. 市政技术，2010，28(6)：120-122.

[143] 何志刚，周军党，郝志明. 紫外线消毒技术的发展及应用分析[J]. 工业安全与环保，2005，31(1)：42-44.

[144] 周瑱，李子富，闫园园，等. 我国污水紫外线消毒技术的发展现状及应用[J]. 给水排水，2012，38(S2)：65-68.

[145] 曹相生，孟雪征，张杰. 污水深度处理中快滤池的生物作用[J]. 给水排水，2003，29(10)：42-44.

[146] 国家环境保护部编. 污水过滤处理工程技术规范[S]. 北京：中国环境科学出版社.

[147] 户朝帅，胡开林，王瑞波，等. A^2/O和无阀滤池工艺处理城市小区污水并回用[J]. 中国给水排水，2008，24(8)：70-72.

[148] 国家环境保护部编. 膜分离法污水处理工程技术规范[S]. 北京：中国环境科学出版社.

[149] 尚海涛，杨琦，杨超，张娴. 淹没式连续微滤装置(CMFS)处理城市污水中试[J]. 膜科学与技术，2007，27(2)：57-60.

[150] 马勇光，罗严，李留刚. MBR技术在我国的研究进展[J]. 科技信息，2009，23：1020-1021.

[151] 国家环境保护部编. 膜生物法污水处理工程技术规范[S]. 北京：中国环境科学出版社.

[152] 肖海水. 膜生物反应器在风景区生活污水处理中的应用[J]. 广东化工，2012，39(13)：93-94.

[153] 毕馨升，寇世伟，暴丽媛，等. 地埋式生活污水处理技术的应用与研究进展[J]. 北方环境，23(1-2)：121-122.

[154] 李颖，何佺，陈迎. 城市生活污水地埋式一体化处理工艺现状[J]. 宁波工程学院学报，2005，17(2)：14-18.

[155] 沈东升，贺永华，冯华军，等. 农村生活污水地埋式无动力厌氧处理技术研究[J]. 农业工程学报，2005，21(7)：111-115.

[156] 曹军，程卫锦. 生活污水净化沼气池技术[J]. 农技服务，2007，24(5)：23-25.

[157] 田娜，朱亮，张志毅，等. 高效生活污水处理装置-高性能合并处理净化槽[J]. 环境污染防治技术与设备，2004，5(5)：84-86.

[158] 张玉洁，吴俊奇，向连城，等. 净化槽的应用于管理方法[J]. 环境工程技术学报，2014，4(2)：109-115.

[159] 冯欣，赵军，郎咸明，等. 净化槽技术在我国农村污水处理中的应用前景[J]. 安徽农业科学，2011，39(7)：4165-4166.

[160] 吴光前，孙新元，张齐生. 净化槽技术在中国农村污水分散处理中的应用[J]. 环境科技，2010，23(6)：36-40.

[161] 俞钢，晏高翔. 净化槽应用于农村生活污水处理可行性研究[J]. 广东化工，2013，40(3)：96-98.

[162] 关怀民. 马来西亚小型生活污水处理设备[J]. 给水排水，1996，22(7)：55-57.

[163] 王永华，黄民生，朱莉. 试论埋地式小型生活污水处理装置及其应用[J]. 四川环境，2000，19(3)：4-8.

[164] 杨静，年跃刚，胡社荣，等. 地埋式低能耗污水处理技术探讨[J]. 给水排水，2008，34(S1)：75-78.

[165] 王筱雯，马伟芳，林海，等. 集成式污水处理装置的技术进展[J]. 环境科学与管理，2011，36(7)：63-66.

[166] 孙力，于晓晶，张凤英. 济南市雨水利用收集技术研究[J]. 水资源与水工程学报，2008，19(2)：102-105.

[167] 陈雄. 居住小区雨水利用建筑技术与设计[J]. 建筑技术，2009，40(7)：643-645.

[168] 李梅，李佩成，于晓晶. 城市雨水收集模式和处理技术[J]. 山东建筑大学学报，2007，22(6)：517-520.

[169] 杜有秀. 城市雨水收集与截污技术研究[J]. 安徽建筑，2008(4)：167-168.

[170] 史正涛，刘新有，明庆忠，等. 论我国城市雨水利用路径的选择[J]. 云南师范大学学报(哲学社会科学版)，2009，41(5)：44-49.

[171] 谭良良，陈功宁，林华. 城市的雨水收集与利用及 LID 低影响开发[J]. 建设科技，2013(22)：76-78.

[172] 袁建伟，张凌毅. 城市雨水处理与利用系统探讨[J]. 节水灌溉，2007(5)：49-50.

[173] 关艳艳，佘宗莲，周艳丽，等. 人工湿地处理污染河水的研究进展 [J]. 水处理技术，2010，36(10)：10-15.

[174] 周志强，王晓昌，郑于聪，等. 复合人工湿地对高污染性河流营养物的去除 [J]. 环境工程学报，2013，7(11)：4161-4166.

[175] 熊家晴，刘华印，刘永军，等. 复合人工湿地处理受污染河水中试研究 [J]. 水处理技术，2012，38(12)：82-84.

[176] 李艳霞，王颖，张进伟，等. 城市河道水体生态修复技术的探讨 [J]. 水利电力科技，2006，32(04)：34-38.

[177] 王寿兵，阮晓峰，胡欢，等. 不同观赏植物在城市河道污水中的生长试验 [J]. 中国环境科学，

2007，27(02)：204-207.

[178] 王谦，成水平. 大型水生植物修复重金属污染水体研究进展 [J]. 环境科学与技术，2010，33(05)：96-102.

[179] 陆东芳，陈孝云. 水生植物原位修复水体污染应用研究进展 [J]. 科学技术与工程，2011，11(21)：5137-5142.

[180] 潘义宏，王宏镔，谷兆萍，等. 大型水生植物对重金属的富集与转移 [J]. 生态学报，2010，30(23)：6430-6441.

[181] 吴洁，虞左明. 西湖浮游植物的演替及富营养化治理措施的生态效应 [J]. 中国环境科学，2001，21(06)：61-65.

[182] 李传红，谢贻发，刘正文. 鱼类对浅水湖泊生态系统及其富营养化的影响 [J]. 安徽农业科学，2008，36(09)：3679-3681.

[183] 施陈江，蔡春芳，徐升宝，等. 阳澄西湖围养滤食性鱼类的生态效益、经济效益跟踪调查 [J]. 安徽农业科学，2011，39(07)：4024-4026.

[184] 黄民生，陈振楼. 城市内河污染治理与生态修复理论、方法与实践 [M]. 北京：科学出版社，2010.

[185] 王朔，海热提，周东凯，等. 碳素纤维泛氧化塘治理高寒地河水的试验研究[J]. 环境科学与技术，2012，35(12)：13-18.

[186] 孙德智，于秀娟，冯玉杰. 环境工程中的高级氧化技术[M]. 化学工业出版社环境科学与工程出版中心，2002.

[187] 李清秀，张雁秋. 城市污水污泥堆肥技术研究进展[J]. 轻工科技，2007 (6)：71-72.

[188] 阎鸟飞，王继欣. 关于小城镇污水处理厂污泥处理处置的探讨[J]. 山西建筑，2010(14)：156-157.

[189] 张芹芹，王龙，李妍，等. 小城镇污泥处理方法[J]. 水科学与工程技术，2008(02)：49-51.

[190] 王站巧. 小城镇污水厂污泥处理处置的可持续发展之路[J]. 内蒙古科技与经济，2011(10)：13-14.

[191] 洪磊，张智. 小城镇污水处理厂污泥处理方法探讨[J]. 市政技术，2009(02)：165-166.

[192] 李金红，何群彪. 欧洲污泥处理处置概况[J]. 中国给水排水，2005(01)：101-103.

[193] 刘扬，杨玉楠，王勇. 层次分析法在我国小城镇分散型生活污水处理技术综合评价中的应用[J]. 水利学报，2008，39(9)：1146-1150.

[194] 李献文. 城市污水稳定塘设计手册[M]. 北京：中国建筑工业出版社，1990.

[195] 陈韫真，叶纪良，海南省电力工业局. 深圳白泥坑、雁田人工湿地污水处理场[J]. 电力科技与环保，1996：47-51.

[196] 李亚峰，刘佳，王晓东，孙浩诚，关晓野. 垂直流人工湿地在寒冷地区的应用[J]. 沈阳建筑大学学报(自然科学版)，2006，22(2)：281-284.

[197] 高拯民，李宪法. 城市污水土地处理利用设计手册[M]. 北京：中国标准出版社，1991.

[198] 王凯军. UASB工艺的理论与工程实践[M]. 北京：中国环境科学出版社，2000.

[199] 彭章娥. 小城镇水污染治理规划方法与模型研究[R]. 上海：同济大学，2010.

[200] 李伟，徐国勋，鲁剑，何利平，杨坤. 小城镇污水处理设施的特点及对策[J]. 中国给水排水，2012，28(6)：29-32.

[201] 王晓昌，袁宏林，赵庆良. 小城镇污水处理技术的发展与实践[J]. 给水排水，2015，41(8)：1-3.

[202] 朱铭捷，顾华，刘大伟，等. 北京村镇污水处理设施运行管理机制探讨[J]. 北京水务，2009(01)：27-29.

[203] 段有存. 浅论小城镇排水管网系统的改造与优化[J]. 城市建设理论研究，2015，5(8).

[204] 王磊. 浅析河流综合管理的目标及内容[J]. 河北水利，2015(7)：28-29.

[205] 徐晓鹏，武春友. 论城市水环境管理[J]. 水利水电技术，2003(6)：8-10.

[206] CHEN Jin-ming. 美国管理分散污水处理系统的政策和经验[J]. 中国给水排水，2004，20(6)：104-106.

[207] 严岩，孙宇飞，董正举，等. 美国农村污水管理经验及对我国的启示[J]. 环境保护，2008，1(15)：65-67.

[208] 范彬，武洁玮，刘超，等. 美国和日本乡村污水治理的组织管理与启示[J]. 中国给水排水，2009，25(10)：6-10.

[209] 牛学义，张申旺，王旺. 德法两国与我国在污水厂设计建设和运行方面的比较[J]. 给水排水，2001，27(3)：22-25.

[210] 程宇航. 日本农村的家庭污水处理[J]. 老区建设，2012 (07)：55-58.

[211] 许春莲，宋乾武，王文君，等. 日本净化槽技术管理体系经验及启示[J]. 中国给水排水，2008，24(14)：1-4.

[212] 赵华林，黄小赠，张震宇. 日本水污染物总量控制技术政策及对小城镇分散型污水处理的思考[J]. 环境保护，2009 (15)：70-72.

[213] 范彬. 浅谈我国小城镇污水治理管理体系与技术体系构建[J]. 水工业市场，2012 (9)：35-38.

[214] 李桢. 小城镇污水处理存在的问题及对策建议[J]. 中国环保产业，2013(8)：44-46.

[215] 姜立晖，刘广奇，周益昕. 小城镇污水处理技术与设施建设运行管理[J]. 建设科技，2006(24)：60-61.

[216] USEPA. Wastewater in Small Communities-Basic Information [EB/OL]. http：//water. epa. gov/type/watersheds/wastewater/basic. cfm，2012.

[217] United Nations. Department of Economic and Social Affairs. Population Division. World urbanization prospects：the 2014 revision. [J]. New York，New York United Nations Department of Economic & Social Affairs，Population Division，2015.

[218] United Nation Environment Programe. GEO-4：Global environment outlook 4 [M]. Progress Press，2007.

[219] Gabe T. Wang，Xiaobo Hu. Small town development and rural urbanization in China[J]. J Contemp Asia，1999，29(1)：76-94.

[220] Tan K C. China's small town urbanization program：Criticism and adaptation[J]. Geojournal，1993，29(2)：155-162.

[221] Bingqin Li，Xiangsheng An. Migration and small towns in China：Power hierarchy and resource allocation[J]. Jul 2009 - IIED，2009.

[222] Mattson G A. Redefining the American Small Town：Community Governance[J]. Journal of Rural Studies，1997，13：121 - 130.

[223] Tan K C. Revitalized Small Towns in China[J]. Geographical Review，1986，76(2)：138-148.

[224] Kamal-Chaoui L, Leman E, Zhang R. Urban Trends and Policy in China[J]. Oecd Regional Development Working Papers, 2009.

[225] X Shen, Z Chen, Y Huang, Y Li, M Xi. Small-Towns Development Strategies of New Urbanization in Hubei Province [J]. International Journal of Humanities and Management Sciences, 2014, 2(3): 2320-4044.

[226] World Bank. China Small and Medium Towns Overview[R]. 2012.

[227] Wu Y., Xia L., Hu Z., Liu S., Liu H., Nath B., Zhang N., Yang L. The application of zero-water discharge system in treating diffuse village wastewater and its benefits in community afforestation[J]. Environmental Pollution. 2011, 159(10): 2968-2973.

[228] Libralato G., Volpi Ghirardini A., Avezzù F. To centralise or to decentralise: An overview of the most recent trends in wastewater treatment management [J]. Journal of Environmental Management [J]. 2012, 94(1): 61-68.

[229] Garcia, S. N., et al., Garcia S. N., Clubbs R. L., Stanley J. K., Scheffe B., Yelderman Jr J. C., Brooks B. W. Comparative analysis of effluent water quality from a municipal treatment plant and two on-site wastewater treatment systems [J]. Chemosphere, 2013, 92(1): 38-44.

[230] Engin, G. O. and Demir I., Cost analysis of alternative methods for wastewater handling in small communities [J]. Journal of Environmental Management, 2006, 79(4): 357-363.

[231] Tchobanoglous G., Burton F. L. 1991. Wastewater Engineering: Treatment, Disposal and Reuse. McGraw-Hill Inc., New York, New York.

[232] Andreottola G., Foladori P., Ragazzi M., Villa R. Dairy wastewater treatment in a moving bed biofilm reactor[J]. Water Science and Technology, 2002, 45(12): 321-328.

[233] Calheiros C. S. C., Bessa V. S., Mesquita R. B. R., Brix H., Rangel A. O. S. S., Castro, P. M. L. Constructed wetland with a polyculture of ornamental plants for wastewater treatment at a rural tourism facility [J]. Ecological Engineering, 2015, 79: 1-7.

[234] Arndt R. E., Douglas Routledge M., Wagner E. J., Mellenthin R. F. The use of AquaMats to enhance growth and improve fin condition among raceway cultured rainbow trout Oncorhynchus mykiss (Walbaum) [J]. Aquaculture Research, 2002, 33(5): 359-367.

[235] Takahashi, H., Shibuya M., Kojima A. Situation of fishes appearance in artificial grass bed of carbon fibres [J]. Japanese Journal of Limnology, 2008, 69(1): 51-62.

[236] Chernicharo C A L, Cardoso M D R. Development and evaluation of a partitioned upflow anaerobic sludge blanket (UASB) reactor for the treatment of domestic sewage from small villages[J]. Water Science & Technology, 1999, 40(8): 107 - 113.

[237] Chong S, Kayaalp A, Ang H M, et al. The performance enhancements of upflow anaerobic sludge blanket (UASB) reactors for domestic sludge treatment--a state-of-the-art review. [J]. Water Research, 2012, 46(11): 3434 - 3470.

[238] Khan A A, Gaur R Z, Tyagi V K, et al. Sustainable options of post treatment of UASB effluent treating sewage: A review [J]. Resources Conservation & Recycling, 2011, 55 (12): 1232 - 1251.

[239] Chidozie Charles Nnaji. A review of the upflow anaerobic sludge blanket reactor[J]. Desalination

and Water Treatment, 2014, 52: 4122-4143

[240] Melin T., Jefferson B., Bixio D., Thoeye C., De Wilde W., De Koning J., van der Graaf J., Wintgens. Membrane bioreactor technology for wastewater treatment and reuse[J]. Desalination, 2006, 187 (1-3): 271-282.

[241] Judd S. The status of membrane bioreactor technology[J]. Trends in Biotechnology, 2008, 26 (2): 109-116.

[242] Dubois D., Prade H. M. Fuzzy Sets and Systems: Theory and Applications[M]. New York: Academy Press, 1980.

[243] Zhang D. D., Jinadasa K. B. S. N., Gersberg R. M., Liu Y., Ng W. J., Tan S. K. Application of constructed wetlands for wastewater treatment in developing countries- A review of recent developments (2000 - 2013)[J]. J. Environ. Manage., 2014, 141: 116-131.

[244] Griffiths M. The European Water Framework Directive. An Approach to Integrated River Basin Management[J]. European Water Management Online, 2002.

[245] Melosi M. V. Pure and plentiful: the development of modern waterworks in the United States, 1801-2000[J]. Water Policy. 2000, 2(4-5): 243-265.